Heart. Flop. Moon.

Wolfgang Tschirk

Heart. Flop. Moon.

Drei Sternstunden der 60er-Jahre

Wolfgang Tschirk 
Wien, Österreich

ISBN 978-3-662-72049-3   ISBN 978-3-662-72050-9   (eBook)
https://doi.org/10.1007/978-3-662-72050-9

Die Deutsche Nationalbibliothek verzeichnet diese Publikation in der Deutschen Nationalbibliografie; detaillierte bibliografische Daten sind im Internet über https://portal.dnb.de abrufbar.

Planung/Lektorat: Caroline Strunz
Springer ist ein Imprint der eingetragenen Gesellschaft Springer-Verlag GmbH, DE und ist ein Teil von Springer Nature.
Die Anschrift der Gesellschaft ist: Heidelberger Platz 3, 14197 Berlin, Germany

Inhaltsverzeichnis

Moon. Die Mondlandung

Heart
Die Herzverpflanzung

Builders for Eternity

Das Lebensmotto des Christiaan Barnard steckt in einem Gedicht von acht Zeilen, *A Bag of Tools,* das der Dichter Robert Lee Sharpe um 1900 schrieb und das Barnard sogar in seinen Vorlesungen zitierte: Wir alle sind Baumeister für die Ewigkeit. Jedem ist Werkzeug, Baustoff und ein Regelbuch gegeben, und jeder formt „a stumbling block or a stepping stone" – einen Stolperstein oder ein Sprungbrett.

Die Menschen in diesem Buch haben Sprungbretter gebaut, das ist ihr erster gemeinsamer Nenner. Der zweite ist die Zeit: Die Vollendung ihrer Bauten fällt in eine Spanne von weniger als zwanzig Monaten, von Dezember 1967 bis Juli 1969, die Arbeit an den Fundamenten umgreift das Jahrzehnt. Alle drei sind Sternstunden einer Ära, in der alles möglich schien: Sternstunden der 60er-Jahre.

Als Barnard die erste Herzverpflanzung gelang, war ich elf, als Fosbury mit seinem neuen Hochsprungstil Gold gewann, zwölf, als Armstrong und Aldrin auf dem Mond landeten, knapp dreizehn. Davor und danach hat mich keine Leistung so beeindruckt wie damals diese drei. Dazu kommt, dass

© Der/die Autor(en), exklusiv lizenziert an Springer-Verlag GmbH, DE, ein Teil von Springer Nature 2025
W. Tschirk, *Heart. Flop. Moon.,*
https://doi.org/10.1007/978-3-662-72050-9_1

mir die 60er-Jahre im Rückblick als eine Periode sorglosen Glücks erscheinen, wie es wohl vielen geht, wenn sie, schon zur Vergesslichkeit neigend, an ihre Kindheit denken. Ich freue mich darauf, die Geschichte zu erzählen. Vielleicht kann mein Bericht bei den Älteren Erinnerungen wecken, die es wert sind, geweckt zu werden, vielleicht sogar bei den Jüngeren Interesse für eine Zeit, die es wert ist, dass man sich für sie interessiert. Wenn man am Ende alles für übertrieben hält, weil kein Jahrzehnt so besonders sein kann, wie es hier von den 60ern behauptet wird, dann hat das Buch sein Ziel erreicht.

Jetzt wissen Sie, was Sie erwartet. Und da bei Vorreden alle froh sind, wenn endlich das Stück beginnt, lassen wir es gut sein und heben den Vorhang.

$$* \; * \; * \; * \; *$$

Bis zum Dezember 1967 bemerkten höchstens die Südafrikaner, dass ihr modernstes Krankenhaus einen sonderbaren Namen führt: „Groote Schuur" („Große Scheune"). Außerhalb des Landes war das Haus nur im engsten Fachkreis bekannt. Die Sprache, in der man die Laute (etwa „chroote s-chüür") formt, ist Afrikaans, eine Ableitung vom Holländischen, das die Eroberer der Südspitze des Kontinents im siebzehnten Jahrhundert mitgebracht hatten.

Afrikaans war Christiaan Barnards Muttersprache. Im Vorschulalter hörte er kaum ein anderes Wort; in der Schule lernte er Englisch, die gleichberechtigte Amtssprache im Land, nur als Zweitsprache, und obwohl er später Jahre in den USA lebte, legte er seinen afrikaanser Akzent nie ab.

Die Barnards wohnten knappe fünfhundert Kilometer von Kapstadt entfernt in Beaufort West, einer Kleinstadt in der Halbwüstenregion Karoo. Sie waren Weiße, gemäß den damaligen Bezeichnungen unterschieden von Nichtweißen, die sich hauptsächlich in Farbige, Schwarze und Asiaten (vorwiegend Inder) gliederten. In Südafrika herrschte Rassentrennung zwischen Weißen und Nichtweißen, und den Chirurgen Barnard sollte mehr als einmal ein Kritiker der Herzverpflanzung, der ihm fachlich nichts anhaben konnte, als Handlanger der Rassentrennung diffamieren. Die Fakten zeichnen ein anderes Bild. Chris' Vater war Pastor; anstatt in der schmucken Boerekerk, der Bauernkirche der Weißen mit ihrem Turm und ihren gotischen Spitzbögen, predigte er in einer namenlosen Kirche für Nichtweiße. Als der Sohn Jahre später als Chefarzt eine Station übernahm, schaffte er dort am ersten Tag die Trennung ab. Und als er wiederum Jahre später, nun schon ein berühmter Mann, offen für ein Ende der Apartheid sprach, brachte ihm das nicht nur Schikanen seitens der Behörden ein, sondern wahrscheinlich – der Fall ist bis heute nicht aufgeklärt – einen Mordanschlag, den er schwerverletzt überstand.

Chris' Lebensweg illustriert so sehr das Klischee vom Jungen, der es mit Intelligenz, Fleiß und Willenskraft von weit unten bis ganz nach oben schafft, dass man mitunter misstrauisch gegen die Erzählung wird, zumindest gegen manche Details. Was die Kindheit betrifft, stammen die Geschichten hauptsächlich von ihm selbst und seinem um fünf Jahre jüngeren Bruder Marius. Viele von Chris' Zitaten und Dialogen in diesem Buch sind in seinen Autobiografien *One Life* und *The Second Life* enthalten.

Das Haus der Barnards besaß kein warmes Wasser, kein Telefon, kein Radio; zum Heizen nur einen kleinen Holzofen, der seinen Rauch in den Wohnraum abgab; und ein Toilettenhäuschen ohne Wasserspülung, zu dem man durch den Garten laufen musste. Weihnachtsgeschenke gab es nicht. Die Kleidung wurde von der Mutter genäht und die Söhne trugen sie auf, bis sie dem vierten und letzten (das war Marius; Chris war der dritte) vom Leib fiel. Außer in der Schule, wo Schuhe vorgeschrieben waren, gingen die Kinder barfuß, sogar im Winter.

Was die Eltern an Mitteln nicht geben konnten, das gaben sie an Eigenschaften: der Vater die Herzenswärme, die Mutter die Strenge. „Ich erwarte von dir, dass du der Erste bist – nicht der Zweite oder Dritte, sondern immer der Erste." Alle bekamen diesen Satz hinter die Ohren geschrieben, öfter, als ihnen gefiel. Und da die Mutter schwerhörig war (sie spielte in der Kirche die Orgel und einer der Söhne stupste sie an, sobald sie einsetzen musste), war Widerspruch von vornherein zwecklos.

Das Abitur machte Chris als Klassenbester, etwas anderes war nicht erlaubt. Er war siebzehn und man schrieb das Frühjahr 1940.

$$* * * * *$$

Wer Medizin studieren wollte, ging am besten nach Kapstadt. Die medizinische Fakultät der University of Cape Town und das Groote Schuur Hospital bildeten eine Einheit – räumlich ebenso wie im Zusammenwirken ihrer Lehr- und Forschungseinrichtungen. Eine imposante Einheit: weitläufige Gebäude von meist sechs bis acht Etagen, erstrahlend in reinem Weiß, separiert durch Verkehrswege, Palmen und Grünstreifen, überspannten ein Areal von einem halben Kilometer im Quadrat. Nicht minder beeindruckend war die Stadt selbst. Zunächst wegen ihrer Lage: auf drei Seiten geschützt durch Berge, gekrönt von Devil's Peak und dem markanten Tafelberg, auf der vierten Seite geöffnet zum Atlantik. Und dann aufgrund ihrer Modernität: Während riesige Landstriche Südafrikas kaum erschlossen waren, Dörfer und Kleinstädte durch Landstraßen ohne festen Belag verbunden, die wenigen Busse häufiger auf Löwen oder Antilopen trafen als auf Tankstellen, fand sich Chris plötzlich in einer neuen Welt wieder – einer Großstadt mit allen Vorzügen, aber auch allen Nachteilen einer solchen.

„Ein ohrenbetäubender Lärm schlug über mir zusammen, als ich in Kapstadt aus dem Zug stieg." Mit der Stille der Karoo war es vorbei. Chris bezog eine Kammer in der Parterrewohnung, die sein älterer Bruder Johannes (der Zweite in der Reihe, alle nannten ihn Barney) und dessen Frau Joyce bewohnten. Zwei Tage später begann das Semester.

Im ersten Jahr lernten die Studenten Physik, Chemie, Botanik und Zoologie. Mit der Medizin sollte es im zweiten Jahr losgehen. In Physik und Zoologie plagte sich Chris; auf diese beiden Fächer hatte ihn die Schule nicht vorbereitet, er kannte nicht einmal die einfachsten Begriffe. Er durfte aber keine Prüfung vermasseln. Denn studieren konnte er nur mit Hilfe des Stipendiums, das ihm für seine ausgezeichneten Schulzeugnisse gewährt worden war, das aber bei einem nicht bestandenen Semester sofort verloren gehen würde. Also tat er das, was ihm zur Gewohnheit werden sollte: Er arbeitete Tag und Nacht, sieben Tage die Woche, und niemand konnte sagen, wann er je schlief. An der Universität lehrte man vieles in Englisch, das machte die Sache nicht leichter. In Physik schrammte er bei der Zwischenprüfung knapp am Durchfallen vorbei, und „in Zoologie zeichnete sich eine Katastrophe ab". Dann kamen die Abschlussexamen des ersten Jahres. Sehr gut in Physik, Chemie und Botanik, nur gut in Zoologie, aber das musste seine Mutter nicht unbedingt erfahren.

Als er zu Beginn des dritten Semesters den großen Saal im Gebäude für Anatomie und Physiologie betrat, wich die Farbe aus seinem Gesicht. Als man ihm dann noch eine Leiche zuteilte, erstarrte er. „Während des ganzen Tages traute ich mich nicht, den Körper zu berühren. Auch an den folgenden Tagen nicht. Erst im Lauf der zweiten Woche überwand ich mich."

Barney und Joyce waren umgezogen und Chris mit ihnen. Sechseinhalb Kilometer lagen nun zwischen seiner Wohnung und der Universität, und da er kein Geld für den Bus hatte, lief er die Strecke zu Fuß: morgens hin, abends zurück. Anatomie, Physiologie, Bakteriologie und Arzneimittelkunde brachte er hinter sich. Mit der Pathologie, der Lehre von den Krankheiten, verlagerte sich seine Arbeit vom Hörsaal in das Krankenhaus. Inzwischen fesselte ihn die Chirurgie mehr als alles andere. Sein Berufsziel stand fest.

In den Sommerferien hospitierte Chris bei einem Arzt in Beaufort West. Ob er Lust hätte, bei einer Blinddarmoperation dabei zu sein? Chris nahm freudig an, und am nächsten Tag stand er, desinfiziert und bekleidet mit Kittel, Mütze und Maske, neben dem Operationstisch.

„Ich stand links von der Patientin und hoffte insgeheim, mein Traum möge wahr werden. Vielleicht würde der Chef mich bitten müssen, bei einer Komplikation zu helfen."

Der Arzt bereitete den Einschnitt vor.

„In diesem Augenblick trat die Komplikation ein – bei mir, nicht bei der Patientin. Kaum sah ich das Blut aus der Wunde schießen, wurde mir schlecht."

Im fünften Jahr lernte er eine junge Krankenschwester kennen, die zur Ausbildung im Groote Schuur arbeitete. Sie hieß Aletta Louw, wurde von Freunden Louwtjie genannt und sollte seine erste Frau werden.

Am Ende des sechsten Jahres stand das Staatsexamen. Louwtjie saß neben Chris' Eltern, als er im Dezember 1946 seine Auszeichnungen entgegennahm: Bachelor of Medicine und Bachelor of Surgery – staatlich geprüfter Arzt und Chirurg. Damit stand er, wie er es später nannte, „auf der untersten Stufe der ärztlichen Zunft".

* * * * *

Nun begann eine Odyssee an Bewerbungen (angenommenen wie abgelehnten), Vertröstungen und Gelegenheitsjobs. Sie kulminierte in einem Hinauswurf – vielleicht dem glücklichsten Unglück in Christiaan Barnards Karriere.

Zunächst übernahm er für drei Wochen eine Praxisvertretung in der Provinz, drei Tagesreisen von Kapstadt entfernt. Dann trat er eine auf sechs Monate befristete Stelle als Assistenzarzt an der Gynäkologischen Abteilung im Groote Schuur an. Danach wechselte er, wiederum auf sechs Monate befristet, an die Allgemeine Chirurgie des Hospitals.

Als Nächstes berief man ihn an eine Entbindungsklinik „in einer der finstersten Gegenden Kapstadts". Fünf Seiten füllt Barnards Erzählung dieser Episode in *One Life,* und trotz der Beteuerung, die Arbeit habe „viel Freude" gemacht, spürt man seine Erleichterung darüber, dass er ihr letzten Endes entfliehen konnte.

Grund war eine neuerliche Praxisvertretung, diesmal für längere Zeit, in der Kleinstadt Ceres, hundertdreißig Kilometer nordöstlich von Kapstadt. Chris nahm einen Kredit auf und kaufte einen blauen Chevrolet, denn ein Landarzt musste mobil sein. Beladen mit Koffern, Büchern und Instrumenten kamen Louwtjie und er in Ceres an. „Antilopen ästen an den Ufern, und hin und wieder kamen Leoparden von den Bergen, um sich an den fetten Merinoschafen gütlich zu tun."

Bei einem der ersten Hausbesuche widerfuhr ihm, was er noch öfter erleben sollte: dass man ihn nicht für voll nahm, weil er jünger aussah, als er war. Eine Frau öffnete ihm die Tür. Er räusperte sich und setzte seinen Doktorblick auf.

„Goeie dag! Sie haben nach einem Arzt gerufen?"

„Ja. Wo ist er?"

Mit der Zeit gewann er das Vertrauen der Patienten und die Praxis florierte. Besonders Kinder hatten es ihm angetan. Einhellig heben die Biografen David Cooper (in *The Surgeon Who Dared*) und James-Brent Styan (in *Heartbreaker*) seine Arbeit mit Kindern hervor und die spontane Zuneigung, die die kleinen Patienten ihm entgegenbrachten.

Im Herbst '48 unternahmen Chris und Louwtjie einen Abstecher nach Kapstadt und heirateten in der Groote Kerk.

(Da Sie mittlerweile Afrikaans sprechen, wissen Sie, dass es sich um die Große Kirche handelt.) Kurze Flitterwochen verbrachten sie an der Küste, dann warteten wieder die Patienten in Ceres.

Im dritten Jahr kam Dr. O'Maloney aus Übersee zurück, um seine Praxis weiterzuführen. Diese war inzwischen so gewachsen, dass sie spielend beide Ärzte ernährt hätte, und O'Maloney bat Chris, zu bleiben. Das ging nicht lange gut. Als immer mehr Patienten den Wunsch äußerten, von Chris behandelt zu werden anstatt von O'Maloney selbst, kam es zum Krach. Chris und Louwtjie mussten ihre Sachen packen und die Stadt verlassen.

Sie zogen in ein Häuschen, das Louwtjies Eltern gehörte, fünfzig Kilometer vor Kapstadt. Chris bewarb sich um eine feste Stelle im Groote Schuur, und man versprach ihm Nachricht, sobald eine frei würde; wann das sei, könne man nicht sagen. Mehr Erfolg hatte er im Städtischen Krankenhaus für Infektionskrankheiten. Dort ging er der tuberkulösen Hirnhautentzündung auf den Grund, einer damals unheilbaren Krankheit, die vor allem Kinder traf. In den zwei Jahren, die er in der Anstalt verbrachte, behandelte er fast dreihundert von ihnen. Mit den Daten schrieb er eine Doktorarbeit, *The Treatment of Tubercolous Meningitis,* und erwarb sein erstes Doktorat.

Und dann, endlich, bot man ihm eine unbefristete Position an der Internen Abteilung *seines* Krankenhauses an. Sieben Jahre waren seit dem Staatsexamen vergangen. „Als ich meine Stellung im Groote Schuur Hospital antrat, fühlte ich mich wie jemand, der nach langer Reise nach Hause zurückkehrt."

* * * * *

Das nächste Etappenziel auf dem Weg zur Chirurgie war die Facharztprüfung zum Internisten. „Oft brütete ich die Nacht hindurch im Ärztehaus über meinen Büchern." Währenddessen kümmerte sich Louwtjie in der neuen Wohnung um die Kinder – die dreijährige Deirdre und den zweijährigen André.

Die Prüfung kam; und hier blitzte zum ersten Mal Barnards mitunter grenzenloses Selbstvertrauen auf, das man ihm oft als Hochmut auslegte. Nachdem ihn die Kommission „bereits mehrere Stunden über alle nur erdenklichen Themen ausgefragt" hatte und es ihm zu dumm wurde, erhob er sich, sagte: „Gentlemen, Sie wissen jetzt genug über mich!" und ging. Es war eine riskante Aktion für einen jungen, noch in Ausbildung befindlichen und stets am Rande der Arbeitslosigkeit balancierenden Arzt, der eine Frau und zwei kleine Kinder zu versorgen hatte. Aber sie gelang.

Mit dem Zeugnis in der Hand bewarb sich Chris an der Chirurgischen Abteilung und wurde aufgenommen. Tagsüber assistierte er im Operationssaal. „Doch mein eigentliches Leben begann abends, wenn ich mich zu meinen Versuchstieren zurückzog." Und dort gelang ihm der erste große Wurf.

Rund jedes dreitausendste Baby (die Angaben streuen hier sehr weit) wird mit einer Lücke im Darm geboren. Entweder fehlt ein Stück oder die beiden Enden sind bloß mit einem dünnen Strang Bindegewebe verbunden. Dieser Fehler heißt Darm-Atresie und kam in den 50er-Jahren beinahe einem Todesurteil gleich. Selbst wenn er rasch erkannt und die Lücke operativ geschlossen wurde, nahm der Darm seine Funktion meist nicht auf. Der Leiter der Chirurgie, Professor Jannie Louw (nicht verwandt mit Aletta Louw, also Louwtjie), vermutete als Ursache der Atresie eine Durchblutungsstörung im Fötus. Doch es gab weder einen Beweis für diese Vermutung noch einen Therapieansatz.

„Das müsste sich nachweisen lassen", meinte Chris.

„Ich sehe nicht, wie."

„Wenn es an mangelnder Blutzufuhr liegt, könnte man den Defekt bei Hunden künstlich im Fötus herstellen."

Louw bekam ein leuchtendes Gesicht und Chris die Sicherheit, dass ihm nachts nicht langweilig wurde. Sogleich ahnte er, was er sich mit seiner Idee eingebrockt hatte. „Während ich zum Tierstall ging, fragte ich mich, ob ich übergeschnappt sei." Er hatte dem Professor eine Entdeckung von weltweiter Bedeutung in Aussicht gestellt, die an nötiger Operateurskunst kaum ihresgleichen besaß. Er musste bei einer trächtigen Hündin die Gebärmutter freilegen, eines der Jungen herausholen, bei diesem die Bauchhöhle öffnen und die Blutzufuhr zu einem Teil des Darms unterbinden, die Bauchhöhle des Fötus schließen, diesen zurück in die Gebärmutter legen, die Gebärmutter schließen und zuletzt die Bauchhöhle der Hündin nähen. Wenn diese Prozedur beim Welpen zur Darm-Atresie führte, war Louws Verdacht erhärtet und man konnte an die Entwicklung einer Therapie gehen.

Die Eingriffe, obgleich mit äußerster Sorgfalt ausgeführt, erwiesen sich als fatal für den erhofften Nachwuchs. „Schließlich wagte ich nicht einmal mehr, die Gebärmutter aus der Bauchhöhle zu heben. Ich operierte den Fötus im Uterus und den Uterus im Bauch der Mutter."

Fast ein Jahr lang reihte sich Fehlschlag an Fehlschlag. Dann hatten sie es. „Was wir sahen, verhieß tausenden Babys Leben: ein gefäßloser Hundedarm mit zwei blinden Enden."

Nun, da Chris die Operation beherrschte, konnte er die Ergebnisse reproduzieren. Am wichtigsten aber: Er fand den Grund dafür, dass selbst das Verbinden der Enden die meisten Babys nicht gerettet hatte, und damit die Therapie. „Wenn die Blutzufuhr so gering ist, dass ein Darmstück verkümmert, dann ist auch die weitere Umgebung betroffen." Man musste in jeder Richtung zwanzig Zentimeter Darm herausschneiden und erst dann die Enden zusammenführen, das war die Lösung.

„Christiaans Forschung hat aus einer 90-prozentigen Sterberate eine 90-prozentige Überlebensrate gemacht", resümierte Louw. Er selbst verlor nie wieder ein Kind an diese Krankheit.

Einige Wochen später sprach John Brock, Professor für Medizin an der University of Cape Town, Chris an.

„Haben Sie Lust, nach Minneapolis zu gehen? Ich könnte ein Stipendium für einen Aufenthalt bei Professor Wangensteen arrangieren."

Jeder Chirurg kannte Owen Wangensteen dem Namen nach. Er galt als Pionier in seinem Fach und als der beste Lehrer der Welt. Aber wo zum Teufel lag Minneapolis?

„Würden Sie es mir empfehlen?", fragte Chris vorsichtig.

„Ja. Wangensteen und seine Leute sind führend in der Herzchirurgie. Sie haben ihre eigene Herz-Lungen-Maschine gebaut. Kennen Sie Lillehei?"

Das gab den Ausschlag. Walt Lillehei, ein junger Professor an der University of Minnesota, war ein Genie auf dem aufregendsten Gebiet der Chirurgie: der Arbeit am offenen Herzen.

Touching My Heart

Schon zur Jahrtausendwende gab es unzählbar viele Darstellungen in Bild, Text und Gestik vom Herz als Symbol des Gefühls: Liebe, Freundschaft, Dankbarkeit, Mitgefühl, Freude, Trauer, Mut, Angst, Hass, Rache und natürlich Eifersucht – was immer die Menschen bewegte, sie schrieben es dem Herzen zu. Mit der Erfindung der Emojis geriet die Buchführung außer Kontrolle. Und seit es Mode ist, Daumen und Zeigefinger beider Hände in Herzform aneinanderzulegen und so die Zuneigung zu bekunden zu jedem, der gerade vor dem Fernseher sitzt, hat sogar der liebe Gott den Überblick verloren.

Die alten Ägypter hielten das Herz für den Sitz aller Körper- und Verstandeskräfte und auch der Liebe. Im antiken Griechenland war es ähnlich: Homer, Sappho, Aristoteles, mit ihnen eine Reihe nicht ganz so Großer und schließlich das Volk erblickten im Herzen den Ort der Seele. Die Römer entdeckten Amor, der mit seinen Pfeilen das Herz durchbohrt und so die Liebe entfacht. Die Araber fanden das Herz des Liebenden froh oder betrübt, je nachdem,

© Der/die Autor(en), exklusiv lizenziert an Springer-Verlag GmbH, DE, **15**
ein Teil von Springer Nature 2025
W. Tschirk, *Heart. Flop. Moon.*,
https://doi.org/10.1007/978-3-662-72050-9_2

jedenfalls aber liebeskrank. Die Troubadoure und Minnesänger des Mittelalters versprachen der Angebeteten ihr Herz oder tauschten es gegen ihres zum Zeichen der Treue. Im Opferkult der Azteken erging es ihm weniger gut. Die nordamerikanischen Indianer stellten das Herz so sehr in den Mittelpunkt, dass der bedeutende Historiker dieser Kultur Dee Brown sein Buch *Bury My Heart at Wounded Knee* nannte. Im Japanischen bezeichnet das Wort „kokoro" zugleich Herz, Geist und Seele. In Shakespeares Sonetten und Dramen kommt das Wort „Herz" angeblich mehr als tausendmal vor, und der Herzschmerz der Romantik ist sprichwörtlich.

Auch die Religion mischt mit. Das Christentum verehrt das Herz Jesu und das unbefleckte Herz der Jungfrau Maria. So haben Dichter und Chronisten, aber auch Maler, Bildhauer und Kunsthandwerker doppelten Grund, sich mit dem Symbol zu beschäftigen. Seit es Kunst gibt, erscheint das Herz stilisiert auf Bildern und Plastiken und in Form von Anhängern, Broschen, Geschirr, Schatullen und Intarsien. Ein unbekannter Meister beglückte die Welt vor kurzem mit herzförmigem Hundefutter (4,90 Euro pro Kilo).

Merkwürdig, dass die unterschiedlichsten Kulturen das Herz in beinahe identischer Weise entdeckt haben. Wie verschieden auch die Menschenbilder sind, die Vorstellungen vom Leben, manchmal vom Leben nach dem Tod oder vor der Geburt – eine geheimnisvolle Einigkeit herrscht in Bezug auf einen Mythos, der mit der Wirklichkeit nicht das Geringste zu tun hat und daher nicht im wissenschaftlichen Sinn *entdeckt* worden sein kann. Zudem lebt dieser Mythos auch heute noch, wo man längst weiß, dass das Herz die ihm dort zugeschriebenen Eigenschaften alle nicht besitzt. Und er lebt nicht etwa nur als Brauch oder aus Treue zur Überlieferung, nein: Er hat den Fortschritt der Medizin gelenkt und nach Ansicht vieler Fachleute dazu geführt, dass die erste Herzverpflanzung nicht dort stattfand, wo die führenden Forschungszentren lagen, nämlich in den USA, sondern in einem unbedeutenden Krankenhaus in Afrika.

* * * * *

Zu Beginn des siebzehnten Jahrhunderts entdeckte der englische Arzt William Harvey den Blutkreislauf. Davor herrschte eineinhalb Jahrtausende die Vorstellung des Galenos von Pergamon: Das Blut werde in der Leber gebildet; ein Teil von ihm fließe durch die Venen in den Körper, der andere, angereichert mit dem aus der Atemluft stammenden Lebenspneuma, durch die Arterien; der Körper verbrauche dieses Blut, entnehme ihm Nährstoffe und Leben; und die Leber liefere beständig neues nach. Harvey jedoch erkannte, was wirklich geschieht. Im ersten Schritt analysierte er, wie die Bewegung des Herzens Blut durch die Arterien in den Körper treibt, im zweiten, wie das Blut durch die Venen zurück zum Herz fließt. Damit war die Idee des Kreislaufs geboren; vervollständigt wurde sie vierzig Jahre später von Marcello Malpighi aus Bologna, der die Kapillaren fand, über die das Blut aus den Arterien in die Venen gelangt.

In modernen Ausdrücken kann man die Dinge wie folgt beschreiben. Das Herz ist ein faustgroßer Muskel, der vier Hohlräume umgibt; die beiden oberen Hohlräume sind die Vorhöfe, die beiden unteren die Kammern. Sauerstoffarmes Blut, das aus dem Körper zurückkehrt, fließt durch die beiden Hohlvenen in den rechten Vorhof. Dieser zieht sich zusammen und pumpt das Blut in die rechte Kammer. Nun zieht sich diese zusammen und sendet das Blut über die Lungenarterie in die Lunge. Von dort gelangt es, befreit vom Kohlendioxid und versorgt mit Sauerstoff, über die Lungenvenen zurück zum Herz, in den linken Vorhof. Der schickt es in die linke Kammer, und diese transportiert es über die Hauptschlagader, die Aorta, in den Körper. Hat das Blut dort seinen Dienst getan, vor allem die Organe mit Sauerstoff versorgt, fließt es durch die Kapillaren in die Venen und zurück zum Herz, womit ein neuer Kreislauf beginnt. Dass die Kontraktionen des Herzmuskels das Blut in die jeweils gewünschte Richtung senden, dafür sorgen die vier Herzklappen: Ventile, die den Strom in einer Richtung zulassen, in der Gegenrichtung blockieren: die Trikuspidalklappe zwischen dem rechten Vorhof und der rechten Kammer, die Pulmonalklappe zwischen der rechten Kammer und der Lungenarterie, die Mitralklappe zwischen dem linken Vorhof und der linken Kammer sowie die Aortenklappe zwischen der linken Kammer und der Aorta.

Das Herz ist, nach allem, was man heute weiß, nicht der Sitz der Seele. Es ist, wie man gern sagt, „nur" eine Pumpe. Allerdings eine Pumpe ohne überflüssige Teile – jede Komponente muss funktionieren, damit das Ganze funktioniert. Viele Defekte sind möglich: angeborene und durch Abnützung, Krankheit oder Unfall erworbene; Schäden des Muskels, der Innenwände, der Klappen, der zum Herz hin- und von ihm wegführenden Blutgefäße oder der Nerven, die es steuern. Manches kann nur die Chirurgie reparieren. Kleine Schäden kann man beheben, ohne den Brustkorb zu öffnen; dann operiert man am geschlossenen Herzen. Größere verlangen ein Freilegen oder gar Öffnen des Herzens. Als Chris Barnard für seine Reise nach Minneapolis packte, stand die Chirurgie des offenen Herzens noch am Beginn. Sie kämpfte mit einem lange Zeit unüberwindlichen Problem. Chris hatte noch nie eine Herzoperation am Menschen vorgenommen, doch er kannte es, wie jeder Chirurg es kannte.

„Wie sollten wir in die Herzkammern eindringen, ohne den Patienten zu töten? Die Schwierigkeit bestand darin, die Blutzufuhr zum Gehirn aufrechtzuerhalten oder dessen Blutbedarf zu senken."

Der kleinste Schnitt in ein durchströmtes Herz ließ das Blut aus der Wunde schießen. In kürzester Zeit würde der

Patient zu viel davon verlieren. Unterbrach man aber den Kreislauf, um das zu verhindern, fehlte dem Körper Sauerstoff und, im Fall des Gehirns, auch Zucker.

„Der Herzmuskel kann eine Stunde oder länger darauf verzichten, das Gehirn nur drei bis vier Minuten."

Daher durften Operationen am offenen Herzen höchstens drei bis vier Minuten dauern, wollte man nicht einen Hirnschaden riskieren. Erst in den letzten Jahren hatte man zwei Wege gefunden, diese Zeitspanne zu verlängern. Man konnte den Körper kühlen und so seinen Stoffwechsel verlangsamen. Oder man konnte den Kreislauf am Herzen vorbeiführen und das Herz durch eine andere Pumpe ersetzen.

Zum Abkühlen legte man den Patienten in eine Wanne mit kaltem Wasser oder wickelte ihn in eine mit Kühlschlangen versehene Decke. So gewann man einige Minuten an Operationszeit. Die erste Operation mit diesem Verfahren, das der kanadische Chirurg Bill Bigelow erfunden hatte, führten John Lewis und Walt Lillehei 1952 in Minneapolis durch. Mit Erfolg – denn von ihrer Patientin, einem fünfjährigen Mädchen, ist bekannt, dass sie noch vierzig Jahre nach dem Eingriff putzmunter war.

Noch im Groote Schuur dachte sich Chris eine andere Methode zur Kühlung aus: einen Ballon in den Magen des Patienten einzuführen und mit Kühlwasser zu füllen. An Hunden zeigte sich, dass das Verfahren funktionierte. „Nur einen Haken hatte die Sache: Die Hunde waren voller Flöhe. Sobald ich ihre Haut abkühlte, ergriffen sämtliche Flöhe die Flucht und stürzten sich auf uns."

Für die meisten Arbeiten am offenen Herzen reichten die durch Unterkühlung gewonnenen Minuten nicht aus. Dann musste man den Kreislauf des Patienten aufrechterhalten, um dessen Organe, vor allem das Gehirn, dauernd mit Blut zu versorgen. Man musste ihn aber am Herz des Patienten vorbeiführen. Als Ersatzpumpe konnte das Herz eines anderen Lebewesens dienen oder ein technisches Gerät.

Der erste Weg heißt Kreuzzirkulation und wurde von der Natur selbst erfunden, die ja den Fötus über den Kreislauf der Mutter versorgt. Wieder war es Lillehei, der das Prinzip als Erster im Operationssaal anwandte: 1954 reparierte er das Herz eines dreizehnjährigen Jungen, während dessen Organe über den Kreislauf des Vaters versorgt wurden. Die Operation gelang, wie auch die Mehrzahl der folgenden. Fünfundvierzig Eingriffe betrafen Kinder, von denen man kein einziges auf andere Weise hätte retten können. Dennoch stieß die Technik auf Vorbehalte: Sie barg, wie man sagte, ein 200-prozentiges Sterberisiko, denn nicht nur der Patient, sondern auch die Person, die den lebenserhaltenden Kreislauf gab, war in höchster Gefahr. Wie der Barnard-Biograf David Cooper, selbst Herzchirurg, schreibt, wäre noch beim heutigen Stand der Wissenschaft jeder Eingriff mit Kreuzzirkulation eine riskante Prozedur.

Am meisten versprach man sich vom Aufrechterhalten des Kreislaufs durch ein technisches Gerät. Dieses sollte sowohl die Funktion des Herzens übernehmen, also den Bluttransport antreiben, wie auch die Funktion der Lunge: das Blut von Kohlendioxid befreien und ihm Sauerstoff zusetzen. Den ersten Prototyp einer Herz-Lungen-Maschine baute 1885 der deutsch-österreichische Physiologe Maximilian von Frey. An den Einsatz eines solchen Apparats konnte man frühestens 1916 denken, als mit Heparin eine Substanz zur Vermeidung von Blutgerinnseln gefunden war. Um 1930 begann der Chirurg John Gibbon aus Philadelphia mit Vorarbeiten zu einem eigenen Entwurf, doch es sollte bis 1952 dauern, bis Gibbon, zusammen mit Ingenieuren der IBM, ein Gerät in den Operationssaal stellen konnte. Gibbon setzte seine Maschine viermal am Menschen ein, wobei nur die zweite Patientin überlebte. John Kirklin von der Mayo-Klinik in Rochester, Minnesota, verbesserte Gibbons

Maschine und wandte sie mit größerem Erfolg an, wenngleich nur in wenigen Fällen. Denn sie blieb kompliziert, fehleranfällig und schwer zu warten. Allein die Reinigung vor dem nächsten Patienten erwies sich als aufwändig und unsicher; stets konnten unentdeckte Proteinreste des Vorgängers zu Komplikationen führen.

Denjenigen, der die Herz-Lungen-Maschine zum Segen für Millionen von Patienten gemacht hat, kennen Sie schon. Es war wieder einmal Walt Lillehei. Im Jahr 1955 setzte er einen jungen Forschungskollegen, Richard DeWall, auf das Problem an. Der kam mit einer sagenhaften Lösung, einfach, zuverlässig und billig. Während ein Exemplar der Gibbon-Maschine rund 50 000 Dollar kostete, war der Lillehei-DeWall-Oxygenator, einer Schätzung von Cooper zufolge, mit Herstellkosten von 50 Dollar so billig, dass man ihn nach dem Einsatz wegwerfen und einen neuen bauen konnte. Das Problem der Verunreinigungen löste sich so von selbst. (Dass die Maschine tatsächlich so billig war und nach Gebrauch entsorgt wurde, wird allerdings durch eine Angabe in Barnards *One Life,* auf die wir noch kommen werden, in Frage gestellt.)

Ob das Gerät 50 Dollar kostete oder mehr – sicher ist, dass es allein an der University of Minnesota jeden zweiten Tag eine Operation am offenen Herzen ermöglichte. Einen Katzensprung entfernt von diesem Ort, am Flughafen von Minneapolis, landete im Dezember '55 ein dreiunddreißigjähriger Chirurgiestudent aus Beaufort West in Südafrika.

On the Road

Als Chris aus dem Flugzeug stieg, herrschte tiefster Winter. Um diese Jahreszeit liegt das Tagesmaximum in Minneapolis bei minus fünf Grad Celsius, zweiundzwanzig Grad tiefer als in Kapstadts kältestem Monat. Der Schnee, den er nur von weitem kannte, von den Gipfeln der heimatlichen Berge, türmte sich in Wächten zu beiden Seiten der Landebahn. Da in Südafrika gerade der Sommer begonnen hatte, traf ihn die Eiseskälte doppelt. Die Berichte über seine Ankunft nähren aber auch den Verdacht, dass mancher Biograf das Bild vom armen Jungen übertrieb. Cooper schreibt in *The Surgeon Who Dared:* „… und er hatte nie einen Mantel besessen." Chris selbst aber erzählt von einem Gepäckträger, der ihn beim Zwischenstopp in New York in Empfang nahm: „Er lud meinen Koffer und Mantel auf seine Karre."

Wie auch immer: Es war kalt und Chris war allein. Noch hatte man ihm sein Stipendium nicht formell zuerkannt. Daher musste Louwtjie zu Hause das Geld für sich und die

W. Tschirk, *Heart. Flop. Moon.*,
https://doi.org/10.1007/978-3-662-72050-9_3

Kinder verdienen, während ihr Mann sich in Minneapolis durchschlug. Er bezog ein Zimmer im Ärztetrakt der Universität.

Am nächsten Tag empfing ihn Professor Wangensteen. „Ich habe von Ihnen gehört. Sie haben Versuche an Hunden gemacht?"

So sprachen sie über Chris' Arbeit zur Darm-Atresie. Als Wangensteen genug erfahren hatte, sagte er: „Ich möchte, dass Sie diese Art von Versuchen fortsetzen. Wir brauchen eine neue Technik für Speiseröhrenverbindungen."

Chris bemühte sich, seine Enttäuschung zu verbergen. Minneapolis war das Zentrum der Herzchirurgie, doch Wangensteen hatte ihm eine Aufgabe zugeteilt, die ein ganz anderes und, in Chris' Augen, völlig uninteressantes Gebiet betraf. Wie lange er sich damit abquälte, ist nicht ganz klar. James-Brent Styan *(Heartbreaker)* zufolge waren es acht Monate. Verlässlicher erscheint mir aber die Chronologie in Barnards *One Life;* wenn diese stimmt, kam es schon im Winter seiner Ankunft zur entscheidenden Begegnung.

Clarence Walton Lillehei war das, was man eine schillernde Persönlichkeit nennt. Mit dreißig überstand er eine Krebserkrankung, und vielleicht hat dieses Erlebnis aus dem brillanten, aber ansonsten unauffälligen Dozenten einen lebenshungrigen Draufgänger gemacht. Jedenfalls wurden seine Partys ebenso berüchtigt wie seine Arbeit berühmt. Mit fünfunddreißig galt er als zentrale Figur der Chirurgie am offenen Herzen. Stets auf der Suche nach neuen, besseren Verfahren lernte, lehrte, operierte und erfand er in einem Schaffensrausch ohnegleichen: Er unternahm die erste Operation mit Unterkühlung, die erste mit Kreuzzirkulation, die erste mit der Herz-Lungen-Maschine, die er mitgebaut hatte; er stieß die Entwicklung des tragbaren Herzschrittmachers an, setzte diesen als Erster ein und war am Entstehen mehrerer künstlicher Herzklappen beteiligt, für die er reiche Tantiemen bezog. Wofür er keine Zeit fand, das waren

Steuererklärungen. 1973 verurteilte man ihn wegen Steuerhinterziehung; dabei hatte er bloß ein heilloses Durcheinander in seinen Finanzen. Als er mit achtzig Jahren starb, hinterließ er 15 Millionen. Dollar; rund 100 000 Dollar lagen verstreut in seiner Wohnung.

Chris arbeitete Tür an Tür mit Lillehei und einem Assistenten, der bei Operationen die Herz-Lungen-Maschine bediente.

„Chris, hätten Sie Lust, die Maschine bei einer Operation zu sehen?“

Nichts lieber als das! Er wusste ungefähr, wie das Gerät funktionierte; doch als er es dann in Aktion sah, verschlug es ihm den Atem. Die Schläuche waren angeschlossen, die Venen abgebunden und damit die Blutzufuhr zum Herz gestoppt.

„Jetzt war es so weit: Die Maschine trat an die Stelle des Herzens und der Lunge.“

Eine Pumpe zog das venöse Blut ab und schickte es in die künstliche Lunge: einen Sack, in den Sauerstoff perlte. Eine zweite Pumpe beförderte das sauerstoffgesättigte Blut zurück in den Körper des Patienten.

„Diese Erfindung öffnete das Tor zu einem neuen Zeitalter der Chirurgie. Während sie Herz und Lungen ersetzte, konnte man Defekte beheben, denen wir bisher machtlos gegenübergestanden waren.“

Eine solche Maschine bedienen, sie bei Operationen anwenden, das war es! Er musste mit Wangensteen reden. Dazu legte er sich einen Plan zurecht. Die Ausbildung zum Facharzt für Chirurgie dauerte sechs Jahre. Diese Zeit hatte er nicht; er hatte Frau, Kinder und kein Einkommen außer dem hoffentlich bald bewilligten Stipendium. Er musste es in zwei Jahren schaffen, länger konnte er seiner Familie dieses Leben nicht zumuten.

„Wenn ich Sie richtig verstehe“, sagte Wangensteen, „wollen Sie den ganzen Tag im Krankenhaus arbeiten, gleichzeitig Pathologie studieren, Sektionen machen, eine Dissertation schreiben, zwei Sprachen lernen und in zwei Jahren ins Examen gehen."

„Ja, Herr Professor."

Dann setzte Chris ihm auseinander, wie das gehen sollte: Erfahrung im Krankenhaus besaß er reichlich. Er hatte hundert Kinder obduziert, die an Hirnhautentzündung gestorben waren; damit war er in Pathologie vorbereitet. Zum Thema für die Dissertation konnte er Darm-Atresie wählen, wo er an der Spitze der Forschung stand. Als Sprachen boten sich Holländisch und Deutsch an; die erste war dem Afrikaans sehr ähnlich, die zweite auch nicht allzu weit entfernt. Und schlafen konnte er, wenn alles fertig war.

„Also gut", sagte Wangensteen nach einer langen Pause, „wir werden sehen. Als Erstes versetze ich Sie in meine Abteilung."

Nun stand er von früh bis spät im Operationssaal, häufig neben dem Professor selbst. Zwar durfte er nur untergeordnete Tätigkeiten ausführen – „Haken halten, intravenöse Dauerinfusionen anlegen und Verbände machen wie ein kleiner Medizinalassistent", und das kratzte an seinem Ego. Dem großen Ziel brachten ihn diese Erfahrungen dennoch Tag für Tag ein Stück näher. Nach Dienstschluss kam die Atresie an die Reihe: Er musste seine Experimente wiederholen, fotografieren, dokumentieren und in eine Dissertation packen.

Dann kam endlich das Stipendium; damit konnte er Louwtjie und die Kinder zu sich holen. Sie wählten den billigsten Reiseweg von Kontinent zu Kontinent: die African Star, einen kleinen Frachter von Kapstadt nach Boston. Die restlichen achtzehnhundert Kilometer sollten sie fliegen. Chris blieben knapp drei Monate, eine Wohnung zu suchen, die groß genug für alle vier wäre, und sie mit dem Nötigsten einzurichten. Er fand ein Appartement am Stadtrand. Da es in der Nähe des Flughafens lag und damit seinen Teil vom Lärm abbekam, konnte er es günstig mieten. Die Möbel kaufte er gebraucht, die meisten bei der Heilsarmee. Er erstand ein Fernsehgerät – einen Luxus, den es in Südafrika nicht gab, weil das Fernsehen dort noch nicht eingeführt war –, und bohnerte den Fußboden, während ein Boxkampf lief. Um das Geld aufzubringen, schaufelte er Schnee. Als ihm der Frühling die Geschäftsgrundlage entzog, wechselte er zum Rasenmähen. Dazu wusch er Autos und jobbte im Krankenhaus als Sitzwache (eine Art persönlicher Betreuer wohlhabender Patienten) im Nachtdienst. Wenn die Kranken schliefen, lernte er aus seinen Büchern.

Der Tag der Ankunft näherte sich. Da das genaue Datum nicht feststand, beauftragte Chris ein Reisebüro, Louwtjie und die Kinder am Hafen von Boston abzuholen, sie in einen Flieger nach Minneapolis zu setzen und ihm die Flugnummer mitzuteilen.

* * * * *

„Ich hasse dieses Land!", schrie Louwtjie, als er ihr am Flughafen entgegenlief. Die Kinder standen erschrocken und verloren neben ihr. „Ich hasse dieses Land! Ich will wieder nach Hause!"

Die Reise war lang gewesen. Der Flug hatte über New York geführt, und wer schon einmal dort umgestiegen ist, wird es als Wunder empfinden, dass überhaupt noch beide Kinder da waren, von den Koffern ganz zu schweigen.

Es war aber nicht nur die Erschöpfung, die ihr zusetzte; es war Heimweh. Die Wohnung und der Fernseher interessierten sie ebenso wenig wie die Geschenke, die Chris für sie und die Kinder vorbereitet hatte. Der Flugzeuglärm brachte sie schon in der ersten Nacht um den Schlaf. Und wenn Chris dann außer Haus war (also praktisch immer) und sie allein mit Deirdre und André in der Wohnung saß, fiel ihr die Decke auf den Kopf. Ein halbes Jahr war sie auf sich gestellt gewesen und hatte dennoch alles im Griff behalten; allerdings zu Hause in Afrika, wo noch der Verstand regierte. Hier aber war alles auf den Kopf gestellt. Man musste sich nur umsehen und die Zeitschriften durchblättern oder, Gott bewahre!, den Fernseher aufdrehen. Allein, wie diese Leute wohnten! Sie lümmelten auf hellgrünen Plastikstühlen, die sich bis zur Unkenntlichkeit verbogen, die Männer legten in Schuhen die Füße auf den Tisch und die Frauen taten, als fänden sie das toll. Sie besaßen Bilder, die nichts darstellten, und verwegene Kleiderständer aus Draht, die umfielen, sobald jemand auch nur eine Baseballkappe daran hängte. Ihre Häuser belegten sie vom Vorraum bis zur Terrassentür mit unreinigbaren, fest verklebten Teppichböden. Statt wie kultivierte Menschen ins Theater zu gehen, fuhren sie ihre Kiste auf einen Riesenparkplatz, stopften sich Popcorn in den Mund und glotzten auf eine Leinwand, während rundherum Lautsprecher dröhnten. Überallhin verfolgten einen Gebrüll und Lichtreklame. In die Verkehrshölle der Innenstädte wagte man sich besser gar nicht vor.

Am ersten Schultag wurden die Kinder verprügelt, weil sie ihre südafrikanischen Schuluniformen anhatten, und Louwtjie fegte, auf der Suche nach den Schuldigen, durch das Gebäude wie ein Racheengel. Und als sie eines Tages Chris im Krankenhaus besuchte und ein Arzt sie fragte: „Ist das Zulu, was Sie mit Ihren Kindern sprechen?", explodierte sie: „Ja, wir sprechen immer Zulu, bevor wir uns ausziehen und nackt durch den Urwald tanzen!"

Sobald man sie aber auf die Rassentrennung ansprach, war alles aus. „Sie behaupten, wir wären schlecht zu unseren Schwarzen!", fauchte sie. „Ausgerechnet die Amerikaner! Weißt du, dass wir hier in einer Gegend wohnen, wo ein Schwarzer nicht einmal ein Haus kaufen darf?"

Eines Tages, es war wieder Winter geworden, ging Chris mit den Kindern Schlittschuh laufen. Deirdre und André, bald sieben und sechs Jahre alt, lernten es im Nu. Der Vater war weniger begabt. Er klammerte sich ans Geländer, und bei jedem Versuch, ein paar Meter auf den Beinen zu bleiben, schmerzten seine Füße wie verrückt. Die Schlittschuhe waren geborgt und offenbar viel zu eng.

An den Tagen danach klang der Schmerz nicht ab. Eine Zehe schwoll an und Chris befürchtete, sie wäre gebrochen. Zum Arzt zu gehen, dazu ließen ihm Arbeit und Studium keine Zeit. Die Beschwerden ergriffen den ganzen Fuß, dann den Knöchel, dann den anderen Fuß. Als sogar seine Hände anschwollen und weh taten, wandte er sich endlich an einen Facharzt. Die Diagnose war niederschmetternd: primär chronische Polyarthritis, eine unheilbare entzündliche Erkrankung der Gelenke. Und das einem angehenden Chirurgen, der beinahe nichts so sehr benötigt wie seine Hände!

„Wozu sollte ich mich weiter zum Chirurgen ausbilden? Bald würde ich nicht mehr fähig sein, einen einfachen Knoten zu knüpfen."

In den 1950er-Jahren gab es für diese Form der Arthritis nicht nur keine Heilung, sondern auch kaum Behandlungen, die sie verlangsamten oder aufhielten oder wenigstens die Symptome linderten.

„Oft knipste ich die Nachttischlampe an, während Louwtjie neben mir schlief, besah meine Füße und redete mir ein, sie seien unverändert. Doch am Morgen waren sie so geschwollen, dass ich sie kaum in die Schuhe brachte."

Dann griff die Krankheit auf seine Schultern über, und Louwtjie musste ihm beim Anziehen helfen. Dennoch werkte er von morgens bis abends im Krankenhaus, unterbrochen nur von wenigen Vorlesungsstunden und der Arbeit an seiner Dissertation. Für das Pathologiestudium musste er obduzieren; und da in den USA Obduktionen unverzüglich stattfanden, konnte ihn zu jeder Tages- und Nachtzeit ein Anruf erreichen.

„Qualvoll schleppte ich mich vom Labor zur Universität, vom Hörsaal zum Krankenhaus."

Nach einigen Wochen aber fühlte er, dass sich sein Zustand zumindest nicht mehr verschlechterte. Der Arzt riet ihm zur Bewegung und deutete an, Chris könnte mit Glück vor der Verkrüppelung verschont bleiben. Zumindest einige Jahre Aufschub schienen ihm gewährt, und er erlebte zum ersten Mal am eigenen Leib, was ein noch so kleiner Hoffnungsschimmer für einen Kranken bedeuten kann. Diese Erfahrung sollte ihn sein Leben lang leiten – seine späteren Patienten gaben nicht auf, weil *er* sie in der dunkelsten Stunde nicht aufgeben ließ.

Die Hände blieben geschwollen, doch der Schmerz wandelte sich zu einem erträglichen Begleiter. Mit neuem Mut stürzte sich Chris in die Arbeit. An manchen Tagen konnte er kaum das Skalpell halten, doch er biss die Zähne zusammen und machte weiter. Krankenhaus, Labor, Sektionssaal, Hörsaal, Bibliothek – er schien überall gleichzeitig zu sein. Nur nicht bei seiner Frau und den Kindern.

„Ich fahre nach Hause", teilte ihm Louwtjie mit.

„Nein, bitte nicht!"

„Doch. Du bist nie da, wir haben kein Geld, und ich mag nicht mehr."

Ob ihre Abreise schon an diesem Tag beschlossene Sache war, lässt sich nicht mehr ergründen. Sie wurde es spätestens, als sich Wangensteens Sekretärin einmischte. „Ihr Mann hat in Amerika eine große Zukunft. Verlangen Sie nicht von ihm, in ein unterentwickeltes Land zurückzugehen."

Jetzt reicht es Louwtjie endgültig. „Südafrika ein unterentwickeltes Land! Der habe ich meine Meinung gesagt!"

„Aber –"

„Nichts aber. Du machst dein Studium fertig und ich warte mit den Kindern in Kapstadt auf dich. Die Schiffskarten sind schon gebucht."

What Memories Are Made Of

Chris gab die Wohnung, die für ihn allein zu groß war, auf und mietete ein Zimmer im Haus einer älteren Dame. Dort blieb er für den Rest seines Aufenthalts in den USA. Nun unterstand er Richard Varco, einem Allgemeinchirurgen in Wangensteens Abteilung. Varco gehörte zu den Vorreitern in der Chirurgie. Als Teil des Teams um Lillehei war er 1952 an der ersten Operation am offenen Herzen beteiligt gewesen und 1954 an der ersten mit Kreuzzirkulation. Im Jahr dazwischen hatte er einen Bypass im Darm gelegt und damit als Erster gegen Übergewicht operiert. Die nach Chris' Worten wichtigste Lektion, die ihm Varco erteilte, war, dass der Chirurg nichts ohne guten Grund zertrümmern, abbinden oder wegbrennen dürfe; denn später müsse der Körper jede solche Verletzung heilen, und dazu brauche er Kraft, die ihm beim Überwinden der eigentlichen Erkrankung fehle.

Noch immer durfte Chris bloß assistieren, und das sollte in Minneapolis auch so bleiben. Dennoch fühlte er sich als Teil „einer neuen Ära". Nach drei Monaten bei Varco

© Der/die Autor(en), exklusiv lizenziert an Springer-Verlag GmbH, DE, ein Teil von Springer Nature 2025
W. Tschirk, *Heart. Flop. Moon.*,
https://doi.org/10.1007/978-3-662-72050-9_4

erhielt er die Chance, Assistent bei Lillehei zu werden, und ergriff sie ohne Zögern. „Damit brachen die elf entscheidenden Monate meiner amerikanischen Lehrzeit an." Er lernte, die Herz-Lungen-Maschine einzusetzen, und schloss nach und nach Bekanntschaft mit den vielfältigen Missbildungen des Herzens und den Möglichkeiten, sie operativ zu korrigieren.

Wenn das gelang, dann gelang es spektakulär: Von einem Tag auf den anderen konnte ein zeitlebens schwerkranker Mensch gesund sein. Die Gewalt, die von Lillehei ausging, zeigte sich aber, wenn es nicht gelang, den Patienten zu retten – was in diesen frühen Tagen der Herzchirurgie allzu oft vorkam. Die meisten anderen, vielleicht *alle* anderen, hätten aufgegeben, wenn am Ende einer Woche kein einziger Operierter überlebt hatte. Lillehei machte weiter. Er analysierte, fand die Fehler, wo es welche gab, und setzte alles daran, dass sie kein zweites Mal passierten. Auch er war oft versucht, alles hinzuwerfen. „Doch nach ein paar Drinks in der Bar", erzählte er Barnards Biografen Cooper, „ging es mir am nächsten Morgen viel besser." Laut Cooper meinte später einer der jungen Ärzte um Lillehei, Aldo Castañeda: „Ein Chirurg dieser Zeit musste vollständig überzeugt sein, dass das Ziel die Toten rechtfertigt. Das verlangt einen Anflug von Immoralität. Du musst einfach sicher sein, dass du recht hast und alle anderen unrecht. Walt hatte das."

Castañeda war einer der drei Großen, die (neben hundertfünfzig anderen Chirurgen) durch Lilleheis Schule gegangen sind. Er gilt heute als Vater der Herzchirurgie an Neugeborenen. Ein zweiter war Norman Shumway, der in den Jahren vor Chris bei Lillehei assistierte und von dem wir noch sprechen werden. In ihm sahen später viele den bedeutendsten Pionier der Herzverpflanzung – so bedeutend, dass man Chris beschuldigte, er habe Shumway kopiert und ihm damit die Priorität an der Operation genommen. Der dritte war Chris Barnard selbst.

Zeitweise operierte das Team von Montag bis Freitag jeden Tag einen Patienten am offenen Herzen. In den ersten Monaten war es Chris' Aufgabe, die Herz-Lungen-Maschine vor jeder Operation zusammenzubauen und einsatzbereit zu machen. Dann ernannte ihn Lillehei zum ersten Assistenten. Als solchem oblag ihm die Vorbereitung des Patienten: das Öffnen der Brust und das Freilegen des Herzens und der Gefäße. Dabei erlebte er den schwärzesten Tag seiner Laufbahn.

Der Patient war ein siebenjähriger Junge mit einem Loch zwischen den Kammern. Das Herz war freigelegt, die obere Hohlvene vorbereitet für den Anschluss an die Herz-Lungen-Maschine. Beim Versuch, die untere Hohlvene in Position zu bringen, war ein Stück Gewebe im Weg. Chris, der diese Phase der Operation leitete, wies den zweiten Assistenten an, es durchzuschneiden. „Er schnitt, und da schoss das Blut heraus. Wir hatten ins Herz geschnitten." Anstatt den Finger auf die Wunde zu drücken und damit Zeit für eine Reparatur zu gewinnen, versuchte Chris die Blutung mit einer Arterienklemme zu stoppen und riss den Schnitt noch weiter auf. Den Kampf um das Leben des Kindes kann nur jemand schildern, der mehr davon versteht als ich. Barnard nimmt es in *One Life* auf sich. Man hat ihm oft vorgeworfen, er wäre egoistisch und schöbe die eigenen Fehler anderen zu. In der Autobiografie ist davon nichts zu merken. Sie enthält mehrere Episoden, in denen er sein Versagen schonungslos eingesteht, so wie in dieser.

Als Lillehei eintraf, hatte das Herz zu schlagen aufgehört.

„Schließen Sie den Brustkorb", sagte er.

Alle verließen den Raum und Chris blieb mit dem Kind allein zurück. Nachdem er die letzte Naht gelegt hatte, ging er zu Lillehei.

„Chris, in Gottes Namen, setzen Sie sich erst mal hin!"

Er sank in einen Stuhl und wartete auf die Standpauke. Doch es kam anders.

„Jeder von uns macht Fehler, die einen Patienten das Leben kosten. Diesmal waren Sie es. Sie haben Ihre Lektion gelernt, und morgen machen wir dasselbe noch einmal. Sie gehen zuerst rein, öffnen den Brustkorb, binden die Hohlvenen ab, und ich warte, bis Sie damit fertig sind."

$$* * * * *$$

Wangensteen sorgte dafür, dass der Ärztenachwuchs über die Grenzen seines eigenen Reiches hinaussah. An manchen Samstagen fuhr Chris zur nahen Mayo-Klinik und beobachtete Kirklin bei der Arbeit. Eine ganze Woche verbrachte er in Houston, fast zweitausend Kilometer von Minneapolis entfernt, bei Cooley und DeBakey. Denton Cooley war nur zwei Jahre älter als Chris, aber bereits ein Operateur mit Ruf, und zudem „ungewöhnlich freundlich und hilfsbereit". Der ältere Michael DeBakey galt als Spezialist für das Herz und dessen Gefäße. Von ihm lernte Chris wenig: „Kaum wagte ich, mich dem Operationstisch zu nähern, da brüllte er mich an, ich solle gefälligst Abstand halten."

Mit der Zeit offenbarten und festigten sich Chris' Stärken, aber auch seine Schwächen. Die meisten Zeugen sagten, er sei ein guter, verlässlicher, aber nicht besonders talentierter Operateur gewesen. Doch er wollte alles wissen, las alles, lernte alles, lernte schnell, vergaß nie etwas und sei auf diese Weise zu einem exzellenten Chirurgen geworden. Lillehei nannte ihn zudem einen hervorragenden, innovativen Forscher. Chris konnte sehr charmant sein – aber auch sehr uncharmant, wenn ihm etwas gegen den Strich ging. Manche seiner damaligen (Mit-)Assistenten fanden ihn egoistisch, arrogant und aggressiv. In einem Punkt aber stimmen alle überein: Christiaan Barnard war ein Perfektionist, und er akzeptierte (manche kritisierten: für sich selbst) nur die besten Ergebnisse. Natürlich sind diese Aussagen mit Vorsicht zu genießen. Denn sie wurden Jahre, oft Jahrzehnte nach den Ereignissen, auf die sie sich beziehen, getan. Und sie betreffen nur vordergründig den jungen Assistenzarzt — in Wahrheit gelten sie dem weltberühmten Chirurgen, der es sich mit seinen Kollegen verscherzte, weil die Frauen ihm nachliefen und nicht ihnen, und weil ihm das wichtiger wurde, als sie zu tolerieren imstande waren.

Noch aber stand Chris im Operationssaal, präparierte Gefäße und legte Nähte. In Handschuhen, die sich kaum überstreifen ließen, weil er seine Finger vor Schmerzen nicht strecken konnte. Nach stundenlangen Operationen, speziell wenn er die Hände in unbequemer Stellung fixieren musste, flammte die Arthritis auf. Um das Stehen zu ertragen, benutzte er spezielle Schuhe, die seine Zehen entlasteten. Er stumpfte ab gegen den Schmerz, der ihn kaum je verließ. Vielleicht aber hatte die Krankheit auch ihr Gutes: War es am Ende Chris' Angst, es blieben ihm nur wenige Jahre als Chirurg, die ihn zu solchen Leistungen trieb?

Als wäre sein Pensum noch zu gering, stellte er sich eine weitere Aufgabe. Sie betraf die Aortenklappe. Durch diese Klappe pumpt die linke Herzkammer sauerstoffreiches Blut in die Aorta und damit in den Körper. Ist die Aortenklappe verengt oder beschädigt, muss das Herz, um die Versorgung aufrechtzuerhalten, stärker pumpen und wird überfordert. Schadhafte Klappen versuchte man durch Verpflanzung von Gewebe aus dem Körper des Patienten zu korrigieren oder zu ersetzen, doch die Transplantate schrumpften und rissen. Konnte man nicht anstelle des empfindlichen Gewebes robusten Kunststoff verwenden?

Um die Funktion der Klappe zu studieren, baute Chris das System nach. Er nahm einen Plexiglasbehälter und trennte ihn mit einer Scheibe in zwei Kammern. In die Scheibe setzte er die Herzklappe: entweder eine menschliche, einem Leichnam entnommene, gesunde oder fehlerhafte; oder einen Nachbau aus Kunststoff. Durch die Klappe pulsierte Wasser, bewegt von Magnetkolben im Rhythmus des Herzens. Nun sah er, wie die Klappe sich öffnete und schloss – 60-mal in der Minute, 86 400-mal am Tag und, hätte er lange genug gewartet, zwei bis drei Milliarden Mal im Lauf eines Lebens. Zusammen mit einem Ingenieur fand er das, wie beide hofften, geeignete Material für einen Klappenersatz: Mylar, einen außerordentlich reißfesten Kunststoff. Daraus ließ er eine Aortenklappe gießen. Als sich diese an der Versuchsapparatur bewährte, pflanzte er sie einem Hund ein, um zu sehen, ob sie auch im lebenden Körper funktionieren würde. Unglücklicherweise am Wochenende. Denn als Wangensteen davon Wind bekam, setzte es ein Donnerwetter: Das Tierlabor war an Wochenenden tabu, da gehörte es dem Putztrupp!

Chris gelang es damals nicht, eine Klappe zu bauen, die länger als ein paar Tage durchhielt. Zu groß war die Belastung des Materials, und auch die Form erwies sich als ungeeignet, da sich in ihren Winkeln Blutklumpen bildeten. Dennoch war die Arbeit nicht umsonst, denn sie platzierte einen weiteren Stein in das Puzzle seiner Ausbildung, das sich nun vervollständigte.

Im Jahr 1958 erwarb Chris den Grad eines Doktors der Philosophie (PhD) mit seiner Arbeit *The Aetiology of Congenital Intestinal Atresia*. Er bestand die Prüfungen in Pathologie, Holländisch und Deutsch. Zu guter Letzt verlieh man ihm den Master of Science in Chirurgie für die Schrift *The Aortic Valve: Problems in the Fabrication and Testing of a Prosthetic Valve*.

Damit durfte er sich Doktor der Chirurgie nennen und war fertig; er hatte ein Studium von sechs Jahren in weniger als zweieinhalb bewältigt.

Wangensteen konnte es nicht fassen: „Bei Gott, Chris, Sie haben es tatsächlich geschafft! Aber eines möchte ich wissen: Wann haben Sie geschlafen?“

„Sonntags – nachdem Sie mich aus dem Tierlabor geworfen hatten.“

Und noch eine Frage brannte Wangensteen auf der Zunge. „Würden Sie es sich überlegen, ob Sie wirklich nach Südafrika zurückkehren müssen?"

In der Tat, Chris hatte das wieder und wieder überlegt. Südafrika erschien ihm fern, wie eine andere Welt. „Selbst Louwtjie schrieb immer seltener." Allerdings schrieb auch er immer seltener, und seine Briefe klangen, wie Louwtjie später berichtete, zunehmend kalt. Einen der Gründe dafür kannte sie gar nicht, wiewohl sie ihn vermutete: Chris war eine Beziehung eingegangen. Ob das erst nach Louwtjies Abreise geschehen war, lässt sich heute nicht mehr sagen. Sicher ist, dass beiden, Sharon Jorgenson und Christiaan Barnard, die Trennung schwerfiel. Vermutlich war es Sharon zu verdanken, dass Dean Martins *Memories are made of this* zeitlebens eines von Chris' Lieblingsliedern blieb.

Aber er hatte sich entschieden. Es passt zu seiner Persönlichkeit, dass die maßgeblichen Gründe berufliche waren: In Minnesota war vom ersten bis zum letzten Tag keine einzige Operation unter seiner Führung geschehen. Stets hatte er nur assistieren dürfen, während er in Kapstadt schon vor Jahren Operationen geleitet hatte. In der Reihe der Herzchirurgen war er hier einer der Letzten; in Südafrika wäre er der Erste.

Das alles sagte er Wangensteen nicht. Aber dass er zurückgehen würde, das teilte er ihm mit.

„Wie wollen Sie sich dort mit moderner Herzchirurgie befassen, ohne Herz-Lungen-Maschine?"

„Ich weiß es noch nicht."

„Sie werden eine brauchen. Finden Sie heraus, was es kostet, eine zusammenzustellen und nach drüben zu bringen."

„Nach Südafrika?!"

Wangensteen meinte es ernst. Er würde ihm eine Maschine *schenken!* Chris ging die Liste der Einzelteile durch und kalkulierte. „Für 1000 Dollar bekommen wir die Komponenten und den Transport."

Wangensteen rief das Nationale Gesundheitsamt an. Binnen Minuten hatte er die Zusage: 2000 Dollar für die Maschine plus 6000 als Beihilfe für Chris' Forschungsarbeit. Und das alles für einen undankbaren Lehrling, der bei ihm zum Meister geworden war und nun im Begriff stand, ihm den Rücken zu kehren. Chris sah sich im Triumph in Kapstadt einziehen, „mit der Facharztprüfung, dem Master of Science und einer nagelneuen Herz-Lungen-Maschine".

Den Aufzeichnungen nach hat Christiaan Barnard vom 1. Januar '56 bis zum 30. Juni '58 bei Wangensteen gearbeitet und studiert; er selbst datiert jedoch seine Abreise auf einen „strahlenden Morgen im April", so dass der exakte Zeitraum unklar ist. Er fuhr die zweitausend Kilometer von Minneapolis nach New York mit dem Wagen, verfrachtete diesen auf ein Schiff und nahm den nächsten Flug nach Hause.

With All of My Heart

Kapstadt war nicht kleiner als Minneapolis, aber Chris erschien es kleiner. Und ländlicher, trotz seines modernen Zentrums. Noch immer säumten nur vereinzelte Wohnhäuser die Hauptstraßen der Vororte, bis, ein paar Kilometer weiter, höchstens noch Leitungsmasten von der Zivilisation zeugten. Nicht dass die Prachtbauten der Adderley Street gegenüber jenen der amerikanischen Innenstädte verblasst oder die Menschen hier weniger geschäftig gewesen wären. Vor achtzehn Jahren, aus der Stille der Karoo kommend, hatte Chris Kapstadt als eine Quelle „ohrenbetäubenden Lärms" empfunden. Nun aber strahlte die Metropole eine schläfrige Ruhe aus: die Warteschlange an der Bushaltestelle St. Georges, Männer in Blazer und Krawatte, Frauen in Bluse und Rock, plaudernd und Zeitung lesend; die Sitzbänke unter den Eichen an der Government Avenue; die allgegenwärtigen Palmen; und, obwohl dem Kalender nach der Winter begann, milde, schmeichelnde Luft – der Schritt zurück in die Provinzialität hatte auch seine angenehmen Seiten. Zudem besaß Kapstadt Orte am Meer, mit denen Minneapolis nicht

© Der/die Autor(en), exklusiv lizenziert an Springer-Verlag GmbH, DE, **39**
ein Teil von Springer Nature 2025
W. Tschirk, *Heart. Flop. Moon.*,
https://doi.org/10.1007/978-3-662-72050-9_5

mithalten konnte: am Atlantik den Stadtteil Sea Point mit seiner Uferpromenade oder das idyllische Bloubergstrand im Norden; an der False Bay im Süden das Surferparadies Muizenberg oder das Städtchen Strand, dessen Name schon alles besagt.

Winterlich war der Empfang, den ihm Louwtjie bereitete. „Warum bist du nicht in Amerika geblieben? Was willst du noch hier?"

Zugegeben, Chris war verspätet, die Arbeit an der Aortenklappe hatte drei Monate länger gedauert als geplant. In seinen Augen war das ein zureichender Grund, in ihren Augen nicht, und dazu kam, dass sie seiner Treue nicht mehr traute. Die Kinder freuten sich, ihn wiederzuhaben, bei seiner Frau sah es nicht danach aus.

Chris hatte es eilig, seinen Platz im Groote Schuur Hospital wieder einzunehmen, wo man ihn wie einen Helden empfangen würde und ihm die Anerkennung geben, die er zu Hause verspielt hatte. Auch Professor Louw, nach wie vor Chef der Chirurgie, sehnte den Tag herbei, an dem Chris das Ruder einer neu zu gründenden Abteilung für Herzchirurgie übernehmen würde. Dafür gab es einen triftigen Grund: Neun Monate zuvor hatte ein Arzt am Groote Schuur eine Operation unter Einsatz einer Herz-Lungen-Maschine gewagt und war wie ein Anfänger gescheitert. Sein unzureichend ausgebildetes Team hatte nicht nur mit einer kaum erprobten Apparatur hantiert, sondern sich als ersten Fall eine Fallot-Tetralogie aufgeladen – einen der kompliziertesten Geburtsfehler am Herzen, bei dem nicht weniger als vier Defekte ineinandergreifen. Nach diesem Unglück hatte Louw sämtliche Operationen am offenen Herzen untersagt, bis Chris zurück wäre und den Makel, der seitdem auf der Abteilung lag, wettmachen konnte.

Die Gruppe, der Chris nun vorstand, war klein. Sie bestand aus dem Chirurgen Malcolm McKenzie, dem medizinisch-technischen Assistenten Carl Goosen und dem

Leiter des Tierlabors Victor Pick. Ebenso klein wie das Team war das Budget – wie alle staatlichen Krankenhäuser Afrikas schwamm auch das Groote Schuur Hospital nicht im Geld. Für die Operationen würden sie Verstärkung benötigen: Ein Anästhesist würde die Narkose verabreichen, ein Thoraxchirurg die Brust öffnen und schließen, Krankenschwestern die vielfältigen Maßnahmen treffen, ohne die kein chirurgischer Eingriff möglich wäre.

Solange die Maschine, genauer gesagt, ihre in Kisten verpackten Teile, über den Atlantik schwamm, besprachen Chris und seine Mitarbeiter die Theorie. Dann, nach zwei Wochen, kam der große Tag. Chris fuhr zum Hafen und nahm die Sendung in Empfang. „Wenn du willst, dass etwas ordentlich gemacht wird, mach es selbst“, hatte ihm sein Vater eingebläut. Und so, wie er die Teile in Minneapolis selbst verpackt und dem Transport übergeben hatte, holte er sie nun selbst ab und packte sie, zusammen mit McKenzie, Goosen und Pick, andächtig aus.

Sie inspizierten jeden Schlauch und jede Kanüle, jeden Behälter und jede Schraube. Chris kannte alles, erklärte, wofür jedes einzelne Stück gut sei, und wiederholte immer und immer wieder, dass keiner, der mit dem Wunderwerk nicht ebenso vertraut wäre wie er selbst, es anwenden dürfe.

„Während wir die Teile ordneten, stand vor meinem inneren Auge die fertige Maschine – ein Gerät, in dem die Erkenntnisse eines Dutzends verschiedener Forschungszweige zu einer Einheit verschmolzen waren.“

Heute steht die Maschine im Heart of Cape Town Museum, das angesichts seiner Exponate Christiaan-Barnard-Museum heißen könnte. Auf seiner Webseite finden Sie die Geschichte der ersten Herzverpflanzung als sehenswerte Collage von Notizen, Fotos und Zeitungsausschnitten. Und falls Sie zufällig Sea Point besuchen oder zum Surfen in Muizenberg sind, finden Sie von dort aus Wegbeschreibungen bis hin zum Gartentor Nummer 3 der Palm Court Parking Area, wo der Eingang zum Museum liegt.

Als sie die Maschine im Griff hatten, erprobten sie ihre Anwendung an Hunden. Sie unternahmen sechsundzwanzig Eingriffe, alle bis auf die ersten beiden mit Erfolg. Sie begannen mit einfachen, kurzen Operationen und dehnten die Einsatzdauer des Gerätes aus, bis sie Laufzeiten erreichten, die das Reparieren komplexer Defekte ermöglichten: eineinhalb Stunden etwa für die Fallot-Tetralogie oder eine undichte Herzklappe.

Am 28. Juli 1958, wenige Wochen nach seiner Rückkehr, operierte Chris zum ersten Mal als verantwortlicher Chirurg ein menschliches Herz. Es gehörte der fünfzehnjährigen Joan Pick, der Nichte von Chris' Mitarbeiter Victor Pick. Joan war eine Farbige. Daher barg der Eingriff kein geringes Risiko; wäre er missglückt, hätte man mit Sicherheit von einem „Experiment" gesprochen. Joan litt an einer Störung, die ihr ein normales Leben versagte: einer Verengung der Pulmonalklappe, was den Zufluss des Blutes zur Lunge behinderte. So schlimm der Defekt für die Patientin war, so einfach sollte er zu reparieren sein. Man musste nur „die Patientin an die Maschine anschließen, die Pulmonalarterie öffnen, drei kleine Einschnitte in die Klappe machen, die Arterie verschließen und die Maschine abstellen. Der Bypass würde nur ein paar Minuten dauern."

Die Berichte über die Operation widersprechen einander: Cooper zufolge lief sie ohne Zwischenfall ab; Barnard schreibt, sie habe länger als berechnet gedauert und am Ende wäre wegen einer verrutschten Klemme beinahe der Blutnachschub ausgegangen; und Styan berichtet, sie wäre viel komplizierter als erwartet ausgefallen und hätte sich über siebeneinhalb Stunden erstreckt. Wie dem auch sei: Joan Pick schlug die Augen auf, war gesund und lebte noch zweiundvierzig Jahre lang.

Chris fuhr nach Hause und fiel ins Bett. Louwtjie brachte ihm Tee und etwas zu essen. Dann sprang er auf, eilte ins Krankenhaus und wachte stundenlang an Joans Seite – ein Vorgehen, das beispielgebend werden sollte für die Nachbetreuung seiner Patienten, wie er sie verstand. Die Cape Times vermeldete unter einer Schlagzeile: „Die erste erfolgreiche Operation am offenen Herzen in Afrika wurde im Groote Schuur Hospital an einem 15-jährigen farbigen Mädchen aus Kapstadt vorgenommen."

Parallel zur Arbeit am Groote Schuur und seiner Dozentur an der Universität baute Chris ein zweites Herzteam auf, am War Memorial Children's Hospital, dem Kinderhospital des Roten Kreuzes. Dort verlegte man sich in erster Linie auf das Befreien der Kleinen und Kleinsten von angeborenen Herzfehlern.

Wie viel Chris auch in Minneapolis gelernt hatte – immer war es zu wenig. Darum stand er in ständiger Rücksprache mit seinen Lehrern. Lillehei erinnerte sich an mindestens fünfundzwanzig Briefe, die ihm Chris zwischen 1958 und 1961 schrieb. „In allen ging es um Patienten, die er in Kapstadt versorgte. Er fragte nach Techniken, machte Fortschritte und scheute sich nicht, schon bald schwere Fälle zu operieren, sehr kranke Babys darunter. Dabei war er in Afrika weit vom Schuss. Die Fachzeitschriften trudelten dort drei oder sechs Monate verspätet ein."

Im Operationssaal war Chris als Entscheidungsträger auf sich allein gestellt. Anders als in Minneapolis gab es hier niemanden, den er zu Rate ziehen hätte können, wenn die Dinge auf der Kippe standen. Um ihm einen Teil der Last von den Schultern zu nehmen, musste das Team größer werden und die Mitglieder besser geschult: Chirurgen, die ihm zur Hand gehen konnten; Schwestern, spezialisiert auf die Pflege von Herzpatienten; Techniker, die die Maschine beherrschten; Kardiologen, Anästhesisten, Bakteriologen und so weiter.

Eine besondere Rolle kam Velva Schrire zu, einem Professor der Kardiologie, der an der University of Cape Town lehrte und im Groote Schuur Hospital die Herzklinik führte. Denn es war Schrire, der Chris die Patienten zuwies: Männer, Frauen und Kinder, denen nur mehr eine Operation helfen konnte. Täglich saßen die beiden zusammen und diskutierten, was für diesen oder jenen Mann, diese oder jene Frau, dieses oder jenes Kind getan werden konnte.

Die Herzchirurgie litt, wie viele medizinische Verfahren in ihrer frühen Phase, an einem Übergewicht an schweren Fällen. Wer anders geheilt werden konnte, den setzte man nicht der Gefahr des Neuen und wenig Erprobten aus. Daher waren Misserfolge vorprogrammiert – außer bei Christiaan Barnard. „Wenn es irgendeiner kann, dann kann es Chris", wurde zum geflügelten Wort. Seine Erfolgsrate, besonders bei komplexen Fällen, suchte weltweit ihresgleichen. Dafür gab es drei Gründe: Intuition, Wissensdrang und fast krankhafte Sorgfalt.

Zum Ersten erinnerte sich ein Kollege, Bob Frater:

„Mir gefällt dieses Herz nicht", sagte Chris.

„Was ist damit?"

„Es gefällt mir nicht."

„Der Blutdruck ist okay."

„Nein, da stimmt etwas nicht."

Zwei Sekunden später begann es zu fibrillieren. „Er fühlte die Dinge, weil er alles, was er wahrnahm, zu einem Bild zusammenfügte. Die technischen Manipulationen musste er sich schwer erarbeiten. Aber Instinkt und Ideen hatte er im Übermaß."

Zum Zweiten: Chris las alles, was ihm in die Finger kam. Ich bin mit der medizinischen Literatur nicht vertraut genug, um ein Urteil abgeben zu können, aber ich habe das Gefühl, dass die Mediziner sehr offen auch über ihre Misserfolge schrieben. So konnte jeder aus den Fehlern der anderen lernen und musste sie nicht wiederholen. Je mehr einer von den Berichten der anderen studierte, umso mehr Irrwege blieben ihm erspart. Jede Technik erprobte Chris im Labor, bis das Team sie im Schlaf beherrschte; erst dann ließ er sie auf Menschen los.

Der dritte Punkt aber scheint, auch nach Chris' eigener Einschätzung, der entscheidende zu sein. Cooper zitiert aus einem Gespräch mit ihm: „Ich war nur ein durchschnittlicher Chirurg, aber unsere Stärke war, dass wir uns um die Patienten kümmerten, egal, wie viel Zeit wir dazu im Krankenhaus verbrachten." Das stimmt nicht ganz: *Chris* war es egal, wie viele Stunden die Betreuung verschlang; die Jungärzte aber waren überfordert und murrten hinter vorgehaltener Hand, denn oft mussten sie Tätigkeiten ausführen, die andernorts in den Bereich der Schwestern fielen, bloß weil ihr Chef die Ärzte für besser ausgebildet und somit geeigneter hielt. Und wenn Chris außer Haus war, ob in seinem Bett oder verreist – ständig musste man einen Anruf fürchten und die inquisitorischen Fragen nach dem Zustand der Schützlinge. Es ging nicht nur darum, dass die Betreuung rund um die Uhr stattfand, sondern auch darum, dass sie eine bisher nicht gekannte Qualität erreichte: In beiden Häusern, dem Groote Schuur und dem War Memorial, etablierte Chris eine Einrichtung, die es zuvor in Afrika nicht gegeben hatte: die Intensivstation.

Viel wurde geschrieben über Barnards Verhalten im Operationssaal, und die Berichte lesen sich vorwiegend kritisch. Unbeherrscht sei er gewesen, zu Wutausbrüchen habe er geneigt, eine Atmosphäre des Unbehagens, wenn nicht gar der Angst habe er verbreitet. Angeblich befahl ihn sogar der Direktor des Groote Schuur zu sich und verbot ihm, das Personal anzuschreien. In seinen Büchern erwähnt Chris davon nichts. Bedenkt man die Offenheit, mit der er dort zu seinen Fehlern steht, so bleibt nur der Schluss, dass ihm diese Seite seines Wesens gar nicht auffiel. Auch nicht, dass er sich damit hin und wieder zum Gespött machte: Nachdem er eine endlose Tirade über einen jungen portugiesischen Assistenzarzt ausgeschüttet hatte und Luft holte, stammelte das Opfer in gebrochenem Englisch: „Please repeat, Professor. I did not understand."

Der Professor besaß aber auch eine andere Seite. „Wenn man mit Chris gearbeitet hatte, dann war die Arbeit mit anderen langweilig", erinnerte sich die Technikerin Dene Friedmann, die die Herz-Lungen-Maschine bediente. „Ich habe nie jemand gekannt, dem man derart vertraut hätte wie ihm. Solange er da war, war alles gut. Und wenn man ihm das Richtige zur richtigen Zeit sagte, war er ganz leicht zu managen."

Wer sich nie über ihn beklagte, das waren die Patienten. Sie standen im Mittelpunkt all seines Tuns und sie fühlten das. Das galt ganz besonders für die Kinder. Wie schon in seiner Zeit als Hausarzt in Ceres, so übte er auch hier auf sie eine geradezu magische Wirkung aus – und sie auf ihn. In einem Zeitungsartikel schrieb er später: „Das Leiden der Kinder ist das herzzerreißendste aller Probleme im Krankenhaus. Ihre Unschuld und ihr Vertrauen in Schwestern und Ärzte machen es noch ergreifender, wenn wenig Hoffnung besteht." Beinahe ist man enttäuscht, wenn Barnard seinen Heiligenschein mit eigenen Händen abnimmt: „Ich bin am Sterbebett von Patienten gestanden und war wütend auf alles und jeden. Es ist nicht nur der Tod des Patienten – es ist das Ego, das schmerzt. Bei dieser Operation hätte es keinen Toten geben dürfen; ich bin zu gut dafür. Aber letzten Endes profitieren die Patienten von dieser Haltung, sie ist also nicht ganz schlecht." Und an anderer Stelle: „Ich glaube, wir sind alle selbstsüchtig. Perfekten Altruismus gibt es nicht." Doch auch das ist nur die halbe Wahrheit. Dene Friedmann will oft genug erlebt haben, dass er sich um Patienten kümmerte und sorgte, die mit seiner Arbeit und seinem Ego gar nichts zu tun hatten. Er ließ sich nur nicht gern dabei erwischen.

Auch sein Forschergeist kam nicht zu kurz in diesen Jahren. Chris entwickelte eine neue Operationsmethode für einen angeborenen Herzfehler, bei dem die Aorta aus der rechten Kammer entspringt, die Lungenarterie aus der linken – die Gefäße also vertauscht sind. Als Ergebnis dieses Fehlers bilden sich zwei getrennte Kreisläufe aus: einer über die Lunge, der andere über den Körper. Der Körper enthält kein frisches Blut, sondern verbrauchtes, während das frische wieder in die Lunge fließt. Da die Lage der Arterien ein einfaches Vertauschen der Anschlüsse nicht zulässt, muss die Umleitung innerhalb des Herzens geschehen, und Chris fand heraus, wie. „Das Kind überlebte und konnte in ein normales Leben entlassen werden."

Zusammen mit Carl Goosen baute er künstliche Herzklappen, die jahrelang als Trikuspidal-, Mitral- und Aortenklappen in Verwendung standen. Schon der erste Patient, dem Chris eine einsetzte, lebte mit ihr noch dreißig Jahre.

Und nicht zuletzt verbesserten sein Team und er die Herz-Lungen-Maschine: Beim Anreichern des Blutes mit Sauerstoff entstanden Bläschen, die entfernt werden mussten, ehe die Pumpe das Blut dem Patienten zuführte. Das Entfernen geschah mit Hilfe einer öligen Flüssigkeit, die aber ihrerseits Unheil anrichten konnte. Richard DeWall präsentierte eine Idee, die Flüssigkeit unschädlich zu machen. Die Kapstädter Mannschaft übernahm sie und baute ihr Gerät entsprechend um. Eine letzte verbliebene Gefahr waren Bläschen beim ersten Befüllen der Maschine, und dafür fanden sie selbst Abhilfe.

Die Leistungen der Kapstädter Chirurgen blühten nicht im Verborgenen. Wer die Fachzeitschriften las, musste auf sie aufmerksam werden. Zudem reiste Chris, inzwischen zum Associate Professor befördert, in die USA, nach Europa, Indien, Australien und sogar hinter den Eisernen Vorhang und pflegte den Kontakt zu den dortigen Kollegen. Er hatte erstaunliche, ja teils unglaubliche Resultate vorzuweisen. Wie sein Bruder Marius sich erinnerte, präsentierte Chris bei einer Konferenz in London einen Bericht über hundert aufeinanderfolgende Korrekturen der Fallot-Tetralogie ohne einen einzigen postoperativen Todesfall. Die Reaktionen auf solche Nachrichten fielen gemischt aus. Manche zweifelten sie an und unterstellten ihm, er frisiere die Zahlen. Das Albert Einstein College of Medicine in New York dagegen lud ihn ein, die Chirurgie am offenen Herzen dort zu etablieren, und bot ihm eine Stelle an. Chris lehnte ab. In seinen Autobiografien erzählt er nichts davon, und so können wir über die Motive nur spekulieren. David Cooper sieht einen der Gründe in einem Umstand, der das Rennen um die erste Herzverpflanzung mitentscheiden sollte: Ein Arzt in den USA musste bei unglücklichem Ausgang einer Behandlung mit Klagen von Seiten des Patienten oder dessen Familie rechnen. In Südafrika existierte das Problem nicht, und Chris zog vielleicht die schlechter bezahlte, aber risikoärmere Position in Kapstadt vor.

Betrachten wir noch einmal die erwähnten hundert Fälle von Fallot-Tetralogie. Damit diese seltene Fehlbildung hundertmal auftritt, bedarf es einer halben Million Geburten. Das entsprach etwa dem Zweijahresaufkommen in Südafrika (in Kapstadt allein hätten fünfzig Jahre vergehen müssen). Daraus folgt, dass die meisten mit diesem Geburtsfehler behafteten südafrikanischen Kinder auf Chris' Operationstisch landeten; egal, aus welcher Region sie stammten, ob ihre Eltern arm oder reich waren und welche Hautfarbe sie hatten. Angesichts dessen liegt die Vermutung nahe, dass auch Menschen mit anderen schweren Herzfehlern bevorzugt den Weg zu ihm fanden. Wer konnte, kam also zu Barnard, das galt zumindest in Südafrika – ein Vorgeschmack auf den Ansturm von Patienten aus aller Welt, der nach den ersten Herzverpflanzungen über Kapstadt hereinbrach.

* * * * *

Gerade, als man von Christiaan Barnard, dem erfolgreichen Chirurgen, zu sprechen begann, ließ sich das Schicksal einen Trick einfallen, der ihn zurückstufte, und zwar auf Christiaan Barnard, den Vater von Deirdre Barnard. Denn wer den Namen zuerst in die Schlagzeilen brachte, das war nicht Chris, sondern seine kleine Tochter.

Weihnachten '59 lernten die Kinder Wasserski laufen (in Südafrika fällt Weihnachten in den Sommer). Talent zeigten beide, aber Deirdre hatte mehr als das – mit ihren neun Jahren flog sie dahin, dass den Trainern der Mund offen blieb. Noch hielten alle ihre Begabung für zwar bemerkenswert, aber nicht weiter folgenreich. Erst als sie im Jahr darauf Kunststücke auf dem Monoski vorführte, dämmerte es den Umstehenden, dass hier eine künftige Meisterin über das Wasser glitt. Chris kaufte ein Boot und drei Paar Ski, und die beiden stürzten sich ins Training. Viel Zeit ließ ihm die Medizin nie, das wissen wir bereits; dennoch begann nun eine Periode, die ihm auch abseits des Krankenhauses eine Aufgabe stellte, und er nahm an.

„Ich hatte keine Ahnung, wie weit ich es in der Herzchirurgie bringen würde. Aber in Bezug auf dieses kleine Mädchen gab es keine Zweifel. Sie war einfach unglaublich."

Die Juniorenwettkämpfe des Cape Peninsula Aquatic Club gewann sie in allen drei Disziplinen: Kunstlauf, Slalom und Springen. Auch bei den Western Province Championships siegte sie in allen Bewerben. Und weil es so einfach ging, wurde sie noch im selben Jahr 1962, also mit zwölf, südafrikanische Meisterin; nicht etwa beim Nachwuchs, sondern in der allgemeinen Klasse, und zwar wiederum im Kunstlauf, im Slalom und im Sprung. Zu den europäischen Juniorenwettkämpfen reiste sie als Vertreterin Südafrikas und Chris als Leiter der Delegation – spätestens zu diesem Zeitpunkt war er „der Vater von Deirdre". Er trug es mit Fassung und Stolz.

In Spanien setzte es die erste Niederlage, und das Kind verstand die Welt nicht mehr. Die Geschichte von Deirdres Wasserski-Karriere, wie ihr Vater sie in *One Life* erzählt, steckt voller melodramatischer Szenen. Die Seriensiege seiner Tochter bei lokalen Wettkämpfen, ihre Medaillen bei internationalen oder ihr Sprung über die Weltrekordweite – das alles ist Sportgeschichte. Was uns interessiert, ist die Rolle des Chris Barnard in diesem Spiel. Man darf ihm glauben, dass er sich für Deirdre zerriss. In jeder freien Minute trainierte er mit ihr, auch wenn ihm seine Arthritis die kalte Nässe der Bootsfahrten übelnahm und ihn mit Schmerzattacken überfiel. „Wir zwängten uns in die feuchten Gummianzüge. Das Rheuma plagte mich so sehr, dass sie mir helfen musste." Aber *sein* Ehrgeiz war nicht *ihr* Ehrgeiz. Mit jeder Seite des Berichts verfestigt sich der Eindruck, dass hier das Kind reifer war als der Vater. Als sie stürzte und sich verletzte, tröstete *sie ihn*. Wenn sie beim Training schlecht war, stritten sie. Eine Mittelohrentzündung sollte sie seiner Meinung nach nicht hindern, zum Wettkampf zu fliegen. Mehr als einmal ließ sie ihn wissen, dass sie hauptsächlich seinetwegen trainiere. Erst als sie, inzwischen siebzehn, am Knie verletzt die Weltmeisterschaft bestritt und verlor, kam er zur Vernunft. „Der Zeitpunkt war gekommen, an dem ich aufhören musste, meine Tochter als Mittel zur Befriedigung meines eigenen Ehrgeizes zu benutzen."

✳ ✳ ✳ ✳ ✳

Seit eine Maschine dem Chirurgen beinahe unbeschränkt Zeit gab, stürmte die Herzmedizin voran. Jeden Tag wurde irgendwo auf der Welt ein kleiner Fortschritt erzielt, eine kleine Verbesserung angebracht, eine neue Idee geboren, ausprobiert und verwirklicht. Man konnte Klappen korrigieren oder ersetzen, Löcher schließen, Blutgefäße reparieren, Risse nähen, sogar Stich- und Schussverletzungen heilen. *Eine*

Erkrankung aber widerstand allem Bemühen: das Absterben des Herzmuskels. War einmal das Muskelgewebe krankhaft zerstört, kam jede Hilfe zu spät.

„Es schien nur zwei Wege zu geben: das Herz durch eine künstliche Pumpe zu ersetzen oder durch das gesunde Herz eines anderen Menschen, der zum Beispiel wegen eines Unfalls verstorben war."

Im März '63 beschloss Chris, das Problem bei einem Vortrag in Pretoria anzusprechen. Zuvor aber wollte er eine Ahnung davon bekommen, worauf er sich einließ. Er ging ins Labor und pflanzte einem Hund das Herz eines anderen Hundes ein. „Sobald ich die Aortenklemme wegnahm, begann das transplantierte Herz zu schlagen."

Es mag um diese Zeit gewesen sein, vielleicht etwas später, als es zu einem Gespräch zwischen John Kirklin und Chris Barnard kam. Kirklin erinnerte sich: „Chris sagte mir, er denke daran, mit Herztransplantationen zu beginnen. Seine Hände entwickelten Arthritis und er wollte unbedingt etwas Nützliches leisten, solange er noch konnte."

Daydreams

Im zwanzigsten Jahrhundert erfüllten sich drei uralte Träume der Menschheit: der Traum, einen anderen Himmelskörper zu betreten; der Traum, einen chemischen Grundstoff in einen anderen zu verwandeln; und der Traum, „ein sterbendes Herz durch ein neues zu ersetzen und ein Leben zu erhalten", wie Chris Barnard es beschrieb.

Wie die Menschen dazu kamen, einen anderen Himmelskörper zu betreten, davon erzählt der dritte Teil dieses Buches.

Die Geschichte von der Verwandlung eines Stoffes in einen anderen begann mit der Entdeckung, die der Physiker Ernest Rutherford im Jahr 1900 machte: dass aus Thorium Radon wurde. Zwar ist es bis heute nicht gelungen, Stroh zu Gold zu spinnen. Doch die Verwandlungen durch Verschmelzung und Zerfall von Atomkernen, sowohl natürlich vorkommend als auch künstlich erzeugt, übertreffen an Wert das pure Gold mit Leichtigkeit. Würde beispielsweise die Sonne nicht Wasserstoff in Helium verwandeln, gäbe es uns gar nicht. Übrigens wurde Rutherford selbst zum

W. Tschirk, *Heart. Flop. Moon.*,
https://doi.org/10.1007/978-3-662-72050-9_6

Gegenstand einer Verwandlung. Für seine Entdeckung erhielt er den Nobelpreis – aber nicht den der Physik, sondern den der Chemie, und die Kollegen beglückwünschten ihn zu seiner „Verwandlung vom Physiker zum Chemiker".

Der Traum, ein sterbendes Herz durch ein neues zu ersetzen und ein Leben zu erhalten, erfüllte sich durch das, was Christiaan Barnard in der Nacht vom 2. auf den 3. Dezember 1967 vollbrachte. Begonnen hat alles schon viele Jahre vorher.

Am 7. Dezember 1905 gab der österreichische Augenarzt Eduard Zirm dem Arbeiter Alois Glogar das Augenlicht zurück; er ersetzte die nach einem Kalkunfall verätzte Hornhaut durch die gesunde eines verunglückten elfjährigen Jungen. Das war die erste erfolgreiche Transplantation am Menschen. Da die Hornhaut keine Blutgefäße enthält, musste man sich um ihre Blutversorgung nicht kümmern. Anders ist das bei größeren Organen wie der Niere, der Leber oder dem Herz: Diese müssen an den Blutkreislauf des Empfängers angeschlossen werden. Schon in den 1900er-Jahren entwickelten der Franzose Alexis Carrel und der Amerikaner Charles Guthrie Nahtmethoden zum Verbinden von Blutgefäßen und wandten sie bei experimentellen Transplantationen an. Sie waren die Ersten, die ein Herz von Hund zu Hund verpflanzten – im Jahr 1905.

Die ersten Verpflanzungen durchbluteten Gewebes von Mensch zu Mensch nahmen die Briten Peter Medawar und Thomas Gibson vor: Während des Zweiten Weltkriegs ersetzten sie verbrannte Haut durch gesunde. Dabei beobachteten sie ein Phänomen, das zum Hauptproblem bei Transplantationen werden sollte: die Abstoßung von körperfremdem Gewebe. Wir interessieren uns nicht nur für die Erscheinung an sich, sondern auch dafür, was die Chirurgen in den frühen Jahren über sie wussten. Nachlesen kann man das im 1964 erschienen Buch *Give and Take* von Francis Moore, Professor der Chirurgie an der Harvard Medical

School, und in der erweiterten deutschen Übersetzung von 1970.

Moore beschreibt den Vorgang so (hier gekürzt): „Statt, dass das lebende Organ in seiner neuen Umgebung verbleibt, wird es schrittweise zerstört. Zuerst geht die Sache recht gut. Innerhalb einer Woche aber kann man unter dem Mikroskop sehen, dass die Zellgebilde von Millionen eingewanderter Lymphozyten umgeben sind, die offensichtlich die Zellen zerstören. Einige Tage später erlischt die Zellfunktion des Transplantats vollständig." Diese auf den ersten Blick fatale Reaktion des Körpers ist die Kehrseite einer lebenswichtigen Fähigkeit: „In einer Welt, in der es von gefährlichen Bakterien wimmelt, hängt das Leben von der schnellen Erkennung fremder Proteine innerhalb des Körpers und ihrer sofortigen Abstoßung ab. Die Eigenschaft, fremde Proteine als fremd zu erkennen und zu zerstören, wird als Immunität bezeichnet."

Dann geht Moore auf den Mechanismus der Abstoßung ein: „Die Immunreaktion hat zwei führende Komponenten: das Antigen und den Antikörper. Wenn das Antigen in den Körper Eintritt erlangt, ruft es eine immunologische Antwort hervor, die darin besteht, seinen spezifischen Antagonisten, den Antikörper, hervorzulocken." Das Antigen ist also Bestandteil des Spenderorgans, der Antikörper entsteht im Empfänger.

Die Antikörper kommen meist über das Blut an den Feind heran. Weil die Hornhaut nicht durchblutet ist, behielt Zirms Patient das Transplantat und damit das Augenlicht für den Rest seines Lebens. Bei der Verpflanzung durchbluteter Organe jedoch muss man für einen dauerhaften Erfolg entweder das Spenderorgan von Antigenen befreien oder den Empfänger überreden, keine Antikörper dagegen zu bilden.

Zum ersten Weg, dem Spenderorgan ohne Antigene, haben sich zwei Zugänge gefunden. Erstens hat sich gezeigt, dass keine Abstoßung erfolgt, wenn Spender und Empfänger eineiige Zwillinge sind. Das war eher von theoretischem als praktischem Interesse, denn unter tausend Menschen haben nur acht einen eineiigen Zwilling. Zweitens kommen auch unter nichtverwandten Menschen solche mit verträglichen Gewebetypen vor. Ähnlich den Blutgruppen scheint es Gewebegruppen zu geben, innerhalb derer die Abstoßung schwächer ausfällt. Die Untersuchung der Gewebeverträglichkeit steckte Mitte des Jahrhunderts noch in den Kinderschuhen. Wollte man bei der Organspende nicht von Zwillingschaft oder zufälliger Verträglichkeit abhängen, so musste man die Antikörper in den Griff bekommen.

Im Empfänger die Bildung von Antikörpern zu bremsen, das versuchte man einerseits durch Bestrahlung und andererseits mit Medikamenten. Das Problem beider Methoden ist, dass sie die Abwehr des Körpers auch gegen solche Eindringlinge herabsetzen, die er zu seinem eigenen Schutz unschädlich machen sollte. Ergebnis ist eine erhöhte Anfälligkeit für Infektionen. In den 1950ern wandten die Forscher Ganzkörperbestrahlung im Tierversuch an und scheiterten zumeist, sowohl bei Haut- als auch bei Nierenverpflanzungen. Auch menschliche Nierenpatienten starben an den Folgen der Bestrahlung. Bessere Resultate erzielte man mit Medikamenten. Trudy Elion und George Hitchings entwickelten in Tuckahoe, New York, den Wirkstoff 6-Mercaptopurin zur Behandlung von Leukämie. Roy Calne in London und David Hume in Richmond, Virginia, fanden heraus, dass das Mittel die Lebensdauer von Nierentransplantaten verlängerte. Calne trat mit Elion und Hitchings in Kontakt und erhielt von ihnen mehrere verwandte Präparate zum Test. Eines davon, Azathioprin, bewährte sich und blieb von 1960 an für zwei Jahrzehnte ein bevorzugtes Immunsuppressivum bei Organverpflanzungen, allein oder, wie 1961 von William Goodwin in Los Angeles und Tom Starzl in Denver angewandt, kombiniert mit Steroiden. Dazu kam ab 1963 das von Starzl entdeckte Antilymphozytenserum. Erst diese

Substanzen ließen dauerhafte Transplantationserfolge nicht nur als glückliche Ausnahmen, sondern als realistisches Ziel erhoffen.

* * * * *

Das erste große Organ, dessen Verpflanzung die Chirurgen in Angriff nahmen, war die Niere. In der Wiener klinischen Wochenschrift vom 13. März 1902 beschrieb der österreichisch-ungarische Arzt Emerich Ullmann seine Experimente: die Verpflanzung einer Hundeniere an eine andere Stelle des Spenderkörpers, die Verpflanzung von Hund zu Hund und die Übertragung von Hund zu Ziege. „Bislang war es nicht für möglich gehalten worden, ein so großes Organ wie die Niere zu transplantieren; indessen ist es geschehen und die Lebensfähigkeit und die physiologischen Funktionen der transplantierten Niere blieben erhalten." Durch diese Erfolge angespornt, versuchte er eine Patientin im letzten Stadium des Nierenversagens durch Implantieren einer Schweineniere zu retten. Die Operation misslang, und soviel wir wissen, hat Ullmann nie wieder eine Niere transplantiert. Daher drang er auch nicht bis zum Problem der Abstoßung vor, die ja erst nach Tagen oder Wochen einsetzt. Ähnlich erging es seinen Nachfolgern: Alexis Carrel und Charles Guthrie in Chicago, die um 1905 Ullmanns Arbeit an Hunden wiederholten; Levi Jay Hammond, der 1911 in Philadelphia einem Menschen die Niere eines Unfallopfers gab; Juri Voronoi in Kiew, der dies ab 1933 sogar sechsmal versuchte. Alle Nieren versagten noch lange vor einer beginnenden Abstoßung, zum Teil aufgrund unausgereifter Operationstechniken, zum Teil aber wegen eines Problems, mit dem keiner gerechnet hatte: dass das Gewebe sofort nach dem Tod des Spenders oder der Entnahme aus dem Spenderkörper abzusterben beginnt, weil ihm die lebenserhaltende Durchblutung fehlt.

Die ersten Operateure, von denen wir wissen, dass sie das Spenderorgan in Salzlösung konservierten und damit am Leben hielten, waren Charles Hufnagel, Ernest Landsteiner und David Hume (der in Richmond zum Experten auf dem Gebiet der Immunsuppression werden sollte) 1947 in Boston. Die neue Niere reinigte das Blut der Empfängerin, einer Patientin mit temporärem Nierenversagen, bis nach zwei Tagen deren eigene Nieren, die im Körper belassen worden waren, wieder funktionierten und das Transplantat entfernt werden konnte. Cooper berichtet von neun Fällen, in denen die Bostoner Gruppe Nieren zur Überbrückung kurzzeitiger Organversagen transplantierte. Nur wenige der Patienten konnten sie auf diese Weise retten; denn fünf der gespendeten Nieren nahmen ihre Funktion nicht auf, und zudem hielt manches Versagen der empfängereigenen Niere so lange an, dass die Abstoßung der gespendeten wirksam wurde.

Als Hume, längst Kopf der Gruppe, zum Militär eingezogen wurde, übernahm der vierunddreißigjährige Joseph Murray die Verantwortung für das Forschungsprogramm. Heute steht er im Ruf, 1954 die erste Nierentransplantation von Mensch zu Mensch ausgeführt zu haben; trotz aller Vorgänger, von denen hier die Rede war (und noch einiger anderer). Grund dafür ist wohl, dass beide Nieren des Empfängers Richard Herrick permanent geschädigt und funktionslos waren und er dennoch den Eingriff um Jahre überlebte – zur Freude seines eineiigen Zwillingsbruders Ronald, der mit der verbliebenen Niere fast achtzig wurde, und der Krankenschwester, die Richard betreut hatte und bald Mrs. Herrick hieß.

Wer hätte gedacht, dass die nüchterne Welt der Transplantationschirurgie auch das Paris der 50er-Jahre enthalten würde? Den Eiffelturm, die Seine, die Boulevards, Cafétischchen auf den Gehsteigen, Kellner mit Menjou-Bärtchen, Akkordeonklänge, Air-France-Stewardessen und die junge Brigitte Bardot? In dieser Märchenkulisse haben nicht nur Kellner und Filmstars gearbeitet, sondern auch ganz gewöhnliche

Menschen, zum Beispiel Ärzte. René Küss entwickelte die Operationstechnik weiter, erkannte aber 1952, dass beim Stand der Immunmedizin ein auf Dauer funktionsfähiges Organ nur von einem eineiigen Zwilling des Empfängers kommen konnte. Jean Hamburger formulierte drei Bedingungen für eine erfolgreiche Nierenspende: Konservieren des Organs, solange es nicht mit einem lebenden Körper verbunden ist; Finden von Gewebegruppen analog zu den Blutgruppen; Unterdrücken der Abstoßung. Den wertvollsten Beitrag erbrachte der Immunologe Jean Dausset. Er wies nach, dass die Immunfaktoren, die die Verträglichkeit von Gewebe bestimmen, genetisch verankert sind und beim Untersuchen der weißen Blutkörperchen zutage treten. Damit war es möglich, die Reaktion eines Empfängers auf ein Spenderorgan durch Blutanalyse zwar nicht exakt vorherzusagen, immerhin aber besser einzuschätzen als bisher.

Ausgestattet mit diesem neuen Wissen, wagte man sich an die Verpflanzung weiterer Organe am Menschen. Die erste Lebertransplantation versuchte 1963 Tom Starzl in Denver; der Patient verstarb während des Eingriffs. Die erste Lungentransplantation unternahm im selben Jahr James Hardy in Jackson, Mississippi; sein Empfänger lebte noch achtzehn Tage lang.

Hardy war es auch, der als Erster einem Menschen ein fremdes Herz einpflanzte – in der Nacht vom 23. auf den 24. Januar 1964, fast vier Jahre vor Barnard. Dass Hardys Operation nicht als erste Herzverpflanzung in die Geschichte eingegangen ist, liegt zum einen daran, dass der Patient sie nicht überstand, zum anderen daran, dass der Spender kein Mensch, sondern ein Schimpanse war. Hardy war alles andere als ein bedenkenloser Draufgänger. Er hatte bloß seinen Mut zusammengenommen und, anstatt seinen Patienten sterben zu lassen, etwas getan. Etwas, auf das er sich lange vorbereitet hatte: Er hatte erfolgreich Nieren verpflanzt, konnte mit der Herz-Lungen-Maschine umgehen, wusste, wie man ein Spenderherz konserviert, und kannte sich mit Immununterdrückern aus. Das Herz des Schimpansen aber war zu klein für einen Menschen. Es schlug, doch es schlug zu schwach.

Was sich Hardy anhören musste, als er in New York über die Operation berichtete, hatte nicht nur mit deren Ausgang zu tun, sondern auch damit, dass Hardy Südstaatler war und daher nach Meinung des Konferenzvorsitzenden keine Achtung verdient hatte. Dieser Vorsitzende fragte ihn: „Hält man in den Südstaaten die Schwarzen im einen Käfig und die Schimpansen im anderen?" Das verstärkte noch die Feindseligkeit des Publikums, die Hardy von Anfang an gespürt hatte. Als sein Vortrag zu Ende war, erhob sich keine Hand zum Applaus. Zu weit hatte er sich vorgewagt. Vielleicht traf auf ihn zu, was Christiaan Barnard einmal sagte: „Die Geschichte erinnert sich an Hannibal als ein Genie. Aber nur, weil er gewonnen hat. Hätte er verloren, wäre er heute nichts als ein verdammter Narr."

Keepin' On Running

Der stille Pionier der Herzverpflanzung, das war Norman Shumway aus Kalamazoo in Michigan. Er gilt als der maßgebliche Forscher auf dem Gebiet in dessen frühen Tagen, und wenn es gerecht zuginge in der Welt, hätte er auch den Ruhm der ersten Transplantation geerntet. Shumway war drei Monate jünger als Barnard. Die Wege der beiden kreuzten sich zum ersten Mal in Minneapolis, wo Shumway von 1949 bis 1957 unter Wangensteen und Lillehei arbeitete (und Chris von '56 bis '58). Danach ging Shumway an die Stanford Medical School in San Francisco und Palo Alto, und dort nahm er die ersten systematischen Studien zur Herzverpflanzung auf. Sein Partner in Stanford war der um sechs Jahre jüngere Richard Lower aus Detroit. Die Arbeiten der beiden sind so ineinander verflochten, dass heute der eine kaum ohne den anderen genannt wird. Von 1959 an ersannen und erprobten sie Operationstechniken, testeten Immunsuppressiva und kümmerten sich um die Konservierung der Organe.

© Der/die Autor(en), exklusiv lizenziert an Springer-Verlag GmbH, DE, **61**
ein Teil von Springer Nature 2025
W. Tschirk, *Heart. Flop. Moon.*,
https://doi.org/10.1007/978-3-662-72050-9_7

Die erste entscheidende Erkenntnis gewannen sie, als sie einem Hund das Herz entnahmen und wieder einsetzten. Bei einem solchen Vorgehen musste man sich über Abstoßung keine Gedanken machen und konnte das Verhalten des Organs ungestört über längere Zeit verfolgen. Von vornherein war fraglich, ob ein solcherart misshandeltes Herz wieder zu schlagen anfangen würde; schließlich waren nun alle Nervenverbindungen zum Körper durchtrennt. Doch es schlug, als wäre nichts gewesen – ein Resultat, das erfolgreiche Transplantationen erst in greifbare Nähe rückte. Sie entwickelten ein Verfahren zur Kühlung des Herzens in Eis und Salzlösung während jener Operationsphasen, in denen das Organ vom Blutkreislauf getrennt war. So konnte man, während die Herz-Lungen-Maschine den Kreislauf aufrechterhielt, in einem blutfreien Operationsfeld arbeiten, ohne das Herz zu schädigen. Sie empfahlen, das Empfängerherz nicht vollständig zu entfernen, denn meist war der obere Abschnitt noch gesund. Dieser, also die oberen Teile der Vorhöfe, sollten dann an Ort und Stelle belassen und der untere Abschnitt des Spenderherzens dort angekoppelt werden. Und, um noch ein viertes ihrer vielen Ergebnisse zu nennen, sie identifizierten Zeichen einer beginnenden Abstoßung im Elektrokardiogramm.

Regelmäßig berichteten Shumway und Lower auf Kongressen und in Fachzeitschriften über ihre Arbeit. Auch das nichtmedizinische Publikum erfuhr davon: Die Palo Alto Times, das Time Magazine und die New York Times druckten Artikel über die beiden. Kein Zweifel – sie bildeten die Spitze der Forschung, zumindest im Westen. Nur Wladimir Demichow in Moskau konnte, was die Skalpellseite der Operation betraf, mit ihnen konkurrieren; das Abstoßungsproblem beachtete Demichow nicht.

Anders als Chris. Der hatte die Publikationen von Shumway und Lower gelesen, die Meldungen anderer Chirurgen zum Thema ebenfalls, hatte nachgedacht, gefragt, experimentiert und so die technischen Aspekte der Herzverpflanzung beherrschen gelernt. Worüber er viel zu wenig wusste, das war die Immunreaktion des Körpers auf ein Spenderorgan und wie man ihr beikommen konnte – er war Chirurg, kein Immunologe. Zwei Dinge mussten geschehen: Er musste sich weiterbilden und er brauchte einen Profi im Team.

Im Sommer '66 fuhr er nach Richmond, wo sich David Hume in der Zwischenzeit als Nierentransplanteur einen Namen gemacht hatte. Drei aufregende Monate lang lernte und arbeitete er dort. „Von Dr. Hume angetrieben, kamen wir kaum zur Ruhe, und die Kette der interessanten und hochdramatischen Ereignisse riss nicht ab."

In Richmond traf er zum ersten Mal auf Lower, der sich von Stanford getrennt hatte und nun vor der Aufgabe stand, in Humes Reich ein Herzverpflanzungsprogramm zu etablieren. Chris konzentrierte sich jedoch ganz auf Nierenübertragungen und Maßnahmen gegen die Immunreaktion. Bevor er sich in Kapstadt an ein menschliches Herz wagen konnte, musste er eine besser erforschte Verpflanzung bewältigen, und dafür bot sich die Niere an. Dennoch sagte man ihm später nach, er habe Lowers Ideen gestohlen, wie man es ihm auch in Bezug auf Shumway unterstellen würde. Die Anschuldigungen gründen sich nicht nur auf den Ärger der Amerikaner über einen Nobody, der ihnen den Rang ablief und zum Weltstar wurde, sondern auch auf die Unkenntnis von Chris' Arbeit. Als ein Kollege erzählte, ein Südafrikaner plane eine Herzverpflanzung, meinte Lower: „Wie sollte er? Er hat doch überhaupt keine Forschung betrieben."

Nach dem Aufenthalt bei Hume flog Chris für zwei Wochen nach Denver zu Starzl, wo er Informationen über das Antilymphozytenserum aus erster Hand erhielt. Den Kopf voll mit neuem Wissen, kehrte er zurück.

Zum Immunspezialisten im Kapstädter Team sollte Martinus Botha werden. Der hatte schon in den 50ern bei

Dausset in Paris gearbeitet und sich mit den ersten Ergebnissen zur Gewebetypisierung vertraut gemacht. Nun waren zehn Jahre vergangen, die Wissenschaft hatte sich weiterentwickelt, doch Dausset war immer noch die führende Autorität. Also flog Botha ein zweites Mal nach Paris. Im Anschluss daran ging es weiter nach Leiden in Holland zu Jon van Rood und nach Los Angeles zu Paul Terasaki, zwei weiteren Experten auf dem Gebiet. Terasaki hatte 1964 einen Test zur Gewebeverträglichkeit entwickelt, der für Jahre als Standardverfahren gelten sollte.

Wie Chris, so war auch Botha gute drei Monate unterwegs. Als er wieder in Kapstadt eintraf, vervollständigte er ein Ensemble von Fachleuten, wie es im Groote Schuur Hospital noch nie zuvor für einen einzigen Zweck zusammengerufen worden war. Neben Chris und Botha gab es darin: einen zweiten Chirurgen, einen Anästhesisten, einen Bakteriologen, einen Biochemiker, einen Blutfacharzt, einen Röntgenarzt, zwei Nierenspezialisten, den Leiter der Kardiologie Velva Schrire sowie Ärzte für Magen-Darm-Erkrankungen und Diabetes.

Chris änderte auch die Nachversorgung. Normalerweise kehrten Patienten nach einer Operation in die Obhut ihres Hausarztes oder des überweisenden Facharztes zurück. Da aber im Anschluss an eine Organverpflanzung stets die Abstoßung des Transplantats einsetzte, würden Transplantationspatienten zur postoperativen Betreuung auf Chris' Station verbleiben. Daher bereitete er auch die dort arbeitenden Schwestern auf die neue Aufgabe vor.

Ziel war es, mit dieser Mannschaft zunächst eine Niere zu verpflanzen, die Abstoßung zu beherrschen und die Erfahrungen daraus in eine Herztransplantation mitzunehmen. „Es sollte ein permanentes Transplantationsteam sein, dessen Kern aus Spezialisten auf dem Gebiet der Organverpflanzung bestand."

Ein ganzes Jahr noch dauerte es, bis sie zur Tat schreiten konnten. Trotz aller Fortschritte war eine Nierenverpflanzung noch lange kein Routineeingriff. Die Wahrscheinlichkeit eines dauerhaften Erfolgs lag, selbst in den spezialisierten Zentren, unter 50 Prozent. Die erste Operation dieser Art in Südafrika, vorgenommen in Johannesburg, lag erst ein Jahr zurück. Für Kapstadt war das Unternehmen neu, und entsprechend fiel die Vorbereitung aus. Man studierte alles, was die medizinische Literatur hergab. Die Operationstechniken vervollkommneten die Chirurgen im Labor. Zusätzlich installierte Chris eine wöchentliche Runde, in der man die neuesten Resultate der Immunforschung besprach, die Aufgabenteilung fixierte und mögliche Probleme vorwegzunehmen versuchte.

Im April '67 stieß auch Marius dazu. Er hatte in Kapstadt Medizin studiert und in Houston bei Cooley und DeBakey gelernt. Verglichen mit den Einrichtungen in Texas erschienen ihm jene des Groote Schuur ärmlich. In Houston gab es zehn Operationssäle allein für die Herzchirurgen, eine Intensivstation mit dreißig Betten und einen Stab von Spezialisten, die zwanzig Operationen am Tag ausführen konnten. Kapstadt hatte von allem ein Zehntel, dazu veraltete Herz-Lungen-Maschinen, und in der Intensivstation lagen die Patienten im Sauerstoffzelt, weil es keine Beatmungsgeräte gab. Für Neuanschaffungen war kein Geld vorhanden, dafür aber eine Menge Formulare.

Dennoch war das Team um Christiaan Barnard nun bereit, ein Organ zu verpflanzen.

Im Oktober '67 entfernte Jannie Louw der sechsunddreißigjährigen Edith Black die beiden irreparabel geschädigten Nieren. Von diesem Tag an war sie auf Dialyse angewiesen – zweimal pro Woche schloss man sie zur Blutreinigung an eine künstliche Niere. Auf Chris' Station verlegt, wartete sie auf Ersatz: eine gesunde Niere von einem Spender ohne Infektionskrankheiten, dessen Blutgruppe und Gewebetyp sich mit ihren vertrugen. Sechs potentielle Spender, allesamt Unfallopfer, kamen wegen Unverträglichkeit nicht in Frage. Beim siebenten passte alles zusammen. Mit seiner linken Niere sollte Edith Black zwanzig Jahre lang leben.

Chris ging zu Schrire. Als Chefkardiologie des Groote Schuur würde Schrire beurteilen, ob ein Patient als Empfänger eines neuen Herzens in Frage käme.

„Vel, wir sind bereit für ein Herz. Wenn Sie einen Kandidaten haben, überweisen Sie ihn bitte zu mir."

Doch so einfach war die Sache nicht. Erstens hatte Chris' Team nur achtundvierzig Operationen an Hunden vorgenommen, während Shumway und Lower von über dreihundert berichteten und Adrian Kantrowitz in New York auf eine ähnliche Zahl kam. Zweitens war es den Amerikanern gelungen, die Gewebeabstoßung zu mildern und ihre Hunde oft über ein Jahr lang am Leben zu halten, während Chris sich um diesen Aspekt im Labor nicht gekümmert hatte.

„Schauen Sie, Vel", sagte Chris, „wir wenden die Shumway-Lower-Technik an. Wir mussten sie nicht erfinden, sie ist bis ins kleinste Detail publiziert. Wir mussten sie nur lernen, und das haben wir getan. Es hat keinen Sinn, noch mehr Tiere dafür zu opfern. Und was die Abstoßung betrifft – wir wissen, wie man sie *beim Menschen* in den Griff bekommt. Dafür haben wir Mrs. Black die Niere eingesetzt."

„Wir müssen die Risiken bedenken", sagte Schrire.

„Wir werden einen Patienten operieren, der ohne den Eingriff die nächsten Tage nicht überleben würde. Für den gibt es kein Risiko."

„Nun gut. Aber eine Sache noch, Chris – keine Nichtweißen. Im Ausland heißt es sonst, wir missbrauchen sie für unsere Experimente."

Marius erinnerte sich, dass sein Bruder um diese Zeit „von nichts anderem als von der Herzverpflanzung" sprach. Dabei war es gar nicht sicher, was geschehen würde, wenn Chris endlich einen Patienten bekäme. Denn gerade jetzt hatte ihn ein arthritischer Schub gepackt. „Beide Hände und Füße schwollen an und schmerzten so sehr, dass ich befürchtete, ich würde nicht operieren können."

$$* * * * *$$

Nicht nur in Kapstadt rüstete man für die erste Herzverpflanzung, auch in den USA verdichteten sich die Anzeichen. Im September hatte Shumway im Journal of the American Medical Association bekanntgegeben, er wäre bereit. Im Oktober zeigte Lower auf dem Kongress des American College of Surgeons den Film eines Hundes, der seit fünfzehn Monaten mit einem neuen Herz lebte. Im November wiederholte Shumway seine Ankündigung. Und Kantrowitz redete zwar nicht darüber; man wusste jedoch, dass er die Operation bereits geplant und nur ein Schaden am Spenderherzen ihn gehindert hatte, sie auszuführen.

Kantrowitz war an einem Problem gescheitert, das die Verpflanzung von Herzen in den USA überhaupt in Frage stellte: Klar war, dass ein Spenderherz nur von einem toten, niemals aber von einem lebenden Menschen stammen konnte. Wann aber ist ein Mensch tot? In den USA gab es dafür drei Kriterien, die alle zusammen erfüllt sein mussten: keine Gehirnfunktion, keine selbständige Atmung, kein selbständiger Herzschlag. Wenn aber das Herz zu schlagen aufhört, beginnt es abzusterben. Steht es einige Minuten still, so dass man sicher sein kann, es würde nicht mehr zu schlagen beginnen, dann kann es bereits als Spenderorgan unbrauchbar sein. Genau das war Kantrowitz passiert, und auch Shumway und Lower und jeder andere in den Staaten würde vor derselben Herausforderung stehen: die Balance zu finden zwischen einer zu frühen Entnahme des Spenderherzens, die ihm eine Mordanklage einbringen konnte, und einer zu späten, die das Organ zerstörte.

Auch Leber und Niere begannen abzusterben, wenn ihnen die Durchblutung fehlte, doch bei der Verpflanzung dieser Organe hatte man in der Bestimmung des Todeszeitpunkts kaum ein Problem gesehen. Nun aber befassten sich alle möglichen Leute damit. Schuld war in erster Linie der Mythos des Herzens; die öffentliche Diskussion (und selbst die Rechtsprechung) kümmerten sich nicht allein um rationale Argumente wie die Feststellung, dass ein Mensch, dessen Gehirn zu arbeiten aufgehört hat, nie wieder leben wird, auch wenn sein Herz noch schlägt.

In Südafrika war die Lage anders. Chris ging zu Lionel Smith, Professor für Forensische Medizin. „Ein Mensch ist tot, wenn der Arzt sagt, er ist tot", klärte Smith ihn über die Gesetzeslage auf. „Wenn der Arzt den Gehirntod als ausreichend ansieht, dann ist es so."

Age of Aquarius

„Warum schaut ihr mich so an? Mir geht's blendend!"

Louis Washkansky ging es immer blendend. Er war vierundfünfzig Jahre alt und litt an Atemnot, im Liegen so beängstigend, dass seine Frau keine Nacht mehr durchschlief. Dazu kamen Schmerzen in der Brust, Ohnmachtsanfälle, drei Herzinfarkte, Wasser in den Beinen und Diabetes. Aber Washkansky beklagte sich nie. Wenn er aufstehen konnte, setzte er sich ins Auto und fuhr zu Kunden, um Bestellungen für seinen Gemüsehandel aufzunehmen. War er zu schwach dazu, erledigte er die Arbeit am Telefon. Wie er das schaffte, wusste niemand, am allerwenigsten sein Hausarzt. In der Herzklinik des Groote Schuur Hospitals hatten sie Washkansky gesagt, man könne nichts mehr machen; sein Herz sei zu schwer geschädigt. Weite Teile des Muskels waren abgestorben, der Rest riesenhaft vergrößert und die meisten Herzkranzgefäße so verstopft, dass beim Röntgen das Kontrastmittel nicht mehr durchging. Er fuhr nach Hause, machte weiter und erzählte allen, es ginge ihm blendend.

© Der/die Autor(en), exklusiv lizenziert an Springer-Verlag GmbH, DE, ein Teil von Springer Nature 2025
W. Tschirk, *Heart. Flop. Moon.*,
https://doi.org/10.1007/978-3-662-72050-9_8

Im September '67 brachte man ihn erneut auf Schrires Station. Einige Wochen lag er dort, ohne sich zu erholen; im Gegenteil, er wurde schwächer und schwächer, und widerstrebend musste sich der Chefkardiologe eingestehen, dass es für diesen Patienten nur eine einzige Chance gab – eine Behandlung, wie sie noch nie ein Mensch erfahren hatte.

„Wenn das der einzige Weg ist, worauf warten wir noch?"

„Wollen Sie es nicht überdenken? Oder mit Ihrer Frau besprechen?"

„Nein."

„Louis, das wurde noch nie gemacht."

„Dann wird's Zeit."

In der ersten Novemberwoche rief Schrire Chris in sein Büro. „Wir haben einen Patienten, der für eine Herztransplantation geeignet ist. Er heißt Louis Washkansky."

Auf die Frage, *wann* ein Patient ein neues Herz bekommen sollte, gab es mehrere Antworten. Shumway und Lower wollten den spätestmöglichen Zeitpunkt wählen: wenn der Patient nicht mehr ohne Herz-Lungen-Maschine auskam. Chris erschien das unrealistisch; denn wenn es so weit wäre, müsste sofort ein Spenderherz her – und woher sollte man dann eines nehmen? Deshalb genügten ihm die folgenden Kriterien: Der Patient musste in einem Zustand sein, der unweigerlich zum Tod führt, er musste das letzte Stadium erreicht haben und alle Behandlungsmöglichkeiten mussten erschöpft sein. Bei Washkansky traf das alles zu. Als Chris die Krankengeschichte las und die Röntgenfilme sah, konnte er es zunächst gar nicht glauben.

„Seid ihr sicher, dass dieser Mann noch lebt?"

„Er liegt auf Station A1", sagte Schrire. „Gehen Sie und sehen Sie nach."

So trafen die beiden zum ersten Mal aufeinander.

„Mr. Washkansky, ich bin Dr. Barnard. Sie wissen, was wir vorhaben. Wenn Sie einverstanden sind, werden Sie auf meine Station verlegt."

Washkansky war einverstanden und es blieb, wenn man den Berichten glauben darf, ein sehr kurzes Gespräch. Die Entscheidung war gefallen. Der Patient setzte wieder die Brille auf und griff nach seinem Western.

„Die großen Tiere waren bei mir", erzählte er seiner Frau. „Professor Schrire und Professor Barnard. Sie wollen mir ein neues Herz geben."

„Du meinst eine künstliche Herzklappe."

„Nein", knurrte er, „ein neues Herz. Also widersprich mir nicht. Wenn ich sage, ein neues Herz, dann ist es ein neues Herz."

Die Nachricht war so verrückt, dass Ann Washkansky später erzählte: „Er stritt sich mit der ganzen Familie herum. Wir alle dachten, er fantasiere. Vielleicht sollte es auch ein Schrittmacher werden. Aber er blieb bei seiner Geschichte."

Bei einem ihrer nächsten Besuche, nun schon auf Barnards Station, sprach ein Mann im weißen Kittel sie an.

„Mrs. Washkansky?"

„Wer ist das?", fragte sie, zu Louis gewandt.

„Das ist Professor Barnard."

Ann wurde bleich. „Ich muss gestehen", erinnerte sie sich, „dass ich entsetzt war. Da stand dieser junge Mann. Ich dachte, er sei höchstens fünfundzwanzig."

Chris war fünfundvierzig, aber man sah es ihm nicht an. Als sie ein paar Worte gewechselt hatten und er endlich als Erwachsener durchging, fasste sie ihn am Arm und zog ihn beiseite.

„Welche Chance geben Sie meinem Mann?"

„Achtzig Prozent."

„Und wenn Sie ihn nicht operieren?"

„Mrs. Washkansky, meine größte Sorge ist, ob ich Ihren Mann bis zur Operation am Leben erhalten kann."

Am Abend rief sie den Hausarzt an. „Er gibt ihm nur eine achtzigprozentige Chance!"

„Meine Liebe", sagte Dr. Weinreich, „und wenn es nur eine zehnprozentige wäre – nimm sie!"

*****

Die letzten Vorbereitungen liefen an. Soweit sie den Patienten betrafen, genügt das sprichwörtliche „auf Herz und Nieren" bei weitem nicht, das Ausmaß der Untersuchungen und Tests zu beschreiben. Über sein Herz hatten sie in Erfahrung gebracht, was es in Erfahrung zu bringen gab. Nun analysierten sie den Stoffwechsel von Niere und Leber, besahen die Lunge im Röntgenbild, kontrollierten die Blutchemie, zählten die roten und weißen Blutkörperchen und vermaßen Hämoglobin, Enzyme und Elektrolyte. Sie bestimmten Blutgruppe und Rhesusfaktor und die Antikörpereigenschaften der weißen Blutkörperchen für den späteren Abgleich mit potentiellen Spendern.

Sie versuchten Washkanskys Körper mit Tabletten, Injektionen und vorsichtiger Physiotherapie zu kräftigen, damit er den Belastungen, die auf ihn zukamen, nicht völlig hilflos ausgeliefert sein würde.

Die größte Schwierigkeit aber würde sein, ihn über die Abstoßung zu bringen. Denn dazu musste man seine Immunabwehr schwächen und ihn der Gefahr von Infektionen aussetzen. Zwei Infektionsquellen gab es: Krankheitserreger, die sich bereits am oder im Körper befanden, und solche, die von außen an ihn herankommen konnten. Was die Feinde am eigenen Körper betraf, rechnete man pro Quadratzentimeter Körperoberfläche mit zehntausend Mikroben, an den Körperöffnungen noch mit weit mehr. Ein starkes Immunsystem wird mit ihnen fertig, ein zu sehr geschwächtes nicht. Um die Art der Erreger zu identifizieren und ihnen gezielt entgegentreten zu können, nahmen die Ärzte Abstriche und legten Kulturen an. Zudem rieben sie den Patienten („ständig", wie Chris schrieb) mit antiseptischer Lösung ab, spülten seinen Mund mit pilztötenden Mitteln und strichen ihm antibiotische Salbe in die Nase. Noch rigoroser gingen sie gegen die Feinde von außen vor. Das Zimmer, in dem Washkansky nach der Transplantation liegen würde, räucherten sie aus und wuschen sie vom Boden bis zur Decke mit Desinfektionslösung. Das gesamte Inventar wurde sterilisiert. Auch das Personal suchte man nach Krankheitserregern ab, und wer den Patienten gefährden konnte, schied aus. Vor dem Betreten des Zimmers musste sich jeder waschen und sterile Kleidung anlegen.

„Als wir das alles hergerichtet hatten, ging ich zu den Neurologen, die mir schon den Nierenspender überlassen hatten, und sagte ihnen, wir wären jetzt bereit.“

So begannen drei lange Wochen des Wartens auf einen Spender. Am Mittwoch der dritten Woche wurde ein Junge von einem Lastwagen überfahren und verstarb am Unfallsort. Ein farbiger Junge. Chris ließ dennoch die Maschinerie anlaufen: trommelte das Transplantationsteam zusammen, informierte Washkansky, ließ ihm Brust und Bauch rasieren und betete, wie gelegentlich vor einer großen Operation, dass ihm Gott helfen möge. Doch es sollte noch einmal anders kommen. Als man den Vater des Jungen nach Stunden gefunden hatte und seine Erlaubnis, das Herz zu entnehmen, vorlag, da war ebendieses Herz schon so schwer geschädigt, dass es zur Spende nicht mehr in Frage kam. Chris wusste nicht, wie er es dem Patienten beibringen sollte. Schließlich ging er zu ihm.

„Louis, …“

„Wenn kein Herz da ist, dann ist eben keins da“, sagte Washkansky. „Wird schon eins kommen, machen Sie sich keine Sorgen.“ Dann holte er wieder sein Buch hervor. Diesmal war es ein Krimi.

Drei Tage später gingen, wie jeden Samstag, viele der Ärzte, Schwestern und Pfleger in ihr Wochenende. Im Krankenhaus leerten sich die Gänge. Es wurde still.

„Alle schon weg zum Fischen", stellte Washkansky fest. „Mir reicht's, ich haue jetzt auch ab." Er hustete und konnte kaum noch atmen, geschweige denn aufstehen.

„Alle haben Alarmbereitschaft und ein Telefon, Louis. Ich kann die Mannschaft in Minuten zusammenrufen."

Doch der Kranke hatte schon die Augen geschlossen und hörte ihn nicht mehr. Chris ließ seinen Blick durchs Zimmer schweifen, prüfend, ob alles in Ordnung sei, dann drehte er sich um und fuhr nach Hause.

„Jetzt ist es zu spät, noch etwas zu unternehmen", empfing ihn Louwtjie.

„Ich hatte viel zu tun."

„Das hast du ja immer."

Kurz nach acht läutete das Telefon.

„Professor, ich glaube, wir haben eine Spenderin. Eine junge Frau, die von einem Auto überfahren wurde."

„Was sagen die Neurologen?"

„Dr. Rose-Innes untersucht sie gerade."

Rose-Innes gehörte nicht zu Chris' Team. Sie waren übereingekommen, dass nicht ein Arzt aus der Transplantationsgruppe den Tod des Spenders feststellen würde, sondern ein unbeteiligter Neurologe.

Nach einer Stunde kam ein zweiter Anruf.

„Wir holen die Spenderin auf unsere Station."

Chris lief zu seinem roten Alfa.

„Louwtjie, ich mache wahrscheinlich heute Nacht die Transplantation!"

„Lass dich von mir nicht aufhalten."

Als Chris ankam, war es schon dunkel. Er stellte den Wagen ab und rannte in die Notaufnahme.

„Wissen Sie etwas von einer potentiellen Spenderin?"

„Sie ist schon auf Ihrer Station, Herr Professor."

Blutgruppe und Gewebe passten, erfuhr er, und der Vater hatte in die Organspende eingewilligt. Dann sah Chris die junge Frau: Denise Darvall, fünfundzwanzig. Sie atmete nicht mehr selbst und wurde von einer Maschine mit Sauerstoff versorgt. Arme und Brust waren mit Elektroden versehen, der Herzschlag sprang als gelber Punkt über einen Leuchtschirm. Zwei Ärzte standen daneben.

„Holen Sie die Knochenchirurgen", sagte Chris, „sie hat Brüche."

Die beiden sahen ihn an.

„Hören Sie", erklärte er, „solange sie mit dem Leben davonkommen kann, ist sie unsere Patientin."

„Dr. Rose-Innes sagt, es sei nichts mehr zu machen."

„Aber nicht zu mir. Rufen Sie ihn an, wir brauchen ein endgültiges Ergebnis."

Sofort war der Neurologe da. „Sie können anfangen."

Dann kam Schrire dazu, und nach wenigen Minuten stand auch sein Urteil fest: „Das Herz ist in gutem Zustand. Aber warten Sie nicht zu lang, sonst wird es Schaden nehmen."

Chris ging zu Washkansky. „Louis, wir haben einen Spender. Wie geht es Ihnen?"

„Mir geht's blendend. Na ja, eher wie einem Boxer, der seinen Gegner nicht kennt. Aber sagen Sie Ann, sie soll sich keine Sorgen machen."

$$* \; * \; * \; * \; *$$

Die Krankenschwestern Tollie Lambrechts, Pittie Rautenbach und Sannie Rossouw steckten in 20er-Jahre-Badeanzügen, als der Anruf sie erreichte. „Wir waren auf einer Kostümparty, hatten schon ein paar Drinks intus und waren ziemlich jolly", erinnerte sich Sannie an den denkwürdigen Abend des 2. Dezember 1967. Sie waren drei von dreißig, die Chris zusammenrufen ließ. Die meisten fand man leicht; alle hatten vorab bekanntgegeben, wo sie sich aufhalten würden. Nur Barnards ersten Assistenten, Rodney Hewitson, musste die Polizei aufspüren – er war zum Camping gefahren und fernab von jedem Telefon.

Einen Anruf erledigte Chris selbst: „Mrs. Washkansky, wir haben einen Spender. Wir bereiten Louis schon vor. Er sagt, Sie sollen sich keine Sorgen machen.“

Wer sich aber Sorgen machte, das war Chris. Urplötzlich überfiel es ihn. Urplötzlich wurde ihm bewusst, dass die Transplantation, *die* Transplantation, tatsächlich bevorstand. „Während ich den Korridor entlangging, hoffte ich insgeheim, etwas möge sich in den Weg stellen. Ich wollte umkehren, doch es gab kein Zurück.“ Er hatte allen Grund, sich Sorgen zu machen – unter seiner Führung würde man *zwei Menschen ihr schlagendes Herz aus der Brust nehmen.* Wenn es schiefging, konnte seine Karriere, konnte alles, wofür er dreißig Jahre lang gelernt und gearbeitet hatte, in wenigen Stunden zu Ende sein. Wenn es schiefging, konnte er dann vor Gericht landen? Oder gar im Gefängnis? Er wusste es nicht.

Marius riss ihn aus seinen Gedanken. Er gehörte zu jenem Teil des Teams, der in Operationssaal B die Spenderin vorbereiten sollte. Washkansky wurde währenddessen in Saal A bereit gemacht. Zwischen den Sälen lagen zwei Durchgangszimmer: eine Instrumentenkammer und der Wasch- und Ankleideraum für die Chirurgen. Einunddreißig Schritte, wie sich Chris später erinnerte, die er unzählige Male zurücklegte in dieser Nacht.

„Wir richten sie her“, sagte Marius. „Die Brust öffnen wir erst, wenn du das Zeichen gibst, in Ordnung?“

„Ja.“

„Wenn wir dann so weit sind, kannst du rüberkommen und das Herz entnehmen.“

„Wollt ihr das nicht selber machen?“

„Wenn du es machst, bist du von Anfang an damit vertraut.“

Chris war zu nervös, um darüber zu diskutieren. Er begriff aber, was Marius' Vorschlag zur Folge hatte: nämlich, dass man den Chirurgen in Saal B, Marius Barnard und

Terry O'Donovan, später nicht vorwerfen würde können, sie hätten Denise Darvalls lebendes Herz entfernt; die Verantwortung würde einzig und allein auf Chris' Schultern liegen. Sollte er das Ganze absagen? Warten, bis ein anderer es als Erster wagen würde? Er hatte so wenig zu gewinnen, aber alles zu verlieren.

Er duschte sich, zog sich an und ging zu Washkansky.

„Geben Sie mir jetzt mein neues Herz?"

„Ja. Und, Louis – ich habe es ihr gesagt."

Dann übernahm der Anästhesist. Er spritzte dem Patienten ein Betäubungsmittel, legte einen Schlauch durch Mund und Luftröhre, schickte reinen Sauerstoff hindurch und danach eine Mischung aus Sauerstoff, Stickstoff und Narkosegas. Dann kam eine Magensonde hinzu, zwei elektrische Thermometer, Katheter, Elektroden. Schwestern bestrichen Brust, Bauch und Hüften mit Jodlösung, schlugen den Körper in grüne Tücher und bedeckten das Operationsfeld mit steriler Plastikfolie.

In Saal B verschlechterte sich der Zustand der Spenderin. Ihre selbständige Atmung hatte schon vor Stunden ausgesetzt, seither wurden ihre Organe von einem Beatmungsgerät am Leben erhalten. Wenn das Herz nun versagte, würde es abzusterben beginnen. Um ihm gezielt das lebenswichtige Blut zuzuführen, müssten sie die Brusthöhle öffnen. Das aber wagte keiner – obwohl der Hirntod schon lange eingetreten war und damit die rechtlichen Voraussetzungen zur Verfügung über das Herz.

„Ich rühre kein Instrument an, bis die EKG-Linie flach ist", stellte O'Donovan klar.

So blieb ihnen nur eines: die künstliche Beatmung abzustellen und zu warten, wie man es bei jedem Unfallopfer in diesem Stadium tun würde. Zuvor aber musste in Saal A Washkansky bereit sein. Hewitson und ein zweiter Assistent legten ihn an die Herz-Lungen-Maschine.

„Jetzt?", fragte Marius.

„Jetzt", sagte Chris und schaltete Denise Darvalls Beatmung ab. Fünfzehn Minuten lang schlug ihr Herz und pumpte Blut ohne Sauerstoff durch den Körper. Dann, zweieinhalb Stunden nach Mitternacht, gab es auf.

Sie warteten noch drei Minuten, doch es kam kein weiterer Schlag.

„Fangen Sie an, Terry", sagte Chris. O'Donovan schickte sich an, den Brustkorb zu öffnen.

Chris lief hinüber in den Saal A und gab Hewitson Bescheid. Dann wusch er nochmals Hände und Arme und schlüpfte in sterile Handschuhe – in die dünnsten, die es gab, denn in den üblichen, dickeren, schmerzten die Hände zu sehr.

Schließlich ging er, das Spenderherz zu entnehmen. Marius und O'Donovan versorgten es über eine Pumpe mit kaltem, sauerstoffreichem Blut und Nährstoffen. Chris durchtrennte die acht Gefäße, die zum Herz führen, hob es heraus und legte es in ein Becken mit eiskalter Laktatlösung. Es war totenstill im Raum.

„Wir können gehen."

In Saal A schlossen sie das Herz an einen Kreislauf an, der von Washkanskys Herz-Lungen-Maschine gespeist wurde. So kam es zum ersten Mal mit dem Blut seines neuen Besitzers in Berührung. Die Uhr im Saal stand auf 3:01.

Nun galt es, Washkanskys Herz zu entfernen. Rollend und stampfend lag es riesengroß in seiner Höhle, „die Wände vernarbt wie die Buckel eines uralten Wals". Chris hatte hunderte schwerkranke Herzen gesehen, aber so etwas noch nie. Und dennoch: Louis Washkansky lebte noch. Anders als Denise Darvall konnte er den Operationssaal lebend verlassen. Man musste nur seine Brust wieder schließen. Noch war es Zeit; in wenigen Minuten würde es zu spät sein. Doch an ein Umkehren dachte niemand mehr.

Wie Shumway und Lower vorgeschlagen hatten, ließ Chris so viel wie möglich von den Vorhöfen stehen. Er schnitt knapp über dem Vorhofboden; dort aber verläuft eine lebenswichtige Vene, der Koronarsinus. „Um Gottes Willen!“, durchfuhr es ihn. „Ich habe in den Koronarsinus geschnitten!“ Bis ihm aufging, dass sein Patient den nicht mehr brauchte, weil er ja einen neuen bekommen würde.

Er hob das zerfurchte, zerstörte Herz aus dem Körper. Ein Assistent brachte die Schüssel mit dem Spenderherzen, „klein, rosig, fest und kalt“. Nun sollte er, getreu nach Shumway und Lower, das Dach des Spenderherzens abschneiden und den Rest an das verbliebene Dach des alten Herzens nähen. Wegen des enormen Größenunterschieds zwischen den beiden Organen würde das schwierig werden. Deswegen plante Chris, das Spenderherz im Ganzen anzunähen und bloß Löcher dort zu schneiden, wo Washkanskys Venen in die Vorhöfe mündeten. Auch blieb auf diese Weise das gesunde Herz beinahe unangetastet.

Hewitsons Augen wurden groß, als er von dem Plan hörte, und noch größer, als Chris hinzufügte: „Die Idee ist mir gestern im Bett gekommen.“

Sie legten das Herz an seinen künftigen Platz. Es verlor sich beinahe in der krankhaft erweiterten Mulde. Zwei Stunden lang verbanden Barnard und Hewitson, Blutgefäß für Blutgefäß, den Körper von Louis Washkansky mit dem Herz von Denise Darvall: erst die Venen zum linken Vorhof, dann die zum rechten, dann die Lungenarterie und zuletzt die Aorta. Um 5:34 Uhr war die letzte Naht gesetzt.

Sie entfernten die Venenklemmen, und warmes Blut durchströmte das neue Herz. Es begann zu fibrillieren – würde es auch zu schlagen beginnen? Der letzte Schlag, den es getan hatte, noch im Körper von Denise Darvall, war drei Stunden her. Sie schwiegen, hielten den Atem an und warteten. Nichts geschah.

„Fertig zum Defibrillieren?“

„Fertig.“

Eine Schwester reichte Chris zwei Elektroden.

„Los, schocken!"

Washkanskys Körper bäumte sich auf und sank zusammen. Wieder warteten sie, warteten auf ein Ereignis, das die Welt noch nie gesehen hatte. Und dann, nach endlosen Sekunden, „kam es wie ein Lichtblitz: eine plötzliche Kontraktion der Vorhöfe, rasch gefolgt von der gehorsamen Antwort der Kammern, dann die Vorhöfe, dann wieder die Kammern".

Sie kontrollierten die Nähte. Alles war in Ordnung.

Noch wurde das neue Herz von der Maschine unterstützt. Ob es kräftig genug sein würde, ohne Hilfe den Blutdruck und damit den Kreislauf aufrechtzuerhalten, musste sich erst zeigen.

„Pumpe abstellen."

Dene Friedmann rief die Werte des systolischen (oberen) Blutdrucks ab.

„90 … 85 … 80 … 75 … 70 … 65 …"

„Pumpe an."

Es hatte keine halbe Minute durchgehalten. Als die Werte wieder stimmten und sich das Herz in der neuen Umgebung wohl zu fühlen schien, stellten sie die Pumpe zum zweiten Mal ab.

„85 … 85 … 80 … 75 … 75 … 75 … 70 …"

„Pumpe an."

Diesmal hatte es länger gedauert. Sie warteten, bis der Druck im gewünschten Bereich wieder stabil war, und noch ein paar Minuten länger. Dann schalteten sie die Pumpe zum dritten Mal ab. Es war 6:13 Uhr.

„85 … 80 … 80 … 85 … 90 … 90 … 95 … 95 …"

Erste, noch leise Worte drangen durch den Raum, jemand lachte, und jeder, der konnte, drängte sich an die Anzeige. Unverrückbar stand der Blutdruck auf 95, aufrechterhalten ganz allein vom Herz Denise Darvalls, dem kleinen, rosigen, festen, im Körper von Louis Washkansky verlorenen

Herzen. „Die grüne EKG-Linie bewegte sich in perfektem Sinusrhythmus."

Sie kontrollierten ein letztes Mal die Nähte, und Hewitson schloss die Brust des Patienten. Der Anästhesist leitete das Aufwachen ein. Minuten später blinzelte Washkansky ins Licht der Operationsscheinwerfer.

Sie trafen sich in der Teeküche, erschöpft, kopfschüttelnd und in Gedanken versunken. Einer öffnete ein Fenster. Es war früher Sonntagmorgen, der Kalender zeigte den 3. Dezember 1967. Nächtliche Regenschauer gingen in Nebel über, der Sommer stand vor der Tür und ein neues Zeitalter hatte begonnen.

„Wir sollten die Leitung informieren", meinte Botha.

Chris ging zum Telefon und rief den ärztlichen Direktor des Krankenhauses an.

„Dr. Burger, hier ist Professor Barnard. Ich möchte Ihnen mitteilen, dass wir soeben eine Herztransplantation durchgeführt haben. Nein, nicht mit Hunden. Mit zwei Menschen."

The Man With the Golden Hands

Nachdem er die Tasse Tee ausgetrunken und Louwtjie am Telefon Bescheid gegeben hatte, ging Chris wieder zu seinem Patienten. Auf dem Korridor traf er Ann Washkansky.

„Wie geht es ihm, Herr Professor?"

„Wir haben einen 75-prozentigen Sieg errungen. Nun kämpfen wir um die restlichen 25 Prozent."

Das war optimistisch formuliert, er wusste es sehr gut. Denn bei den restlichen 25 Prozent handelte es sich um das, was jede Organverpflanzung zu einem Spiel mit ungewissem Ausgang werden ließ: die Abstoßung des Spendergewebes durch den Körper des Empfängers.

Bevor jedoch diese Phase eintreten würde, galt es die unmittelbaren Auswirkungen der Operation in den Griff zu bekommen: Laborwerte und Herzschlag zu normalisieren, die Atmung zu kontrollieren und das Ende der künstlichen Sauerstoffgabe einzuleiten. Gegen Mittag setzte sich Chris, nunmehr seit dreißig Stunden auf den Beinen, in seinen Wagen und fuhr nach Hause.

© Der/die Autor(en), exklusiv lizenziert an Springer-Verlag GmbH, DE, ein Teil von Springer Nature 2025
W. Tschirk, *Heart. Flop. Moon.*,
https://doi.org/10.1007/978-3-662-72050-9_9

Unterwegs hörte er die Nachrichten: „In der vergangenen Nacht wurde von einem Operationsteam im Groote Schuur Hospital zum ersten Mal in der Geschichte ein menschliches Herz verpflanzt."

Louwtjie empfing ihn mit strahlenden Augen. Als sie ins Haus gingen, klingelte das Telefon. Eine Zeitung in London fragte, ob sie wirklich ein menschliches Herz verpflanzt hatten. Und dann: „War es ein weißes Herz, also das Herz eines Weißen?" Den Namen des Empfängers hatten die Reporter schon herausgefunden, über die Spenderin wussten sie nichts. Chris verwies sie an die Direktion.

Dann kam der Anruf eines Berliner Arztes und ein zweiter von einem New Yorker Fernsehsender. Die Amerikaner wollten wissen, ob Washkansky Jude sei und welche Religion der Spender gehabt habe. „Ich weiß es nicht", sagte Chris, „aber ich bin sicher, dass eine Verschiedenheit der Religionen das Abstoßungsproblem nicht erschweren wird."

Er rief im Krankenhaus an; der Zustand des Operierten war zufriedenstellend. Doch dass der Operateur nun endlich seinen Schlaf nachholen könnte, blieb ein frommer Wunsch. Stattdessen begrub ihn eine „Lawine von Anrufen, die aus der ganzen Welt kamen". Dann war es wieder Zeit für ein Kontrolltelefonat ins Krankenhaus.

„Die Pulsfrequenz ist 140, die Urinausscheidung ist in der letzten Stunde auf 50 Milliliter gesunken." Der Puls war zu hoch, das Urin zu niedrig.

„Ich komme sofort."

Es sollte nicht das letzte Mal sein.

Am nächsten Tag legten sie den Patienten unter ein Sauerstoffzelt und entfernten den Schlauch aus seiner Luftröhre. So konnte er wieder sprechen.

„Wie fühlen Sie sich, Louis?"

„Mir geht's blendend! Ich nehme an, Sie haben mir mein neues Herz gegeben."

Auf dem Korridor lief Chris einer Schar amerikanischer Fernsehreporter in die Arme. Fremde auf seiner Station, das war etwas ganz anderes als bloße Telefonate. Jetzt begann die Leitung des Hospitals zu erkennen, was auf sie einstürmen würde. Am Tag nach der Operation hatte die Cape Times berichtet: „World's first heart transplant. Groote Schuur doctors make history", und neben zwei kleineren Überschriften zum Thema prangte ein Foto des Teams, besser gesagt: jenes Teils des Teams, dessen man in der Eile habhaft werden konnte: zehn Männer, acht Frauen, Chris in der Mitte. Das war, außer den Nachrichten im Radio, vorerst alles gewesen. In Südafrika gab es noch immer kein Fernsehen, und daher hatte niemand vorhergesehen, was Fernsehleute alles anstellen konnten. Nun aber drangen die Schlagzeilen der internationalen Presse ins Land und eine Meute von Berichterstattern folgte ihnen. Zwei Tage nach der Operation landete eine in den USA gecharterte Boeing, bis unters Kabinendach mit Reportern vollgestopft.

Da half es auch wenig, dass man den Andrang durch eine Pressekonferenz in den Räumen der Universität abfederte. Immerhin erhielten die Kameraleute Gelegenheit, Chris von allen Seiten zu filmen, und die Schreiber, neben seinen Antworten einen lebendigen Eindruck von ihm zu erhaschen. Vor der Tafel des Hörsaals saß ein in Pressedingen zwar unerfahrener, dafür aber wacher, scharfsinniger, erstaunlich junger Wissenschaftler, der die Fragesteller nicht mit Floskeln abspeiste, sondern offen Rede und Antwort stand und weder seine Zweifel noch seinen Optimismus verbarg. So antwortete Chris auf die Frage, ob Mr. Washkansky nun ein langes und gesundes Leben vor sich haben würde: „Es ist schwierig, eine Prognose abzugeben über etwas, wozu es keine Erfahrung gibt. Aber ich bin sicher, er wird länger leben, als er ohne die Operation gelebt hätte. Ich kann nicht sagen, wie viele Monate oder Jahre, aber ich glaube, dass er länger leben wird, und was noch wichtiger ist: Er wird ein besseres Leben haben als vor der Operation.“

Was die Presseleute nicht bekamen, das war ein Foto von der Verpflanzung oder auch nur eines vom Spenderherzen – obwohl sie dafür jeweils eine Million Dollar gezahlt hätten. Doch niemand hatte gedacht, dass die Operation ein solches Aufsehen hervorrufen würde, und daher gab es kein Bild. Und die Handschuhe, für die man ihm nun 25 000 Dollar bot, hatte Chris nach getaner Arbeit abgestreift und in den Müll geworfen. So zielten die Reporter auf alles, was ihnen unterkam; sie belauerten die Eingänge des Krankenhauses, kletterten auf Bäume vor den Fenstern und versuchten, sich als Ärzte verkleidet in das Gebäude zu schwindeln, in dem sie Washkansky vermuteten. Erst als Polizei das Gelände sicherte, konnte das Personal wieder einigermaßen ungestört seiner Arbeit nachgehen.

Beinahe ebenso viel Platz wie der medizinischen Sensation wurde der geografischen oder, wenn man so will, kulturellen eingeräumt: der Tatsache, dass die bahnbrechende Operation ausgerechnet in einem Land am äußersten Zipfel Afrikas stattgefunden hatte, das wegen seiner Rassengesetze verachtet und vom Verkehr mit der Welt so gut wie ausgeschlossen war.

Aus Sicht der Südafrikaner hatte das Ereignis der liebe Gott gesandt, und die Politik griff mit beiden Händen zu. Nachdem Chris seinen Studienfreund Laurie Munnik, nun hoher Beamter in der Gesundheitsbehörde der Kap-Provinz, informiert hatte, ging es Schlag auf Schlag: Munnik rief den Provinzgouverneur an, der den Premierminister, und das alles innerhalb einer halben Stunde nach Chris’ Meldung. Endlich konnte das Land mit einer Nachricht aufwarten, um die man es beneidete, und der Welt die lange Nase zeigen. Munnik sandte ein Telegramm an das Operationsteam: „Congratulations to the surgical Sputnik!“, in Anspielung auf den Satelliten, mit dem die Russen den Amerikanern die lange Nase gezeigt hatten. Der Gesundheitsminister zog mit einer Karawane von Fotografen im Groote Schuur Hospital ein. Die Cape Times hielt fest, dass die medizinische Forschung in Südafrika es mit jeder anderen aufnehmen könne, und befand: „Die Kapstädter Operation war der erste Mensch im Weltraum der Herzchirurgie."

Die Reaktion der Kollegen zeugte von Anteilnahme und Respekt. Wangensteen und Lillehei gratulierten überschwänglich; und selbst die, die sich im Rennen um die erste Herzverpflanzung nun als Verlierer fühlen mussten, wie Kantrowitz und Shumway, ließen es sich nicht nehmen. Shumway hielt sogar einen Rat bereit: „Achten Sie in den nächsten Wochen auf die R-Welle im EKG. Sie liefert oft den ersten Hinweis auf eine Abstoßung."

Wie immer bei einer großen Tat hagelte es auch Kritik, und wie immer äußerten sie jene, die nichts davon verstanden. Man nannte Chris den „Fleischhauer vom Groote Schuur" und einen „menschlichen Aasgeier". Man ließ ihn wissen, der Mensch könne Gottes Willen nicht ersetzen, und dass sein Vorgehen unmoralisch, unnatürlich, unmenschlich, pseudowissenschaftlich und gottlos sei.

Unterstützung kam von Seiten der Kirche. Der Osservatore Romano stellte sich auf den Standpunkt, die junge Frau habe mit ihrem Herzen ein lebenswichtiges Organ gegeben und mit dessen mechanischer Funktion einem anderen Menschen zum Leben verholfen. Menschliche Organe seien Teile des Körpers; sie würden aber nicht den Menschen an sich definieren.

Und dann war da noch der Brief der zehnjährigen Sheri. Ob der Herr Doktor glaube, dass auch Mädchen Herzchirurgen werden können? Leider verrät uns *Heartbreaker* nicht, was Chris darauf geantwortet hat.

Genau genommen wissen wir gar nicht, ob Chris diesen Brief gelesen hat. Die Post kam körbeweise und wurde von einem eigens abgestellten Sekretär bearbeitet. Chris selbst berichtet darüber wenig, wie über alle Begleitumstände in den ersten Tagen seines plötzlichen Ruhms. In *One Life* widmet er den Medien, zählt man alles zusammen, vielleicht drei Seiten, der politischen Dimension des Ereignisses wenige Zeilen. Fünfzig Seiten nimmt die Beschäftigung mit seinem Patienten ein: Röntgenbilder, Herzfrequenzen, pH-Werte, Sauerstoffdrücke; Kreatinin, Ketone, Lymphozyten; Hydrokortison, Insulin und Plasmaersatz; Volt, Gramm und Milliliter. Und hundert andere Dinge, die ihn – und nicht nur ihn – beschäftigten. Beginnend mit dem Tag nach der Operation beobachtete das Team Washkansky rund um die Uhr, trug die Befunde zweimal täglich, vormittags und abends, zusammen und entschied dann über das Wie und Was der weiteren Therapie.

* * * * *

„Ein ziemlich gefährlicher Ort ist das hier“, sagte Louis Washkansky. „Kaum mache ich die Augen zu, schleicht sich jemand mit einer Nadel an. Und der da ist der Schlimmste.“ Er deutete auf Bossie Bosman, einen jungen Assistenzarzt.

Seit das Herz und mit ihm die Durchblutung wieder funktionierte, wandelte sich Washkanskys Körper von einem sterbenden zu einem gesundenden. Zum ersten Mal seit Jahren konnte er wieder atmen, ohne nach Luft zu ringen, der Druck in der Brust verschwand, sein Gesicht nahm eine frische, rosige Farbe an, die wiedererstarkten Nieren saugten das Wasser aus seinen Beinen und legten schlanke Knöchel frei. Zwar gaben manche Befunde Grund zur Sorge; doch diese Sorge galt mehr der Abstoßung, die irgendwann einsetzen musste, und weniger einem akuten Versagen.

Das Hauptproblem der Ärzte war, dass sie Neuland betreten hatten. Noch nie war ein Mensch nach einer Herztransplantation versorgt worden. Daher gab es keine Erfahrungsberichte, und jede Abweichung von der Norm konnte eine vorübergehende Reaktion des Körpers sein, ebenso gut aber ein Signal höchster Gefahr.

Um schwerer Abstoßung vorzubeugen, verordnete Chris jene Immununterdrückung, die er bei Hume in Virginia gelernt und bei Edith Black nach der Nierenspende angewandt hatte. Zusätzlich unterzog er Washkanskys Herz einer Kobaltbestrahlung, um die Lymphozyten zu zerstören, die dorthin wanderten.

In der dritten Nacht setzte Vorhofflattern ein: rasche Kontraktionen der Vorhöfe, die aber ungefährlich waren, solange sie nicht auf die Kammern übergriffen. Ansonsten war das Herz in gutem Zustand, befand Schrire, und Pimstone, der Diabetes-Spezialist, ordnete kräftige Ernährung an: „Lassen Sie ihn ein Steak essen. Stopfen Sie Kalorien in ihn hinein." Washkansky, dem die Schwestern wochenlang die Kirschen auf zwei Stück pro Mahlzeit rationiert hatten, traute seinen Ohren nicht.

Sechs Tage benötigte Denise Darvalls Herz, um sich an die neue Umgebung zu gewöhnen. Zeitweise flatterten die Vorhöfe mit 300 Schlägen pro Minute, die Kammern pumpten mit 150 und waren nicht einmal mit Digoxin zu beruhigen. Die Ausschläge auf dem EKG-Streifen wurden bedrohlich schwach, doch ehe die Ärzte die Ursache gefunden hatten, normalisierten sie sich wieder. Den Patienten, an den man mittlerweile die halbe Apotheke verfütterte, brachte das nicht aus der Ruhe, er hatte Schlimmeres hinter sich.

„Wann kann ich nach Hause? Vielleicht zu Weihnachten?"

„Wir wollen es versuchen", sagte Chris.

Vier Tage nach der Operation gab Louis Washkansky sein erstes Radiointerview. Reporter durfte keiner in den Raum; Bossie hielt das sterile Mikrofon und las die Fragen vor, der Ton lief über ein Kabel und wurde draußen aufgezeichnet.

„Wie geht es Ihnen, Mr. Washkansky?"

„Mir geht's blendend."

„Fühlen Sie sich gesund?"

„Ja, ziemlich."

„Wie fühlt es sich an, ein berühmter Mann zu sein?“

„Ich bin nicht berühmt. Der Doktor ist berühmt – der Mann mit den goldenen Händen.“

Dann endlich durfte Ann zu ihm; in steriler Kleidung, mit Maske und Abstand, aber das störte sie nicht.

„Alle Welt spricht von dir, Louis. Du bist berühmt geworden.“

„Ich habe nichts getan. Berühmt ist der Doktor.“

Als sie ging, rief er ihr nach: „Auf Wiedersehen, Kleine. Mach keine Dummheiten, bis ich zu Hause bin.“ Der alte Louis war wieder da.

Als er am siebenten Tag erwachte, war er gesund. Die Schwestern entfernten das Sauerstoffzelt und den letzten Infusionsschlauch. Man stellte ihm ein Radio ins Zimmer, und wenn er nicht schon gefühlt hätte, dass es ihm gutgeht, dann hätte er es aus den Nachrichten erfahren. Er aß mit Appetit, wusch und rasierte sich und scherzte mit den Schwestern. Dann kam der desinfizierte Oberbürgermeister von Kapstadt zu Besuch und der ebenso vorbehandelte Rabbi, der Louis und Ann vor einundzwanzig Jahren getraut hatte.

„Ich möchte wissen, warum ihr Rabbis einen nicht warnt, bevor ihr so was macht“, sagte Louis.

Am zehnten Tag stand er auf und setzte sich auf dem Balkon in die Sonne.

Presse aus aller Herren Länder umschlich noch immer das Areal; noch immer füllten Barnard und Washkansky die Titelseiten. Mikrofone, Tonbandgeräte und Fotoapparate verfolgten Chris vom Parkplatz bis zum Eingangstor und zurück und kreuzten sogar bei ihm zu Hause auf, Kameras filmten Louis vom Balkon des Krankenzimmers durch das Fenster. Einen Tag lang sah es aus, als bekämen die beiden Konkurrenz, als Kantrowitz in New York ein Herz verpflanzte. Doch Kantrowitz' Patient, ein zweieinhalb Wochen altes Baby mit angeborenem Herzfehler, verstarb nach sechs Stunden. Umso mehr bewunderte man die Südafrikaner. Das Time Magazine titelte: „The ultimate operation. Equal to Everest“, und Newsweek schrieb vom „Miracle in Cape Town“. Die CBS lud Chris ein, am 24. Dezember in *Face the Nation* zu sprechen, dem führenden TV-Nachrichtenprogramm der Staaten, und er nahm an.

* * * * *

Am dreizehnten Tag entdeckte der Röntgenologe einen Schatten auf Washkanskys Lunge, einen winzigen Schatten im linken Flügel. Am Tag darauf hatte der Schatten sich hundertfach vergrößert und auf die rechte Lunge übergegriffen. Washkansky atmete flach und klagte über Schmerzen in der Schulter. Seine Temperatur stieg über 38 Grad. Die Ärzte tappten im Dunkeln. Es konnte sich um eine Lungenentzündung handeln, ausgelöst durch Pneumokokken oder Klebsiella-Bakterien oder Pilze oder Viren – und jede Infektionsquelle würde eine andere Behandlung erfordern. Gäbe man beispielsweise Penicillin gegen Pneumokokken und wäre Klebsiella der wahre Übeltäter, so würde man alle Abwehrkräfte zerstören und Washkansky töten. Erschwerend kam hinzu, dass es nicht unbedingt eine Entzündung sein musste; vielleicht war es ein Gefäßverschluss, ein Lungeninfarkt.

Oder eine Transplantationslunge. Bei Nierenempfängern hatte man beobachtet, dass die Abstoßung anscheinend nicht nur das Spenderorgan traf, sondern auch eigenes Gewebe, und hier vor allem die Lunge. Chris hatte solche Fälle bei Hume gesehen. Wenn nun Washkansky eine Transplantationslunge entwickelte, dann hieß das, dass die Immunreaktion in vollem Gang war. Um ihr entgegenzuwirken, musste man die Immunabwehr des Kranken weiter herabsetzen – was ihn wiederum das Leben kosten würde, wenn man sich irrte und nur eine Entzündung vorlag. Chris verordnete Heparin gegen Blutgerinnsel, im Verdacht auf Infarkt; Schrire tippte auf Pneumokokken.

Gegen Mittag schien sich die Lage zu klären.

„Ich habe im Abstrich massenweise Pneumokokken", sagte Arderne Forder, der Bakteriologe. „Sie können sofort mit dem Penicillin anfangen."

Am nächsten Tag waren die Pneumokokken beinahe verschwunden, doch das Röntgenbild hatte sich nicht verändert. Louis atmete mühsam, aß keinen Bissen und wollte nur in Ruhe gelassen werden. Zu allem Überfluss hatte die Presse Wind von der Sache bekommen und fiel mit einer Armee von Korrespondenten ein. Chris' Telefon klingelte ohne Pause. Um vier Uhr früh hängte er den Hörer ab.

Der Vormittag brachte keine Besserung und die Besprechung wenig neue Einsicht. Was Washkanskys Rückfall ausgelöst hatte, blieb weiter verborgen. Im Licht dieser Befunde wurde Abstoßung immer wahrscheinlicher, und Chris entschied, sie mit hohen Steroiddosen zu bekämpfen. Seinen Auftritt bei *Face the Nation* sagte er ab.

Schweren Herzens bauten die Schwestern das Sauerstoffzelt wieder auf, doch bald reichte auch das nicht mehr aus.

„Louis, wir müssen wieder einen Katheter einsetzen, damit Sie besser atmen können."

Stunden später fand Forder die nächsten Bakterien; keine Pneumokokken, sondern Klebsiella und Pseudomonas. Es war genau das passiert, wovor sie Angst gehabt hatten.

„Das Penicillin hatte zwar einen Erreger beseitigt, aber es hatte gleichzeitig Washkansky gegen eine andere Infektion wehrlos gemacht", schrieb Chris in *One Life*. „Wir mussten sofort handeln."

„Gegen diese Erreger ist Carbenicillin das Richtige", sagte Forder.

Nun wussten sie, was zu tun war, aber das genügte nicht. Sie mussten Zeit gewinnen; Zeit, die das Mittel brauchen würde, die Eindringlinge zu besiegen und die Lunge frei zu machen. Um das Letzte aus der Beatmung herauszuholen, gaben sie reinen Sauerstoff. Aber auch das war zu wenig. Louis Washkansky kämpfte einen aussichtslosen Kampf.

Nur sein Herz, das schlug und schlug und schlug in perfektem Rhythmus.

„Wir nehmen die Herz-Lungen-Maschine", sagte Chris. „So geben wir ihm Sauerstoff."

„Wie viel Zeit wollen Sie dadurch gewinnen?"

„Zwölf, vielleicht vierundzwanzig Stunden."

„Aber wir hatten noch nie einen Patienten länger als fünf Stunden an der Maschine!"

„Vielleicht genügen fünf Stunden!"

Chris rief Schrire an. Es war drei Uhr nachts, achtzehn Tage nach der Operation.

„Vel, wir können Louis nicht mehr beatmen. Wir müssen ihn an die Herz-Lungen-Maschine legen."

„Es wird nicht mehr gehen, Chris."

„Warum?"

„Sie kennen seine Werte. Klinisch gesehen ist er verloren. Jeder weiß das, außer Ihnen."

Ann Washkansky erinnerte sich: „Sie riefen mich an und ich fuhr in die Klinik. Sicher würde Professor Barnard etwas tun können. Aber als er aus dem Zimmer kam … Ich hatte ihn noch nie so gesehen. Er wirkte wie ein Wahnsinniger."

Um fünf Uhr brach der Kreislauf des Patienten zusammen. Das Blut kam ohne Sauerstoff aus den Lungen zurück.

Nur das Herz, das schlug und schlug und schlug noch über eine Stunde.

I've Done It My Way

„Vor unserem Haus hielt die größte schwarze Limousine, die ich je gesehen hatte, und brachte uns zum Flughafen.“

Nun, da er nichts mehr für Washkansky tun konnte, hatte Chris der CBS zugesagt. Am Flughafen nahm man Louwtjie und ihm Koffer und Mantel ab, führte sie in die VIP-Lounge, hielt ihnen die Reporter vom Leib und versorgte sie mit allem, was sie begehrten. In der Boeing 707 saßen sie in Reihe eins und flogen, zum ersten Mal in ihrem Leben, erster Klasse. Beim Umsteigen in London mussten sie nicht durch die Transithalle; man fuhr sie mit dem Wagen von einer Maschine zur anderen.

Auf dem Flug nach Washington ging es erst richtig los. Die Stewardessen servierten Champagner, brachten eine Speisekarte, die man nur mit einem halben Dutzend Wörterbüchern entziffern konnte, sowie eine Carte de Vins, für die selbst das nicht genügte. „Sie erzählten mir pausenlos, wie sehr sie meine Arbeit bewunderten und was für ein faszinierender Mann ich sei. Plötzlicher Ruhm ist ein berauschendes Erlebnis.“

© Der/die Autor(en), exklusiv lizenziert an Springer-Verlag GmbH, DE, ein Teil von Springer Nature 2025
W. Tschirk, *Heart. Flop. Moon.*,
https://doi.org/10.1007/978-3-662-72050-9_10

Sie baten Chris, das Time Magazine zu signieren, wo sein Gesicht in Farbe auf dem Cover prangte, und eskortierten ihn zu den Piloten ins Cockpit.

Chris badete in den Blicken der Stewardessen und der weiblichen Passagiere. Louwtjie hingegen wurde immer missmutiger. „Wie lange soll diese Farce eigentlich dauern?", stieß sie wütend hervor.

In Washington wartete eine weitere Limousine und fuhr sie, unter Umgehung der üblichen Einreiseprozedur, ins Hilton. Dort geleitete man sie in die Präsidentensuite. „Wir streiften durch das Wohnzimmer. Es war fast dreißig Meter lang. Ein Monatsgehalt von mir hätte kaum ausgereicht, den Champagner zu bezahlen, ganz zu schweigen von der Suite."

Vor zehn Jahren hatte er in Amerika Schnee geschaufelt, um sich durchzubringen. Nun lag ihm das Land zu Füßen. Und, wie man in den Blättern lesen konnte, die bei uns auf dem Küchentisch lagen, auch die Frauen (was immer das hieß, ich war damals elf).

„*Face the Nation* präsentiert ein Interview mit dem südafrikanischen Chirurgen Dr. Christiaan Barnard."

Zum ersten Mal saß er in einem Fernsehstudio, neben ihm Michael DeBakey, Adrian Kantrowitz und ein Wissenschaftsredakteur der CBS. Chris war der Jüngste in der Runde und alles drehte sich um ihn. Die Leute vor den Fernsehgeräten sahen einen Mann, der gerne lächelte, der beim Antworten aber auch gern die Stirn in Falten legte, als müsse er seinen Aussagen besonderes Gewicht verleihen. Sie sahen einen Mann, der das gewisse Etwas ausstrahlte – trotz seiner leicht krächzenden Stimme und seines komischen Akzents.

Chris und Louwtjie flogen weiter nach New York zu einem Gespräch mit Walter Cronkite, dem damals bekanntesten Moderator der Staaten.

Danach gab er der New York Times ein Interview.

„Dr. Harken aus Boston behauptet, Sie hätten Dr. Shumway die Technik gestohlen", eröffnete der Reporter.

Chris hatte nie ein Hehl daraus gemacht, dass seine Technik auf den Veröffentlichungen von Shumway und Lower beruhte – einer der Zwecke wissenschaftlicher Veröffentlichungen ist ja, dass andere aus ihnen lernen. Das erklärte er dem Reporter; doch er machte sich keine Illusion: „Er würde ohnehin schreiben, was er wollte."

Nach New York kam San Antonio in Texas dran, die Ranch des US-Präsidenten Lyndon B. Johnson. „Ich rechnete mit einem Schwall von Fragen über die Herztransplantation – aber nein. Johnson redete pausenlos davon, was er alles erreicht hatte, seit er Präsident war. Ich sollte nicht vergessen, der Presse von all seinen Leistungen zu erzählen."

Dann ging es zurück nach Kapstadt. Dort wartete ein Patient, der noch berühmter als Washkansky werden sollte: der achtundfünfzigjährige Zahnarzt im Ruhestand Dr. Philip Blaiberg.

* * * * *

Mit dem Tod Washkanskys war es fraglich geworden, ob man seine Behandlung als Erfolg verbuchen konnte. Einerseits war die Operation gelungen und das neue Herz hätte ihn am Leben erhalten. Andererseits hatte die unvermeidliche Immunsuppression seinen Widerstand geschwächt und die fatale Infektion ermöglicht.

So stellte ein Reporter die Frage: „Bedeutet der Tod von Mr. Washkansky das Ende des Experiments Herztransplantation?"

„Das war kein Experiment", erwiderte Chris. „Es war die korrekte Behandlung für einen todkranken Mann."

Blaiberg, der seit Mitte Dezember auf Chris' Station lag, konnte es kaum erwarten, ein neues Herz zu bekommen. Er wusste, es war seine letzte Chance.

Chris traf am Abend des Neujahrstages in Kapstadt ein und fuhr vom Flughafen nach Hause. Nur Stunden später kam ein Anruf aus dem Krankenhaus.

„Professor, wir haben einen Spender für Blaiberg."

Am Vormittag des 2. Januar 1968 begann die Operation.

Als Louis Washkansky in Saal A gelegen war, hatte außer den unmittelbar Beteiligten niemand davon gewusst. Nun lag Blaiberg im selben Saal, und die Welt fieberte mit. Obwohl niemand den Namen des Patienten bekanntgegeben hatte, wusste die Presse Bescheid. Korrespondenten aus aller Welt brachten sich vor dem Groote Schuur in Stellung. Hätten sie geahnt, dass Christiaan Barnard gerade an diesem Tag einen der schlimmsten Arthritisanfälle seines Lebens niederkämpfte, wären ihre Berichte mit Sicherheit noch dramatischer ausgefallen. Und wäre zu ihnen gedrungen, was sich kurz vor 14 Uhr im Operationssaal abspielte, dann hätten sie ihn wohl gestürmt.

Denn um diese Zeit fiel dort der Strom aus, und mit ihm alle Lampen.

Und die Herz-Lungen-Maschine.

Von einem Moment auf den anderen war es stockfinster und Blaibergs Blutkreislauf stand still.

„Was ist mit dem Notaggregat?", fragte Chris.

„Noch nicht eingeschaltet."

„Johan und Dene", wandte er sich an die beiden Techniker, „ihr betätigt die Maschine mit der Hand."

„Ich kann den Griff der Venenpumpe nicht finden", rief Johan.

„Nehmen Sie den Schlauch aus der Venenpumpe, damit das Blut durch sein Gewicht in die venöse Kammer fließen kann, und betätigen Sie die Arterienpumpe per Hand." Für ein Problem, das nie zuvor aufgetreten war und den Patienten auf der Stelle hätte töten können, fand Chris, während rund um ihn Panik ausbrach, in Sekundenbruchteilen eine Lösung. Auch das war es, was ihn ausmachte.

Nach einer Ewigkeit gingen die Lampen wieder an.

Als sie das eisgekühlt verpflanzte Herz erwärmten, begann es spontan zu schlagen – anders als bei Washkansky, wo sie mit einem Elektroschock nachgeholfen hatten. Und als sie vier Stunden nach Beginn der Operation die Pumpe, die den Kreislauf unterstützte, abschalteten, übernahm es sofort die volle Arbeit.

Niemand wusste, wie es diesmal ausgehen würde; noch hatte kein Patient länger als achtzehn Tage mit einem neuen Herzen überlebt. Wäre Chris überrascht gewesen, wenn man ihm gesagt hätte, Blaiberg würde nach zehn Wochen auf seinen eigenen Beinen das Krankenhaus verlassen? Ans Meer fahren, in der Sonne liegen und schwimmen? Ein Buch schreiben? Neunzehn Monate leben?

* * * * *

Zehn Tage nach Blaibergs Operation flog Chris nach Europa; allein und, wie er zugab, voller Erwartung. Baden-Baden, Paris und Mailand brachten nichts Neues, mit Ausnahme kompromittierender Nachtclubfotos, aus denen Louwtjie zu Hause prompt die falschen Schlüsse zog. Andererseits war es nicht zu leugnen: Die Regenbogenpresse bewies ein feines Gespür, als sie sich an die Fersen von Christiaan Barnard heftete.

In London war er Gast der BBC. *Barnard faces his critics* hieß die Talk Show, und dort versuchten sie ihn zum ersten Mal so richtig in die Pfanne zu hauen – ein Bemühen, das bei manchen Reportern und Kollegen im Lauf der Jahre zur Besessenheit werden sollte. Wie auch heutzutage in solchen Fällen üblich, besetzten sie Teilnehmerrunde und Publikum mit Vasallen und gaben sich damit die Gewähr, dass Redezeit und Applaus dorthin fielen, wie sie sie haben wollten. Wie konnte Chris die Washkansky-Transplantation als Erfolg bezeichnen, wo sein Patient doch verstarb? Fand die erste Verpflanzung in Südafrika statt, weil dort wegen der Rassentrennung ein Menschenleben weniger zählte? Würde man nicht den Zorn Gottes auf sich ziehen, wenn man den Menschen als Ersatzteillager betrachtete? Wer konnte sagen, wann ein Spender tot war? Musste man nicht überhaupt warten, bis das Abstoßungsproblem gelöst war? So ging es eine Stunde lang dahin. Zur gleichen Zeit tat in Kapstadt ein Mensch, der ohne neues Herz verloren gewesen wäre, seine ersten Schritte in ein zweites Leben.

Nach London kam Rom: eine Einladung zum italienischen Präsidenten Giuseppe Saragat und eine Audienz bei Papst Paul VI. Chris erschien zur rechten Zeit: Ferrari hatte in der Formel 1 seit drei Jahren keine Weltmeisterschaft gewonnen und der Glaube der Italiener an Gott war im Schwinden. Wenn nun il Papa und il professore sich zusammentaten, kämen die Dinge vielleicht wieder ins Lot.

„Das Chaos am Flughafen in Rom verschlug mir die Sprache. Ich konnte es nicht fassen, dass diese Menschenmenge hierhergekommen war, um mich zu sehen. Mein erster Gedanke war, dass vielleicht die Beatles im gleichen Flugzeug gesessen hatten."

Zwischen Blitzlichtern, Mikrofonen und Autogrammbüchern rettete man ihn in die VIP-Lounge und von dort ins Hotel Flora in der Via Veneto. Das Bild, das ihn während der Fahrt und in der Hotelhalle umgab, war ein anderes, als er erwartet hatte. Die Frauen und Mädchen steckten keineswegs in Ballerinas und Caprihosen, wie man außerhalb Italiens glaubte. Genau genommen gab es gar keine Frauen und Mädchen, nur Damen – in wundervollen Kleidern und noch wundervolleren Schuhen, modisch geschminkt und frisiert, von äußerster Noblesse in Blick, Haltung und Bewegung. Man hätte sie für eine Filmkulisse halten können. Doch da sie alle ohne Pause durcheinanderredeten, musste es sich um echte Italienerinnen handeln.

Dann schloss sich die Tür der Suite hinter ihm, aber nur kurz, denn es klopfte.

„Buona sera, sono Angelo Litrico."

„Ja bitte?"

„Angelo Litrico, der Schneider von Roma."

Die zwei verstanden einander sofort – beide Meister ihres Fachs, beide über die Landesgrenzen hinaus bekannt, und beide sprachen ein sehr … *persönliches* Englisch.

„Inne tisse suute you cannotte meete il Papa!"

Der Anzug war neu, aber den Schneider von Rom schüttelte es bei seinem Anblick, und Chris' Krawatte brachte ihn einer Ohnmacht nahe. Mannhaft vermaß er den Besitzer dieser Ungeheuerlichkeiten, warf die Zahlen seinem Gehilfen zu, unterrichtete indessen sein Umfeld über die Weltlage im Allgemeinen und die Lage Italiens im Besonderen einschließlich des bedauerlichen Verfalls von Politik, Moral und Herrenmode, und als alles geklärt war, verbeugte er sich und zog ab.

Am nächsten Morgen war er wieder da.

„Hemd, Anzug und Mantel passten wie angegossen und die Schuhe waren so leicht, dass ich hinunter schauen musste, ob ich sie überhaupt trug." Eine Wohltat für Chris' Füße, die, von der Arthritis deformiert, in gewöhnlichen Schuhen ständig schmerzten.

Angelo Litrico ließ sich keine einzige Lira bezahlen. Dennoch hatte er nie seine Zeit besser investiert als in dieser Nacht; denn das Foto vom Handschlag zwischen Papst Paul VI. und dem Träger von Litricos Schöpfung ging über alle Titelseiten.

Mit dem Handschlag hatte der Papst Chris aus der Verlegenheit des Ahnungslosen gerettet – hätte er den Ring küssen oder ein anderes Ritual befolgen müssen? Auch das Gespräch verlief anregend. „Er begann sofort, mir Fragen zur Transplantation zu stellen. Zu welchem Zeitpunkt wir das Spenderherz herausnahmen, wann der klinische Tod eintrat, welche Zukunft wir uns für diese Operation wünschten und so weiter." Zuletzt versicherte der Heilige Vater, er werde für Chris und seine Patienten beten.

Auch das Treffen mit Präsident Saragat begann entspannt und sie plauderten eine halbe Stunde. Doch aus unerfindlichem Grund sprang Chris ein kleiner Teufel an und er erzählte dem Gastgeber von der Zukunft der Gehirntransplantation.

„1000 Dollar für ein gewöhnliches Gehirn, 10 000 für das Gehirn eines Mathematikers, 100 000 für das eines Politikers."

„100 000 Dollar für das Gehirn eines Politikers?", fragte der Präsident geschmeichelt.

„Ja. Es wurde noch nie benutzt."

Besser benahm sich Chris bei der Begegnung mit Sophia Loren, doch da stand er auf verlorenem Posten.

„Die Fotografen stolperten regelrecht übereinander, um *das* Bild zu ergattern. Sophia Loren, Carlo Ponti und ich saßen auf einer Bank. Sie wollte rauchen, ich beugte mich zu ihr und gab ihr Feuer. In diesem Augenblick klickte die Kamera. Dann schnitten sie Ponti weg und brachten das Bild. Sophia und ich in einer ‚intimen Pose'."

Jetzt wurde es ungemütlich. Denn nicht nur Louwtjie kochte vor Wut. Auch Gina Lollobrigida, mit der Chris in eine Affäre getaumelt war, hatte sich schon einmal besser amüsiert. Da war es, trotz des Donnerwetters, das ihn erwartete, Zeit, nach Hause zu fahren.

Die Welt der Reichen und Schönen aber sollte ihn nicht mehr loslassen. Die Berichte über ihn kannten bald nur noch ein einziges Thema: Chris Barnard und die Frauen. Dass er operierte, solange es seine Hände zuließen, dass er sein Wissen weitergab, neue Techniken erfand und vor allem: dass seine Patienten überlebten, während rundherum eine Herztransplantation nach der anderen in einer Katastrophe endete: Um das zu erfahren, musste man die Fachjournale studieren.

* * * * *

Nach einer weltweiten Statistik von James-Brent Styan aus dem April 1969 wurden bis dahin 133 Herzen verpflanzt und nur 13 Empfänger lebten noch. Philip Blaiberg aber lebte seit eineinviertel Jahren. Und während die meisten der frühen Transplantationsprogramme wegen desaströser Ergebnisse eingestellt wurden, operierte Chris die achtunddreißigjährige Dorothy Fischer, die dreizehn gute Jahre vor sich hatte, und den vierundvierzigjährigen Dirk van Zyl, dessen neues Herz dreiundzwanzig Jahre lang schlug und der bis zu seiner Pensionierung im Alter von neunundfünfzig keinen Tag mehr krank war. Kein Shumway, kein Lower und auch sonst niemand konnte Ähnliches vorweisen, und Kantrowitz hatte nach seinem zweiten Fehlschlag überhaupt aufgegeben.

Am zurückhaltendsten in der Beurteilung seiner Erfolge war Chris selbst. Im Jahr 1970 sprach er in der US-amerikanischen Dick Cavett Show. Und obwohl er bereits Patienten in ein normales Leben zurückgeführt hatte, sah er in der Herztransplantation noch immer keine kurative Prozedur, also eine auf Heilung ausgerichtete, sondern eine palliative, die nur die Linderung der Symptome anstrebte.

Da aber war er längst in Ungnade gefallen. Die Ärzteschaft kritisierte seinen Lebensstil, die südafrikanische Regierung sein Engagement gegen die Rassentrennung, die Öffentlichkeit verlor das Interesse an ihm. Seine Leistungen konnte ihm keiner nehmen, und unzählige Auszeichnungen sammelten sich im Lauf der Zeit an. David Cooper listet rund hundert Preise, Ehrengrade, Ehrenmitgliedschaften und Ehrenstaatsbürgerschaften.

Das Wichtigste aber verwehrte man ihm: den Nobelpreis. Gewiss gab es Gründe – wenn man will, gibt es immer Gründe. Vielleicht aber hatten bloß die Viren seiner Extravaganz das Immunsystem des Komitees geweckt.

Wäre Chris Barnard der Welt ein besserer Diener gewesen, wenn er dem süßen Leben und den Frauen entsagt hätte? Ich glaube nicht. Er hat unter höchstem Einsatz eine Tat gewagt und vollbracht, früher als jeder andere, besser als jeder andere, und damit einem Zweig der Medizin den Weg gewiesen: ein Baumeister für die Ewigkeit im besten Sinn des Wortes. Es ist nicht nur unbedenklich, sondern geradezu tröstlich, dass er daneben auch ein Mensch aus Fleisch und Blut war.

Flop
Der Fosbury-Flop

I Was the Worst High Jumper in Oregon

„Ich war der schlechteste Hochspringer in Oregon." Der Mann, der diese Worte lächelnd in die Kamera sprach, Jahrzehnte, nachdem er als Hochspringer zur Legende geworden war, hieß Dick Fosbury. „Als ich meinen Stil entwickelte, ging es nicht ums Gewinnen. Ich wollte nur im Team bleiben."

Oregon liegt an der Pazifikküste der USA und grenzt an den Norden von Kalifornien. Im Landesinneren, eine halbe Autostunde vor Kalifornien, befindet sich Medford – 1963 eine Stadt mit 25 000 Einwohnern, zweistöckigen Häusern an der Hauptstraße und der zweitgrößten High School im Land. Die Frauen in Medford trugen bunte Kleider mit weißen Punkten oder weiße Kleider mit bunten. Die jüngeren tanzten in Turnschuhen zu Elvis-Presley-Platten, die älteren trafen sich nach der Messe oder in der Bibliothek, himmelten Kennedy an und sparten auf Fernsehapparat, Kühlschrank und Staubsauger. Die Männer, ausgenommen Lehrer und Pfarrer, besaßen braungebrannte Unterarme,

© Der/die Autor(en), exklusiv lizenziert an Springer-Verlag GmbH, DE, ein Teil von Springer Nature 2025
W. Tschirk, *Heart. Flop. Moon.*,
https://doi.org/10.1007/978-3-662-72050-9_11

aßen Sandwiches mit Erdnussbutter, lasen die Mail Tribune und fuhren Rambler oder Pickups. Und die Männer von morgen und übermorgen liefen und sprangen um die Wette oder balgten sich um einen Ball.

Die Medford High School unterhielt ein Leichtathletikteam – das Team, in dem der sechzehnjährige Dick Fosbury sich am wohlsten fühlte und bleiben wollte. Im Basketball drückte er meist die Ersatzbank, im Football kam er überhaupt nie zum Einsatz. Er turnte, schwamm und probierte aus, was es auf der Laufbahn und im Infield gab, mit großer Hingabe – doch sein Körper tat nicht immer das, was er tun sollte. Der Junge war lang, dünn und ungeschickt, zu langsam zum Sprinten, zu schwach zum Werfen. So war er beim Hochspringen gelandet, doch auch hier ging es nicht nach Wunsch. Ein Jahr schon stand seine Bestmarke auf 5'4" – fünf Fuß und vier Inches, knapp über 1,62 Meter. *Dafür* gab es im Team der Medford High School *keinen* sicheren Platz. Jederzeit konnte die Menge der Schüler ein neues Talent hervorbringen, das dann seine Stelle einnehmen würde – den letzten der drei Hochspringerplätze in der Mannschaft.

Das Sportfeld der High School war gut besucht an diesem Nachmittag. Plaudernd joggten die jungen Athleten über den Rasen, größere Gruppen drängten sich um den Kugelstoßkreis und die Weitsprunggrube.

Dick stand an der Hochsprunganlage und mühte sich ab, die moderne Sprungtechnik zu erlernen. Fünf Jahre zuvor hatte er mit dem antiquierten Scherensprung begonnen. Den beherrschte er: Man läuft von der Seite an, springt mit dem lattenferneren Bein ab, führt das andere, das Schwungbein, über die Latte, hebt das Sprungbein nach und landet. Die Scherenbewegung der Beine gleicht jener, mit der man seitwärts über eine Absperrung steigt. Weil während des Sprungs der Oberkörper aufrecht bleibt, muss der Körperschwerpunkt ziemlich hoch über die Latte gehen. Günstiger sind Stile, bei denen man den Schwerpunkt weniger hoch heben muss, um die gleiche Lattenhöhe zu bewältigen. Einer dieser Stile war zum Goldstandard des Hochspringens geworden: der Straddle. Hier läuft man von der anderen Seite an, springt mit dem lattennäheren Bein ab, wirft im Flug das Schwungbein über die Latte und überquert diese in Bauchlage. Der Schwerpunkt kann knapper über die Latte geführt werden als bei jeder früheren Technik, und deshalb sah man, zumindest unter den männlichen Athleten, nirgends mehr einen Klassespringer, der es noch anders versuchte.

Der Straddle verlangt allerdings ein Körpergefühl, das nur wenige besitzen. Diese wenigen finden ihn kinderleicht; für die anderen bleibt er ein Buch mit sieben Siegeln. Zu diesen anderen gehörte Dick Fosbury.

„Du triffst deinen Schwerpunkt nicht. Pass auf, wir vergessen jetzt alles andere und üben nur den Absprung." Coach Dean Benson holte eine Hürde von der Laufbahn und stellte sie ab. „Spring einmal mit drei Schritten Anlauf hier drüber, so hoch du kannst, und halte dich gerade."

Dick tat, wie ihm geheißen. Es sah ziemlich verwackelt aus, und obwohl die Hürde niedrig war, musste er aufpassen, nicht zu stürzen.

„Nochmals. Denk nur daran, nach oben zu springen."
Es gelang mehr schlecht als recht.

„Ich sehe schon, was los ist. Es liegt an deinem Schwungbein. Streck es nicht mit Gewalt. Lass es gebeugt, aber streck den Körper und nimm die Arme mit."

Beim idealen Absprung bildet der Körper von der Zehenspitze bis zum Kopf eine senkrechte gerade Linie. Mit einem gestreckten Schwungbein ist das schwer; schwächere Springer kippen nach hinten, anstatt nach vorn-oben abzuspringen.

Dick trabte zur Ablaufmarke, nahm eine leichte Schrittstellung ein und sammelte seine Gedanken: gebeugtes Schwungbein nach vorn-oben. Das gelang ihm auch; doch nun hatten seine Arme die Orientierung verloren, weil ihnen das gewohnte Ziel, die Schwungbeinspitze, fehlte, und so misslang die Körperstreckung vollends. Anstatt raketengleich abzuheben, purzelte er wie ein Fragezeichen in die aufgeschütteten Sägespäne.

„Hey, Foz!“, scholl es vom Kugelstoßkreis herüber. „Was machst du da? Der Theaterabend ist erst morgen!“

Dick tat, als hätte er es nicht gehört, riss sich zusammen und lief ein weiteres Mal an. Der Versuch verlief ebenso kläglich.

„So bekommen wir das nicht hin“, sagte Benson. „Du solltest wirklich versuchen, mit dem *linken* Bein abzuspringen.“ Das Thema stand seit Jahren im Raum. Rechtshänder springen fast immer links; Dick war Rechtshänder, doch er sprang rechts und niemand wusste, warum.

„Ich kann nicht links springen, Coach, es fühlt sich falsch an. Und die Schere springe ich rechts ganz leicht.“

„Okay, wir lassen den Absprung einmal beiseite und kümmern uns um die Lattentechnik.“ Damit schnitt Benson das nächste Problem an. Beim Straddle überquert der Springer die Latte in Bauchlage. Manche liegen parallel zur Latte, andere tauchen den Oberkörper hinter die Latte und lassen Becken und Sprungbein folgen. In beiden Fällen entsteht ein Rollen um die Latte. Dick brachte es nicht zustande. Versuchte er, senkrecht abzuspringen, um Höhe zu gewinnen, blieb es völlig aus und er landete beinahe auf dem Rücken. Versuchte er, die Bewegung beim Absprung einzuleiten, geschah das viel zu früh und er verließ kaum den Boden.

„Schwungbein und Hüfte müssen führen, nicht die Schulter. Ich sehe, du hast kein Bild davon im Kopf“, konstatierte Benson drei Sprünge später.

„Was soll ich tun, Coach?“ Es war Mitte April; in wenigen Tagen würde der erste Wettkampf die neue Saison eröffnen. Dick sollte für Medford an den Start gehen und er hatte an diesem Trainingstag nicht einmal fünf Fuß übersprungen.

„Was ist, wenn ich Schere springe?", fragte er vorsichtig, während er in seinen Trainingsanzug kletterte. Die Sonne stand tief über dem Platz und es war kühl geworden.

„Das halte ich für keine gute Idee", gab Benson zurück. „Kein Mensch macht das heute mehr."

„Aber ich könnte mit der Schere höher springen, zumindest im Moment. Ich meine, nur bis ich den Straddle kann", setzte er kleinlaut hinzu.

Benson wog ab. Einerseits wollte er nicht verantwortlich dafür sein, dass ein junger Springer sich an einer vorsintflutlichen Technik festbiss. Andererseits war es für das Team besser, Dick brächte im bevorstehenden Wettkampf ein paar Punkte nach Hause, anstatt sang- und klanglos an der Anfangshöhe zu scheitern.

„Also gut, Dick. Du bist über den Winter gewachsen, deine Beine wissen nicht, wo vorn und hinten ist. Da ist es schwer, den Straddle zu lernen, und bis nächste Woche wird sich das auch nicht ändern. Spring in Gottes Namen dieses eine Mal deine Schere."

„Danke, Coach! Darf ich noch ein paar Sprünge versuchen? Ob ich die Schere noch kann?" Und schon schlüpfte er wieder aus den warmen Sachen. Er eilte zu seinem Ablaufpunkt, diesmal auf der anderen Seite der Anlage. Neuer Mut durchströmte ihn. Dick wusste, dass ihn die Scherentechnik nicht in große Höhen tragen würde, aber er schob den Gedanken beiseite. Für den Augenblick war ihm nur wichtig, wieder einen Bewegungsablauf vollführen zu dürfen, den er beherrschte. Er machte sich nicht die Mühe, die Latte tiefer zu legen, wie man es für einen ersten Sprung meist tut, sondern ließ sie auf der Höhe liegen, die er seit mehr als einer Stunde vergeblich attackierte: fünf Fuß. Er ging in Schrittstellung, das rechte Bein nach vorn gesetzt, und schloss die Augen. Der Sprung lag klar vor ihm, die Wege der Körperteile einfach und geordnet, nicht wirr und undurchschaubar wie beim Straddle. Er wippte vor und zurück, bemüht, den Rhythmus des Anlaufs vorauszufühlen. Anders als beim Straddle konnte er hier schnell anlaufen, weil ihn keine Angst bremste und keine plötzlich auftauchenden Arme oder Beine im Weg waren.

Eins–zwei–drei–vier–fünf–sechs! Der sechste Schritt ging in den Absprung über, und Dick flog, ein wenig erstaunt von dem Geschehen, über die Latte. Sein Gesäß berührte sie leicht, aber sie fiel nicht. Er ließ den Versuch im Geist noch einmal ablaufen. Nicht alles hatte geklappt bei diesem ersten „richtigen" Sprung nach langer Zeit. Die Beinstreckung in den Anlaufschritten war mangelhaft gewesen; er hatte zu schnell begonnen und dann kaum beschleunigt; er war zu nahe an der Latte abgesprungen – vielleicht eine Folge seines Wachstums und der nun längeren Laufschritte; seinen Oberkörper hatte er im Absprung nach vorn geneigt und darum den Schwerpunkt schlecht getroffen. Er wusste, dass er es besser konnte, und lief zurück zum Ablaufpunkt. An den Trainer dachte er gar nicht mehr. Benson, der den Sprung beobachtet hatte, nickte zufrieden, griff nach seiner Tasche und machte sich auf den Weg.

Eins–zwei–drei–vier–fünf–sechs! Das war schon viel besser! Noch ein Sprung, dann würde es genug sein. Dick trainierte gern, er liebte es, auf dem Platz zu stehen. Laufen (nicht zu weit), Kraftübungen, Ballspiele, Neues probieren, hin und wieder auch nur den anderen zusehen, damit konnte er Stunde um Stunde verbringen. Doch über die Latte ging er im Training seltener als andere und blieb dabei meist weit unter seiner Bestmarke. Denn um dynamisch und mit voller Körperspannung zu springen, brauchte er den Wettkampf.

Eins–zwei–drei–vier–fünf–sechs! Das war es! Nicht perfekt, aber gut genug, um endlich wieder zufrieden, ja glücklich die Sägespäne aus der Kleidung zu schütteln. Er streifte die Sprungschuhe ab, zog den Trainingsanzug über und zuletzt die Trainingsschuhe. Die Sprungschuhe waren eng geschnitten und wiesen auf den Sohlen Spikes auf; damit boten sie festen Halt beim Laufen und Springen auf den dafür vorgesehenen Anlagen. Für alles andere brauchte man die gewöhnlichen Trainingsschuhe: bequeme Sneakers, mit denen man auf jedem Boden gehen, laufen, springen und werfen konnte. Dick zog den Zipp seiner Trainingsjacke hoch zum Kinn und sah zu, dass er nach Hause kam. Erst jetzt fiel ihm auf, dass die Sonne verschwunden war und ein kalter Wind wehte.

An Angel's Kiss in Spring

Der erste Mensch, der zwei Meter übersprang, war der US-Amerikaner George Horine im Jahr 1912. Damals wie heute wurden in den USA Sprunghöhen in Fuß und Inches gemessen. Ein Inch entspricht 2,54 Zentimetern; ein Fuß sind 12 Inches, also 30,48 Zentimeter. Für internationale Bewerbe und Rekordlisten verwendet man seit jeher Meter und Zentimeter, und die Umrechnung zwischen den beiden Systemen ist nicht immer einfach, da Sprunghöhen nur in ganzen Zentimetern angegeben werden. Horines Weltrekordhöhe war $6'7''$, sechs Fuß und sieben Inches, das sind 2,0066 Meter. Zunächst rundete man den Wert auf 2,01 Meter; später verbuchte man ihn als 2,00 Meter, und so steht er noch heute als erster offiziell anerkannter Weltrekord in den Büchern. (Im Folgenden wird auf die gleiche Weise umgerechnet, also nicht der gerundete Wert angegeben, sondern der in ganzen Zentimetern nicht höhere Wert.) Horine hatte nicht nur eine magische Grenze übersprungen, sondern auch einen neuen Stil kreiert: den Western Roll, der die davor dominierende Schere ablöste. Bei Horines

Technik, einer Vorläuferin des Straddle, flog der Springer in Seitenlage, etwa parallel zur Latte, über das Hindernis.

Den ersten Weltrekord im Straddle sprang 1936 der US-Amerikaner Dave Albritton mit 2,07 Metern. Die Traumgrenze von sieben Fuß (2,13 Metern) durchbrach 1956 Charles Dumas, der Zehnte und Letzte in einer ununterbrochenen Reihe US-amerikanischer Weltrekordhalter. Dem Russen Juri Stepanow (2,16 Meter im Jahr 1957) folgte John Thomas aus Boston, der 1960 die Bestmarke bis auf eine Höhe von 2,22 Metern hob.

Der danach kam, stellte alle in den Schatten: Waleri Brumel aus Sibirien brach fünfmal den Weltrekord und hielt bei 2,27 Metern, als am 20. April '63, einem Samstag, der Bus der Medford High School den Ort des ersten Wettkampfs ansteuerte: Grants Pass, ein Städtchen unweit von Medford und etwa halb so groß.

Das Eröffnungsmeeting einer neuen Saison umgibt ein besonderer Zauber. Die Luft knistert vor Sonne und Erwartung – vorbei die Monate des harten Trainings in dumpfen Turnsälen oder in Kälte und Schnee, vergessen die Erschöpfung nach den Dauerläufen, die Muskelkater nach den Sprints und Krafteinheiten; und die rasche Entwicklung des jugendlichen Körpers verspricht ungeahnte neue Leistungen. Dazu kommt das Wiedersehen mit Jungen und Mädchen aus den anderen Teams, das Umschwärmen der Arrivierten oder, wenn man selber schon ein alter Hase ist, das Belächeln der Küken, die zum ersten Mal nach einem Startschuss davonflattern werden.

Der Eifer erfasst auch die Abgebrühten – auf der Laufbahn gibt es kein gelangweiltes Gesicht. Alle haben sie dem Ereignis entgegengefiebert: Erster Wettkampf! Start in ein neues Sportjahr, Verheißung eines neuen Sommers! Medford und Grants Pass liegen auf der geografischen Breite Roms, und wenn auch ihre Wärme nicht an die der italienischen Hauptstadt heranreicht, vielleicht wegen der größeren Höhe über dem Meer, so ist doch die Leichtigkeit wieder eingekehrt an diesem Tag im späten April. Da mischen sich die Gerüche der feuchten Erde und des erstmals im Jahr gemähten Rasens mit der Frische der Muskelcremes, dem hölzernen Aroma der Sägespäne im Landehügel und der scharfen Wolke Schießpulver aus der Startpistole. Die Busse treffen ein, langsam füllen sich Tribünen und Umkleideräume. Händeschütteln, Schulterklopfen, Umarmungen. Im Innenraum aufwärmende Athleten, einzeln und in Gruppen ihre Runden trabend, Gymnastik, Sprünge, Sprints. Verblassen werden diese Bilder nur auf dem Schwarzweiß der Fotos. In den Köpfen und Herzen aber werden das Grün des Rasens, das Orangerot der Aschenbahn und die Pastellfarben der Trikots an Leuchtkraft gewinnen mit jedem Jahr. Und erst die Laute und Geräusche! Die blecherne Stimme des Platzsprechers, die Anfeuerungsrufe aus dem Publikum, der Applaus nach einem gelungenen Versuch, das Raunen nach einem verpatzten, die Fanfaren der Siegerehrungen, ja selbst das Ticken der Stoppuhren, der zartesten Instrumente, darf nicht fehlen im Klang des grandiosen Orchesters.

Und am nächsten Tag konnte man, wenn es gutging, den eigenen Namen in der Zeitung lesen. Die Sportseiten sahen in den 60er-Jahren anders aus als heute. Nicht die Schlagzeilen machten den Unterschied; die gab es damals, wie es sie immer gibt. Doch während heute die Texte dominiert werden von Ankündigungen, Einschätzungen, Meinungen, Hintergrundstorys und Skandalgeschichtchen, standen damals die Ergebnisse im Vordergrund. Und während man heute nur die zugkräftigsten Events bespricht, trugen die Sportseiten der 60er auch den geringeren Rechnung. Der Leser wurde zuverlässig über den Ausgang des lokalen Ruderwettbewerbs unterrichtet und fand in den Resultaten die ersten sechs jedes Rennens mit vollem Namen und erzielter Zeit.

Viel mehr noch als das Trainieren liebte Dick den Wettkampf. Seinen Maßstab bildeten nicht Erfolg und Misserfolg – er war kein Star und wälzte keine Pläne, einer zu werden. Wie er später sagte, lebte er als junger Sportler „für den Moment". War er in Form, beglückte ihn seine Leistung. War er außer Form, tröstete ihn die Zuversicht, dass es wieder besser werden würde, und bis dahin freute er sich mit den siegreichen Teamkollegen. Heute aber quälte ihn eine Sorge. Der Trainer hatte ihm widerwillig erlaubt, Schere zu springen. Was, wenn er es nun verbockte? Wir wissen nicht genau, aber doch ungefähr, was ihm durch den Kopf ging in den letzten Stunden vor diesem Wettbewerb, der – so unbedeutend er auch auf dem Papier schien – sein Leben verändern und das Hochspringen in eine neue Ära führen sollte.

Was können wir über den schlaksigen Teenager sagen? Der Autor Bob Welch beschreibt in seiner Fosbury-Biografie *The Wizard of Foz* den jungen Dick als unbeschwert, fröhlich, Comicbücher liebend und stets zu Streichen aufgelegt. Dick lebte mit seiner Mutter und seiner (jüngeren) Schwester zusammen. Die Ehe der Eltern war geschieden, der Vater tauchte hin und wieder auf. An der Richtigkeit dieser Darstellung, 2018 zum 50-Jahre-Jubiläum von Dicks Olympiasieg erschienen, besteht kein Zweifel. Denn Welsh hatte so eng mit dem Porträtierten gearbeitet, dass der Verlag diesen sogar als Co-Autor ausweist. So ist es auch zu erklären, dass *The Wizard of Foz* eine Fülle von Daten enthält, über die es nach fünf Jahrzehnten längst keine Dokumente mehr gibt und die nur dem Erinnern des selbst Erlebten entstammen können. Welshs Buch ist eine der Quellen, aus denen die vorliegende Darstellung ihre Fakten schöpft. Eine zweite sind die vielen Interviews mit Fosbury und Dokus über ihn, die man im Internet findet. Eine weitere besteht aus den Berichten über die Olympischen Spiele in Mexico City 1968 und deren Vorgeschichte, einschließlich der legendären Qualifikationsrunde zur Aufnahme in das US-Team. Biografien und Notizen von Athleten der Zeit sowie meine eigenen Nachforschungen, Erfahrungen und Erinnerungen vervollständigen das Bild.

Noch zwei Stunden. Dick setzte sich in die hinterste Reihe der kleinen Tribüne und spähte hinunter zu den vor ihm Sitzenden und dem Gewimmel auf dem Rasen. Er entdeckte bekannte Gesichter, und so verflog die Wartezeit mit Begrüßungen, Gelächter und coolen Sprüchen, vor allem, wenn Mädchen mithörten. Als es so weit war, mischte er sich unter die Aufwärmenden. Fünf Minuten traben, hopsen, Beine schütteln; Liegestütze, kräftige Sprünge aus der Kniebeuge; fünf Minuten dehnen; ein flotter Lauf über dreißig Meter; Absprünge mit vier Schritten Anlauf; nochmals kurz traben, hopsen, Beine schütteln, dehnen – bereit.

Die ersten Bewerbe waren in vollem Gang, als sich die Hochspringer eine halbe Stunde vor ihrem Wettkampf an der Anlage einfanden. Der Kampfrichter rief jeden auf und hakte nach dessen „Yep" den Namen in seiner Liste ab. Dann legten die Teilnehmer ihre Anlaufmarken fest. Die meisten vermaßen den Anlauf in Gehschritten, die Penibleren in Fußlängen, einer verwendete ein Maßband.

Nach dem Ausmessen begannen die Probesprünge – die erste kritische Phase des Wettkampfs, noch ehe dieser begonnen hatte. Die Reihenfolge der Springer war beim Einspringen nicht festgelegt und ist es auch heute nur bei offiziellen Meisterschaften, kaum aber bei einer Schulveranstaltung. Jeder sprang, wann es ihm passte; bei einer Horde Sechzehnjähriger war das eine Mutprobe. Dazu kam, dass die Landefläche von Zeit zu Zeit präpariert werden musste. Zwar hatte man den Sägespänen Rindenstücke und Hobelabfall beigemischt, um den Aufprall zu dämpfen, doch reichte die Menge des Materials kaum aus, jedem eine komfortable Landung zu bieten. Und jede Landung erzeugte ein Loch, in das man besser nicht fiel. Für Dick ergab sich ein drittes Problem: Die Latte lag schon beim Einspringen auf 5'4" – so hoch war er erst ein einziges Mal gesprungen. Blamieren wollte er sich aber nicht. Also nahm er für den ersten Probeversuch alle Konzentration zusammen und wartete geduldig auf eine Lücke im Durcheinander. Eins–zwei–drei–vier–fünf–sechs! – Geschafft, und gar nicht einmal so schlecht. Er war erleichtert, auch wenn er vernahm, dass manche über seinen Scherensprung die Nase rümpften. Die Konkurrenten waren allesamt Straddler; viele rollten mit Leichtigkeit und einer Handbreit Luft über die Latte.

Dann war das Einspringen vorbei und der Wettkampf begann. Einer nach dem anderen überquerte die Anfangshöhe von 5'4". Dann war Dick an der Reihe. Lange stand er, das rechte Bein voran, an seinem Ablaufpunkt und fixierte das Hindernis, wippte vor und zurück, abwechselnd die Finger streckend und die Fäuste ballend. Ein Hochspringer durfte sich nach dem Aufruf zwei Minuten Zeit lassen, ehe er seinen Anlauf begann. Später wurde die Zeit verkürzt und heute, unter dem Druck des gedrängten Fernsehprogramms, beträgt sie, sofern mehr als drei Springer im Bewerb sind, nur mehr die Hälfte. Kurz vor dem Ende seiner zwei Minuten lief Dick an und – drüber! Er hatte seinen persönlichen Rekord egalisiert, aber zufrieden war er nicht; denn wieder hatte sein Gesäß die Latte gestreift. Wollte er auch die nächste Höhe überspringen, 5'6" (also 1,67 Meter und damit fünf Zentimeter mehr), musste er entweder kräftiger abspringen oder sein Becken anheben. Doch das war leichter gesagt als getan.

Sobald ein Springer den Boden verlassen hat, beschreibt sein Körperschwerpunkt eine Parabel, die von der Physik festgelegt ist. Hebt er nun einen Körperteil an, muss er zum Ausgleich einen anderen senken. Wollte Dick sein Becken heben, musste er den Oberkörper zurücklehnen, alles andere verbot die Anatomie. Also …

Vor dem zweiten Sprung brauchte er noch länger und kratzte bedenklich an den zwei Minuten. Wieder und wieder ging er im Kopf durch, was sein Körper noch nie getan hatte und von dem er nur hoffen konnte, dass es möglichst wenige Leute sehen würden. Der Bewerb befand sich noch in der Anfangsphase, der Endkampf war weit entfernt und mit ihm glücklicherweise auch das Interesse des Publikums. Wider alle Erwartung gelang der Versuch – Dick sprang ab wie gewohnt, dann lehnte er sich zurück und überquerte die Latte, ohne sie zu berühren. Neue Bestleistung, ein gelungener Einstieg in die Saison! Ja – aber das war noch lange nicht alles: Dick fühlte, er hatte etwas entdeckt!

Nun gab ihm das Geschehen Zeit zum Nachdenken. Denn nun begannen die Fehlversuche der anderen, die Wiederholungen, und viele Sprünge mussten vergehen, ehe die Kampfrichter die nächste Höhe ausriefen: 5'8" (1,72 Meter). Dick hatte sich gesammelt und blickte die Latte an. Sie lag nun vier Inches (zehn Zentimeter) höher als bei seinem höchsten Sprung vor diesem Wettkampf. Nicht mehr unter dem Kinn, sondern vor der Nasenspitze! Das war eine neue Dimension. Wie sollte er *das* schaffen? Doch nun kam ihm zu Hilfe, wovor er sich noch vor einer halben Stunde gefürchtet hatte: das Publikum. Nur mehr die Hälfte der Teilnehmer war im Bewerb verblieben und die Entscheidung kündigte sich an. Die Zuschauer scharten sich um die Anlage. Dick spürte, wie Spannung in ihm aufstieg, und Spannung war das, was er brauchte. Er hatte bei 5'6" die Latte nicht berührt, vielleicht waren sogar zwei Fingerbreit Platz geblieben, das konnte durchaus auch für 5'8" reichen.

Sechs Schritte Anlauf, und dann war es nicht mehr ein Versuch ins Ungewisse, sondern ein bewusstes Wiederholen und Noch-besser-Machen. Er hob sein Becken höher als zuvor, lehnte sich weiter zurück und empfand die Schwerelosigkeit des Fluges eindringlich wie noch nie. Zum ersten Mal in seinem Leben brandete Applaus für ihn auf.

Nächste Höhe: 5′10″ (1,77), und nur noch wenige Springer in der Konkurrenz. Nun trat der Bewerb in jenes Stadium, das dem Hochsprung einen Reiz verleiht, den von den technischen Disziplinen nur mehr der Stabhochsprung besitzt: die Zuspitzung des Wettkampfs. Im Weit- und Dreisprung und beim Werfen kann der erste Versuch der beste und entscheidende sein; im Hochsprung kommen die entscheidenden Versuche mit Sicherheit am Ende, wenn allein die Sieganwärter am Werk sind.

Dick ging euphorisch an die neue Höhe heran – einerseits. Denn andererseits reichte ihm die Latte nun bis zu den Augenbrauen, er konnte *im Stehen darunter durchblicken.* Konnte er auch drüberspringen? Im ersten Versuch nicht. Er ging mit dem Anlauf eine Fußlänge zurück, denn für eine solche Höhe musste er weiter entfernt von der Latte abspringen. Im zweiten Sprung fehlte wenig. Im dritten misslang der Anlauf, und anstatt den Versuch zu vollenden, brach er ab und eilte zurück zum Ablaufpunkt. Ein paar Sekunden blieben ihm noch. Er atmete tief durch, startete ein zweites Mal, und womit niemand mehr gerechnet hatte, geschah: Dick Fosbury übersprang 5′10″ und damit sechs Inches (fünfzehn Zentimeter) mehr als das, was noch vor zwei Stunden seine Bestleistung gewesen war. Und doch war es kein neuer Rekord für ihn: Im letzten Schritt seines abgebrochenen Anlaufs war er mit der Fußspitze unter die Latte geraten, und das hieß: Fehlversuch, wenn auch erst nachträglich durch die Intervention eines Trainers bemerkt. Nun war Dick ausgeschieden; mit 5′8″ wurde er Vierter. Wenn er später über diesen Wettkampf, der ihm die entscheidende Entdeckung brachte, sprach, ignorierte er, dass man ihm die 5′10″ gar nicht als gültig angerechnet hatte: „An diesem Tag verbesserte ich meinen Rekord um einen halben Fuß." Das war es, was zählte.

Es gab nur eine Sache, die ihm Kopfzerbrechen bereitete: Noch am Samstagabend in Grants Pass, kurz bevor er stolz, erschöpft und schulterbeklopft zur Heimfahrt in den Mannschaftsbus kletterte, war ihm zu Ohren gekommen, dass man seine Art zu springen für regelwidrig halten könnte. Er musste unbedingt Coach Benson fragen.

Footsteps

„Du musst mit *einem* Bein und von einer ebenen Fläche abspringen und darfst keine mechanischen Hilfen verwenden, das sind die Regeln, Punkt. In welcher Lage dein Körper über die Latte geht, hat auf die Gültigkeit des Sprungs keinen Einfluss. Früher war das reglementiert, heute kannst du tun, was du willst. Das haben die Alten bloß nicht mitbekommen."

Dick fiel ein Stein vom Herzen. Er blickte in das Regelbuch, auf die Stelle, die Bensons Zeigefinger markierte. Hier stand es glasklar und schwarz auf weiß. Wie konnte da jemand behaupten, der Stil würde gegen die Regeln verstoßen? Was der Junge erst lernen sollte, war, dass die meisten Menschen nicht klare Verhältnisse lieben, sondern ihre eigene Meinung. So war es auch hier: Bis in die 1970er-Jahre hielt sich das Märchen von der Regelwidrigkeit des Fosbury-Flops in den Köpfen vieler Trainer und Funktionäre, und kein Regelbuch konnte daran etwas ändern. Hier zeigte sich, was schon der Physiker Max Planck bemerkt

© Der/die Autor(en), exklusiv lizenziert an Springer-Verlag GmbH, DE, **125** ein Teil von Springer Nature 2025
W. Tschirk, *Heart. Flop. Moon.*,
https://doi.org/10.1007/978-3-662-72050-9_13

hatte: Eine Wahrheit setzt sich nicht durch, weil ihre Gegner überzeugt werden, sondern weil sie allmählich aussterben.

„Wir haben aber ein anderes Problem", sagte Benson. „Ich weiß nicht, wie ich dir helfen kann. Niemand springt wie du. Keine Ahnung, woran wir uns orientieren sollen."

Das war in der Tat eine ungewohnte Situation. Nahezu jeder Trainer und jeder Athlet, ganz gleich, in welcher Sportart, greift auf Vorbilder zurück: auf erprobte, optimierte Bewegungsabläufe und Sportler, die diese ausführen. In der Regel kann der Trainer sogar aus einer Palette von Ausführungsvarianten die für seinen Schützling am besten passende wählen. Nur dann, wenn etwas völlig Neues geschieht, kann er das nicht – oder, wenn das Vorbild im Verborgenen liegt.

Im Jahr 1962 kam ein neunjähriges Mädchen in Kanada auf die Idee, in wilder Manier, die sich mit der Zeit zu einem Rückwärtsstil entwickeln sollte, über die Latte zu springen. Doch wer wollte von den Flausen eines Kindes Notiz nehmen? Jedenfalls war nicht Dick Fosbury der Erste, der den Gedanken hatte. War es dieses Kind, Debbie Brill? Oder gab es noch jemand? Ein Foto vom 24. Mai '63 zeigt einen Jungen aus Montana, Bruce Quande, im Fosbury-Stil über die Latte fliegen. Zwar wurde dieses Bild fünf Wochen *nach* Dicks Wettkampf aufgenommen, doch Quande selbst gab später an, er habe seit 1959 mit der Technik experimentiert; sein Interview ist unter dem Titel *The First Fosbury?* abgedruckt.

Der erste Fosbury war aber auch Quande nicht, sondern, soviel wir heute wissen, der Österreicher Fritz Pingl. Ein Film zeigt einen Sprung aus dem Jahr 1959. Pingls Stil ähnelt weniger dem heutigen Fosbury-Flop als vielmehr Dicks ersten Versuchen, wie sie im vorigen Kapitel beschrieben sind. Da Pingl seine Technik schon in den frühen 50er-Jahren entwickelt und 1957 damit einen österreichischen Rekord aufgestellt hatte, gebührt wohl ihm die Ehre des „ersten Fosbury".

Nimmt man den Hochsprung aus dem Stand hinzu, der von 1900 bis 1912 zum olympischen Programm zählte, findet man noch einen weiteren Anwärter auf den Titel, denn ein Film aus diesen frühen Jahren zeigt einen Rückwärtssprung. Wie der Athlet hieß, konnte ich nicht ermitteln, und auch das Jahr ist ungewiss – den Quellen zufolge könnte der Sprung 1906 bei den Olympischen Zwischenspielen in Athen stattgefunden haben.

Die Suche nach dem ersten Flopspringer gipfelte 1968 in einem kuriosen Schlussakt. Kaum hatte Dick Fosbury Olympiagold gewonnen, erschien in einer österreichischen Zeitung ein Foto, welches belegen sollte, dass der Deutsche Gustav Weinkötz 1936 auf die gleiche Weise gesprungen war. Tatsächlich zeigt das Bild Weinkötz in Rückenlage über der Latte. Was es nicht zeigt, ist Folgendes: Weinkötz überquerte die Latte nicht mit dem Kopf zuerst und den Füßen zuletzt, sondern umgekehrt! Doch da der Ausschnitt nur Springer und Latte umfasst, lässt sich die Richtung des Sprungs nicht erkennen. Heute steht ein Film im Internet und wir sehen, was Weinkötz tatsächlich getan hat.

Was die wirklichen Pioniere Debbie Brill, Bruce Quande, Fritz Pingl oder den unbekannten Standspringer betrifft: Nichts von alledem drang bis Medford. Den Standhochsprung gab es nur mehr im Panoptikum der Geschichte, Debbie war ein Kind, Quande sprang nicht hoch genug, um bemerkt zu werden, und Pingl lebte auf der Rückseite des Universums. So fand Benson nichts, woran er sich als Trainer hätte halten können. Zudem war es ja so gut wie vereinbart, dass Dick langfristig sich dem Straddle zuwenden sollte. Und die Hochsprunganlage der High School war für Extratouren nicht eingerichtet: Der Landehügel bestand aus puren Sägespänen, nicht vornehmlich aus Rindenschnitzeln und Hobelspänen wie in Grants Pass. Er war ungleich härter, das Landen auf dem Rücken wenig ratsam – und Dick war bei seinen ersten Versuchen mit dem neuen Stil auf dem

Rücken gelandet. Wenn er gesund bleiben wollte, konnte er diese Art zu springen zu Hause nicht üben. Das mögen wohl die Gründe dafür sein, dass ihm nach dem verheißungsvollen Auftakt lange nichts mehr gelang.

* * * * *

Die zweite Hälfte des Jahres 1963 brachte drei Ereignisse, die miteinander in keiner Weise zusammenhingen und auch auf den ersten Blick wenig mit unserer Geschichte zu tun hatten. Vielleicht aber wäre ohne sie alles anders gekommen.

Das erste Ereignis: Im Juli sprang Waleri Brumel mit 2,28 Metern neuen Weltrekord, seinen bereits sechsten in Folge. Für die verwöhnten US-Hochspringer war das schlimmer als ein Blechschaden am nagelneuen Thunderbird. Fast fünfzig Jahre lang hatte der Rekord ihnen gehört, und als sie ihn zwischendurch einmal abgeben mussten, hatten sie ihn postwendend zurückgeholt. Nun schien er in weiter Ferne, und nicht nur das: Von den bisher fünfzehn olympischen Goldmedaillen hatten die Amerikaner elf gewonnen. Je eine war an einen Iren, einen Kanadier und einen Australier gegangen, doch deren Siege lagen lang zurück. Das letzte und wichtigste Gold aber (das letzte ist immer das wichtigste) hatte 1960 ein Sowjetathlet errungen: Robert Schawlakadse war in Rom mit 2,16 auf dem Podest ganz oben gestanden. Der aktuelle Olympiasieger kam also aus dem Land des Erzfeindes, so empfanden es zwar nicht die Sportler selbst, aber doch viele Menschen in den Staaten. Und für 1964, das Jahr der erhofften Revanche, brachte sich nun mit Brumel ein nahezu unschlagbarer Russe in Stellung, der einen Rekord nach dem anderen brach und die stagnierenden Amerikaner schon um sechs Zentimeter abgehängt hatte.

In der UdSSR war der Spitzensport anders organisiert als in den USA: Er war Angelegenheit des Staates. Im Westen dagegen lag er in privater Hand; zwar gab es auch dort drei übergeordnete Einrichtungen, doch deren Aufgaben beschränkten sich auf Organisatorisches: Die Amateur Athletic Union reglementierte den Amateursport und damit auch die Leichtathletik; die National Collegiate Athletic Association koordinierte den Hochschulsport; und das United States Olympic Committee unterstützte die Beteiligung des Landes an den Spielen. Doch die Entwicklung des einzelnen US-Athleten vollzog sich hauptsächlich an Schulen, Colleges und Universitäten, in geringerem Maß in Vereinen, da wie dort unter der Aufsicht lokaler Betreuer. Daher konnte es keine landesweit abgestimmte Maßnahme geben gegen den Umstand, dass das Reich des Hochsprungkönigs nunmehr hinter dem Ural lag. Der Stachel begann zu schmerzen.

Das zweite Ereignis: Im August registrierte das Patentamt der Vereinigten Staaten die Beschreibung einer Erfindung, die zwei Jahre später das Patent mit der Nummer 3,204,259 erhalten sollte: *Cushion Apparatus for Landing Pits for Jumpers, Vaulters, Divers etc.* Der Erfinder, der einunddreißigjährige Donald W. Gordon aus Los Angeles, war ein Hansdampf in allen Gassen. In seiner Jugend Turner, später Soldat der Air Force, danach absolvierte er ein Biologiestudium, unterrichtete Sport und gab nebenbei Fahrstunden.

Gordon hatte die Unzulänglichkeit der Landehügel für Springer erkannt. Hoch- und Stabhochspringer, Wasserspringer im Trockentraining sowie alle, zu deren Beruf Sprünge gehörten, vom Fallschirmspringer bis zum Feuerwehrmann, waren bei Training oder Einsatz auf sichere Landeflächen angewiesen. In den meisten Fällen mussten sie mit dem Vorlieb nehmen, was auch die Anlagen in Medford und Grants Pass boten: aufgeschütteten Säge- oder Hobelspänen, Rindenschnitzeln und Ähnlichem. Komfortablere Anlagen verfügten über Schaumstoffschnipsel, die meist aus Produktionsabfällen stammten und entweder lose oder, im besten Fall, durch ein Netz zusammengehalten die Landung dämpften. Doch ob Holz oder Schaumstoff – ständig gerieten die Chips durcheinander, wurden beim Landen aufgewirbelt, zur Seite geschoben; und so entstanden Löcher, die man vor der nächsten Landung wieder reparieren musste. Trotz aller Sorgfalt befanden sich die Springer in ständiger Verletzungsgefahr. In diesen Zeiten galt es nicht nur das Springen zu trainieren, sondern auch das Landen. Die Stabhochspringer trachteten, auf den Füßen zu landen oder auf Händen und Knien, und das brachte bei Fallhöhen über vier Meter eine enorme Belastung der Gelenke mit sich. Beim Hochsprung fingen die Straddler den Aufprall mit den Händen ab oder mit Arm und Bein der Schwungbeinseite. Gordon schlug vor, den Landebereich mit Schaumstoffkissen zu versehen. Jedes Kissen bestand aus übereinandergelegten Schaumstoffschichten, ummantelt und in Quaderform gehalten von einer Hülle aus starkem Tuch. Die einzelnen Kissen waren leicht und transportabel und konnten zu beliebig großen Landematten zusammengefügt werden. Die ersten Hochsprungmatten waren vier Meter lang (so lang wie die Latte), drei Meter breit und einen halben Meter hoch.

Der Erfinder klapperte den halben Kontinent ab, um die Port-a-Pit, wie er seine Idee nannte, den Sportveranstaltern, High Schools und Universitäten schmackhaft zu machen. Was anfangs gar nicht so leicht war; denn warum sollte jemand Geld für Landematten ausgeben, wenn er Sägespäne aufschütten konnte, die es geschenkt gab? Die Stabhochspringer aber sahen die Sache anders. Mit der Erfindung des Kunststoffstabs hatten sie ihren Weltrekord innerhalb dreier Jahre von 4,80 Metern auf 5,20 Meter verbessert und ein Ende war nicht in Sicht. Aus solchen Höhen konnte man sich nicht mehr in einen Ameisenhaufen stürzen. Bis die Port-a-Pit den Hochsprung erreichte, sollte es noch ein wenig dauern.

Das dritte Ereignis: Im Oktober trafen sich die Crème de la Crème des Internationalen Olympischen Komitees und Delegationen aus vier Ländern in der deutschen Stadt Baden-Baden, um den Austragungsort der Sommerspiele

1968 festzulegen. Vier Städte hatten es in die engste Wahl geschafft, und schon im ersten Wahlgang war die Vergabe entschieden: Mexico City 30 Stimmen, Detroit 14, Lyon 12, Buenos Aires 2. Die Wahl von Mexico City war in mehrfacher Hinsicht eine Premiere: Zunächst hatte es erstmals ein Ort in Lateinamerika geschafft und zum ersten Mal überhaupt ein Ort mit Spanisch als Landessprache. Dann waren zum ersten Mal die Spiele in ein Entwicklungsland vergeben worden. Dass Mexico City imstande war, eine Großveranstaltung über die Bühne zu bringen, hatte die Stadt 1955 als Veranstalterin der Panamerikanischen Spiele bewiesen. Ebendiese Spiele hatten aber noch etwas gezeigt: Die Höhenlage der mexikanischen Hauptstadt würde den Teilnehmern, vor allem den Ausdauersportlern, Probleme bereiten.

Mexico City liegt über 2200 Meter hoch, rund zweitausend Meter höher als jeder andere Austragungsort von Sommerspielen davor. In dieser Höhe ist der Luftdruck um ein Viertel geringer als auf Meeresniveau und mit ihm auch der Sauerstoffdruck. Bei alltäglichen Bewegungen fällt das dem gesunden Menschen kaum auf; er wird bloß, um den Sauerstoff im Blut auf der gewohnten Menge zu halten, ein wenig öfter oder ein wenig tiefer atmen müssen. Bei körperlicher Anstrengung allerdings, speziell wenn Ausdauer gefragt ist, lässt sich ein ausreichend verstärktes Atmen nicht lang durchhalten und der Sauerstoffanteil im Blut sinkt. Bei den Panamerikanischen Spielen waren Läufer kollabiert und dann mit Atemgeräten versorgt worden. Sogar die Sieger über 400 Meter und 400 Meter Hürden, vergleichsweise kurze Strecken, waren im Ziel umgefallen und auf der Tragbahre erwacht. Der 400-Meter-Sieger hatte allerdings davor einen neuen Weltrekord aufgestellt: Mit 45,4 Sekunden war er um nicht weniger als vier Zehntel unter dem alten Rekord geblieben. Diese Beobachtung brachte einen neuen Aspekt ins Spiel: dass man in der dünnen Luft Mexikos vielleicht schneller sprinten könne, weil der Luftwiderstand um ein Viertel geringer ist als auf Meeresniveau.

Ob nun die Höhenlage dem einzelnen Athleten nützen oder schaden würde – klar war, dass man sich damit zeitgerecht auseinandersetzen musste.

It's Just My Kind of Music

Als Dick zum ersten Mal nach der Winterpause an die Hochsprunganlage der Medford High School ging, erwartete ihn eine Überraschung: Die Sägespäne waren verschwunden und an ihrer Stelle leuchtete ihm ein Netz voll mit Schaumstoffresten in den herrlichsten Farben entgegen. Zwar keine Port-a-Pit, wie sie manche der großen Stadien bereits besaßen, aber ungleich besser und vor allem weicher als alles, was Medford bisher gekannt hatte.

Dick sprang aus vollem Lauf in das Nest und tollte darin herum; dass er in wenigen Tagen siebzehn werden würde, hätte bei diesem Anblick niemand gedacht. Seit seinen ersten Versuchen mit dem „Back Layout", wie er es mangels besserer Ideen nannte, war beinahe ein Jahr vergangen. Ein Jahr, in dem er auf dem Trainingsplatz nur Schere oder Straddle hatte springen können. Nun aber, wo er sich nach Belieben rücklings, ja kopfüber in den Landehügel werfen konnte, würde alles anders werden!

Bis zur Saisoneröffnung blieben noch ein paar Wochen Zeit, und die nutzte er, um an seinem neuen Stil zu feilen. Zu

Beginn kam das Schwungbein ziemlich gestreckt, wie es bei der Schere üblich ist. Doch je gestreckter das Schwungbein, desto länger dauert der Absprung und desto schwieriger ist es, im Flug das Becken zu heben. Wesentlich leichter fiel es Dick, mit gebeugtem Schwungbein abzuspringen. Damit geriet der Absprung kurz, ähnlich dem eines Weitspringers. Das erlaubte einen schnelleren Anlauf, und die so gewonnene Energie ließ sich in Höhe umsetzen. Aus alledem ergaben sich zwei weitere Änderungen. Erstens passte der kurze Absprung nicht zu einer weit ausholenden Armbewegung. Deshalb ging Dick dazu über, die Arme zu führen wie bei einem gewöhnlichen Laufschritt: Zur Vorwärtsbewegung des linken Beins, seines Schwungbeins, schwang der rechte Arm nach vorn und der linke zurück – eine im Hochsprung unübliche Methode. Zweitens erzeugte der schnellere Anlauf eine weitere Flugkurve, und so verlegte Dick seinen Absprungpunkt von der Latte weg, um diese nicht schon im Steigen mitzureißen.

Noch immer lag sein Körper beim Überqueren der Latte annähernd parallel zu dieser, wie es sich aus dem Scherenstil, der ja Ausgangspunkt von allem war, ergab. Die hohe Horizontalgeschwindigkeit während des Fluges ließ das aber nicht länger zu. Denn es wurde nahezu unmöglich, das nachgezogene Sprungbein rasch genug über die Latte zu bringen. Der Ausweg aus diesem Problem führte zu jenem Stilelement, das dem Fosbury-Flop sein charakteristisches Aussehen verleiht: dass der auf dem Rücken liegende Springer mit Kopf und Schultern zuerst über die Latte geht und Becken, Beine und Füße folgen. So müssen nicht alle Körperteile gleichzeitig über die Latte gehoben werden; der Körperschwerpunkt kann tiefer bleiben und für das Heben der Beine gibt es, nachdem das Becken die Latte passiert hat, bequem Zeit.

Alle diese Modifikationen ergaben sich mehr aus Probieren als aus Überlegen. Zwar profitierte Dick von seinem

Hang zur Naturwissenschaft, der ihm später den Weg in den Beruf weisen sollte. Er wusste, dass ein schneller Anlauf höhere kinetische Energie bedeutet und dass sich diese, zumindest theoretisch, in potentielle Energie und damit in Höhe umwandeln lässt. Er kannte den Zusammenhang zwischen Kraft und Impuls und den Grund für die Parabelbahn des Schwerpunkts. Doch wenn man ihn später fragte – und man fragte ihn oft –, hob er die Natürlichkeit seiner Technik hervor und dass ihn vor allem die Intuition geleitet habe. Er versuchte dies und versuchte das; er wurde nie müde, sich neue Lösungen auszudenken und sie auch wieder zu verwerfen, wenn sie nicht funktionierten.

Aus dieser Phase im Frühjahr '64 ging kein fertiger Stil hervor. Später betonte Dick oft, dass es Jahre dauerte, bis seine Technik die Form annahm, die ihn zum Erfolg führte und die man kennt. Ein Foto aus der Medford Mail Tribune vom Sommer '64 zeigt ihn beinahe sitzend über der Latte, wie man es heute bei Anfängern sieht. Kein Bild und erst recht kein Film aus dieser Zeit aber zeigt uns seinen Anlauf; über dessen frühe Entwicklung wissen wir nur aus Erzählungen. Was Dick auf den Gedanken brachte, die letzten Anlaufschritte als Kurve zu gestalten, liegt im Dunkeln. Wie er selbst bekannte, hat er die nach und nach entdeckten Vorteile dieser Variante nicht vorausgeahnt. Nichts deutet darauf hin, dass er von seinem Vorgänger gewusst hätte – denn auch, was den Kurvenanlauf betrifft, gab es einen solchen, wie ein mehr als hundert Jahre alter Film (eines Scherespringers) belegt.

Die Trainer verfolgten seine Bemühungen mit Unbehagen. Mit verständlichem Unbehagen, betrachtete man das Ganze aus ihrer Sicht. Auf der einen Seite stand eine bis ins Letzte vervollkommnete Technik, der Straddle, den Waleri Brumel regelrecht zur Kunst erhoben hatte: exakt bemessene Anlaufschritte, wirkungsvoller Doppelarmschwung, kerzengerade, wie mit dem Lineal gezogene Absprungfigur, ruhiges

Abtauchen des Körpers hinter der Latte, federleichtes Nachziehen des Sprungbeins – damit übersprang er seine Körpergröße um mehr als vierzig Zentimeter. Auf der anderen Seite ein Siebzehnjähriger, der seine Vorstellung vom Hochspringen anscheinend einem Comicbuch entnommen hatte und nun mühsam versuchte, Ordnung in seine Gliedmaßen zu bringen.

„Es ist dir also Ernst damit?", fragte Benson.

„Ja, Coach."

„Ich glaube nicht, dass du viel erreichen wirst."

Andere hielten ihn überhaupt für verrückt. „Kein Mensch springt so. Wenn das funktionieren könnte, hätte man es schon gemacht. Was glaubt der, warum erfahrene Trainer jahrelang tüfteln? Dass dann ein Lümmel daherkommt und alles besser weiß?"

Wenn es ein Argument gibt, das einen jungen Menschen garantiert nicht überzeugt, dann ist es: Erfahrung. Die Vorbilder der Jungen sind nicht die Erfahrenen, sondern andere Junge. Junge nicht unbedingt im herkömmlichen Sinn: Auch Alan Shepard war, als er mit siebenunddreißig Jahren als erster Amerikaner in den Weltraum flog, auf entscheidende Weise jung – weil er eben der Erste war und auf keine Erfahrungen zurückgreifen konnte. Elvis Presley und Dusty Springfield waren jung. Die Beach Boys waren jung und was sie machten, das hatte man bis dahin noch nie gehört. Cassius Clay war jung – zweiundzwanzig Jahre und seit drei Wochen Boxweltmeister, obwohl keiner an ihn geglaubt hatte. Und sein Gegner Sonny Liston, der erfahrene Favorit? Der besaß nun eine Erfahrung mehr.

* * * * *

Dick kletterte aus dem Mannschaftsbus und sog die Luft in seine Lungen. Da war es wieder, das Flair des ersten Wettkampfs im Jahr, das Versprechen eines Sommers voller Abenteuer! Er genoss die Szenerie noch mehr, er fühlte sich hier noch wohler als vor einem Jahr. Damals hatte er fürchten müssen, an der Anfangshöhe zu scheitern; dann war er um den Sieg mitgesprungen. Heuer gehörte er von Vornherein zu den Stärkeren, und dieses Bewusstsein hob seine Laune beträchtlich. Allerdings nur, bis er den Landehügel sah: Holzschnitzel, und weit und breit kein Schaumstoff. Auf den zweiten Blick schien es nicht so schlimm, der Hügel war hoch und weich, sofern man das von diesem Material sagen konnte. Welche Gefahr dennoch von ihm ausging, das sollte Dick bald erfahren.

In den USA der frühen 60er kannten die Hochspringer zwei „natürliche" Traumgrenzen. Diese waren zwar nicht von der Natur gemacht, sondern vom Maßsystem, aber sie steckten den Pfad ab, den ein männlicher Athlet, wollte er Besonderes leisten, zu beschreiten hatte: Bei sechs Fuß (knapp unter 1,83 Metern) begann das Hochspringen; alles davor war Geplänkel. Bei sieben Fuß (2,13) begann die Weltklasse; diese Höhe hatten weltweit nicht viele überquert und Brumels Rekord lag nur einen halben Fuß höher.

Sechs Fuß, das war die Marke, die Dick anpeilte. Im Vorjahr war er hier 5'10" gesprungen, zwei Inches weniger; wegen des Anlauffehlers war ihm dieser Sprung nicht anerkannt worden, und so stand seine offizielle Bestleistung noch immer auf 5'8". Es war Zeit, das zu ändern.

Die ersten drei Höhen nahm er mit Leichtigkeit. Nun lag die Latte auf 6'0" und nur mehr zwei Springer befanden sich im Bewerb: Steve Davis, sein Teamkollege aus Medford, und er selbst. Dick stand am Ablauf und fixierte das Hindernis. Dahinter türmten sich die Späne, die ihm eine weiche Landung bescheren sollten. Sie wurden notdürftig zusammengehalten von einer Einfassung aus Brettern, so dass der Wind sie nicht in alle Richtungen blasen konnte. Das rechte Bein nach vorn gestellt, wippte Dick vor und zurück, streckte die Finger, ballte die Fäuste, ließ den

Sprung im Kopf ablaufen. Wie immer nutzte er dabei seine zwei Minuten beinahe zur Gänze aus, dann lief er los. Zwei Schritte geradeaus, der dritte leitete eine Rechtskurve ein; vierter Schritt, fünfter, dann der sechste, der zum Absprung führte; Schwungbein und Becken nach vorn-oben; Schultern über die Latte, Kopf nach links gedreht, die Latte im Blick; dann das Becken, dann die Beine – drüber! Dann die Landung – und peng! knallte sein Kopf auf das Brett, das den Landehügel an der Seite zusammenhielt. Erschrocken stand er auf und schüttelte die Späne aus der Kleidung.

Die Wettkampfrichter liefen herbei. „Alles okay, Fosbury?"

„I'm okay."

„Lass sehen, ob du verletzt bist."

Es war noch einmal gutgegangen, doch künftig musste er vorsichtiger sein. Damals war es üblich, beinahe vor der Mitte der vier Meter langen Latte abzuspringen, und Dick hatte es ebenso gehalten. Beim Training zu Hause war daraus trotz seiner weiten Flugkurve kein Problem entstanden, denn das Schaumstoffnetz war groß genug und nicht von Brettern begrenzt. Hier aber flog er über die sichere Zone des Landehügels hinaus. Also musste er die Absprungstelle von der Lattenmitte weg verlegen, näher zum linken Ständer. Er setzte seine Ablaufmarke einen langen Schritt nach links. Erst jetzt wurde ihm bewusst, dass er soeben sechs Fuß übersprungen hatte und nunmehr ein richtiger Hochspringer war!

Nächste Höhe: 6′1″ (1,85). Auch Steve hatte sechs Fuß geschafft, sie waren also weiterhin zu zweit in der Konkurrenz. Immer mehr Zuschauer drängten sich um die Anlage. Die meisten wollten Davis sehen und nahmen dessen Gegner zum ersten Mal wahr.

„Wer ist denn das?"

„Fosbury aus Medford."

Die Sache versprach spannend zu werden. Es wurde gestaunt, debattiert, gewettet.

„Meint ihr, der Typ mit dem komischen Stil gewinnt?"

„Wenn er sich nicht vorher umbringt, ja."

„Gegen Davis? Nie im Leben!"

„Wartet ab!"

Das war genau die Art von Aufmerksamkeit, die Dick brauchte. Er, der noch vor kurzem bloß nicht Letzter werden wollte, wurde nun als Kandidat für den Sieg gehandelt!

Dick konzentrierte sich lange und startete seinen Versuch. Der Anlauf, drei Fuß weiter links als gewohnt, fühlte sich fremd an. Doch beim Absprung gab es plötzlich mehr Platz nach vorn, und mit dieser neuen Freiheit konnte er mehr Schwung aus dem Lauf in den Sprung mitnehmen – geschafft! Auch Davis bezwang die 6′1″. Von beiden Springern wissen wir nicht mehr, in welchem Versuch sie die Höhe meisterten, und darum wissen wir nicht, wer von ihnen nun vorn lag.

Beim Hochspringen gewinnt der, der höher springt. Springen zwei oder mehr Athleten gleich hoch, gewinnt derjenige, der bei der letzten Höhe die wenigsten Fehlversuche aufweist. Herrscht auch dann noch Gleichstand, gewinnt der, der im gesamten Wettkampf die wenigsten Fehlversuche aufweist. Für den Fall des Gleichstands selbst nach diesem Kriterium galt zu Fosburys Zeiten noch eine weitere Regel: Es gewann der, der insgesamt weniger Versuche, gültige und ungültige zusammen, hatte. Beim Gleichstand nach sämtlichen Kriterien gibt es, sofern es um den Sieg im Wettkampf geht, ein Stechen: eine Fortsetzung des Bewerbs mit verändertem Modus. Geht es um einen anderen Platz als den ersten, werden die Springer ex aequo (auf den gleichen Rang) gesetzt.

Davis bereitete allen Spekulationen ein Ende, indem er 6′2″ (1,87) sprang, während Dick an dieser Höhe dreimal scheiterte. Nun war es zwar kein Sieg geworden, doch Dick war nicht traurig. Die Gegner kamen, schüttelten ihm die Hand, klopften ihm auf die Schulter; nicht wenige darunter, die ihn früher verlacht hatten.

„Wie nennst du das, was du hier tust? Back Layout?"

„Ich weiß nicht. Es ist einfach mein Stil."

„Wo hast du das gelernt?"

„Ich habe ein bisschen herumprobiert."

„Hast du keine Angst vorm Landen?"

„Na ja, zu Hause springe ich in Schaumstoff."

Aus den Fragen sprach Skepsis, aber auch Anerkennung. Die Fragesteller sahen Dick als einen bunten Vogel, den man zwar nicht allzu ernst nehmen sollte, der aber immerhin vorn mitgemischt hatte. Das tat ihm gut; und vor allem: Er hatte seinen Platz im Team gefestigt und gezeigt, dass sein Stil mehr verkörperte als die Marotte eines Halbwüchsigen. Die leidige Straddle-oder-Back-Layout-Frage war ein für alle Mal beantwortet. Dachte er.

Sofort nach dem Bewerb wurde Coach Benson zum Obmann des Schiedsgerichts gerufen. „Dean, der Junge wird sich umbringen und dann wird man einen Schuldigen suchen. So kann das nicht weitergehen!" Benson nickte. Ein hartes Stück Arbeit wartete auf ihn.

∗ ∗ ∗ ∗ ∗

„Lass es uns noch einmal mit dem Straddle probieren."

Dick traute seinen Ohren nicht. „Aber Coach …"

„Schau, Dick. Du bist jetzt ziemlich am Ende deines Wachstums und viel geschickter als vor einem Jahr. Jetzt ist die richtige Zeit für einen neuen Versuch. Herrgott, wir reden hier über den Weltrekordstil!"

Also versuchte Dick es ein weiteres Mal. Besser gesagt, er tat, als würde er es versuchen, solange Benson zusah. Doch wenn es dunkel wurde, holte er nochmals die Latte aus dem Geräteschuppen, und dann klapperten immer wieder eins–

zwei–drei–vier–fünf–sechs! Schritte über die leere Aschenbahn. So ging es einen Monat lang. Dass Dick mit dem, was ein Straddle hätte sein sollen, keinen Wettkampf bestreiten konnte, war selbst den Trainern klar. Darum ließen sie ihn gewähren, als im Mai das nächste Meeting ins Haus stand, diesmal an der Heimanlage in Medford. Wenigstens würde er sich im Schaumstoffhügel nicht den Hals brechen.

Die Entscheidung erwies sich als goldrichtig. Dick übersprang 6′1½″ (1,86), setzte damit eine neue persönliche Bestleistung und ließ zum ersten Mal den unbezwingbaren Steve Davis hinter sich. Mochten die anderen noch so sehr den Kopf schütteln, mochten die Trainer meckern und die Konkurrenten lachen – der Junge, der „nur im Team bleiben" wollte, war nun in diesem Team die Nummer eins.

Der große Auftritt kam einige Wochen später.

Unabhängig davon, ob in Fuß und Inches gemessen wird oder in Metern und Zentimetern: Für jeden Hochspringer gibt es eine Marke, die er einfach überspringen *muss*: seine eigene Körpergröße. Dick maß nun 6′3″, knapp über 1,90.

Die niedrigen Höhen kassierte er, als wären sie nichts. Auch 6′2″ (1,87), ein halbes Inch über seinem bisherigen Rekord, brachte ihn nicht in Verlegenheit. Damit war er allein im Bewerb.

Welche Höhen die Springer in Angriff nehmen dürfen, entscheidet der Veranstalter vor dem Wettkampf. Ist aber nur mehr ein einziger Athlet in der Konkurrenz, dann kann der sich die weiteren Stufen aussuchen. Dick konnte also seine nächste Höhe wählen. Der Schulrekord, die größte von einem Schüler der Medford High School jemals erreichte Höhe, betrug 6′3″. Darum wählte Dick 6′3½″ (1,91). Damit würde er den bestehenden Rekord um ein halbes Inch übertreffen – und seine Körpergröße auch.

Ein Sieg ist *eine* Sache, ein Rekord eine ganz andere. Der Sieger ist am Wettkampftag der Beste unter den Teilnehmern. Der Rekordhalter ist *der Beste, den es jemals gab*, zumindest in der betreffenden Kategorie. In Dicks Fall war diese Kategorie nicht einfach eine High School, sondern die Medford High School. Im ganzen Staat Oregon gab es keine zweite, in der der Sport einen ähnlichen Stellenwert gehabt hätte.

Die Zuschauer stürmten die Anlage. Keiner lachte mehr. Gebannt blickten sie auf einen Punkt, zwölf Meter vom linken Ständer entfernt. Dort stand der Junge im Medford-Dress, das rechte Bein voran, den Oberkörper leicht vorgeneigt, die Latte mit den Augen fixierend, gespannt, konzentriert, vor und zurück wippend. Und dann – eins–zwei–drei–vier–fünf–sechs! – Drüber!

Unter Johlen und Händeklatschen kroch Dick aus dem Schaumstoffgebirge, benebelt, glücklich und wie im Traum, als stünde er neben sich. Benson wandte sich um zu seinen Kollegen: „Ab jetzt sagt *ihr* ihm, er soll straddlen. Ich mische mich da nicht mehr ein."

✳ ✳ ✳ ✳ ✳

„Du musst mit dem Springen aufhören."

„Wa-warum, Doc?"

„Deine Schmerzen kommen nicht von ungefähr. Siehst du diese beiden Wirbel?" Der Arzt klemmte ein Röntgenfoto an die Leuchttafel und legte zwei Finger auf das Abbild der Wirbelsäule. „Die sind nicht in einer Linie mit den anderen. Ich fürchte, du hast dir das beim Landen geholt. Coach Benson sagt mir, du landest auf dem Rücken!"

Dick überlief es kalt. „Aber wenn ich … im Schaumstoff lande, kann es doch nicht –"

„Ich sehe, was ich sehe", sagte der Arzt. „Mach dir keine Sorgen, wir kriegen das hin, in zwei Wochen bist du wie neu. Nur – du musst mit dem Unsinn aufhören."

Wie jeder Sportler, so war auch Dick Schmerzen und Verletzungen gewohnt. Meist handelte es sich um leichte Blessuren: eine Muskelzerrung vom Sprinten, ein verstauchter Knöchel beim Basketball, ein überdehntes Band nach einem Sturz im Gelände. Mehr als einmal hatte ihn beim Footballtraining ein Riese umgewalzt und er musste froh sein, wenn er seine Einzelteile wiederfand. Aber junge Körper heilen schnell, und stets war nach ein paar Tagen alles vergessen. Dem Football ging er längst aus dem Weg, für dieses Spiel war er ohnehin nicht gebaut. Aber wenn er nicht mehr hochspringen konnte, was blieb ihm dann? Das ist die bange Frage des Sportlers, der seine Karriere bedroht sieht. Und so tat er, was die meisten in dieser Lage tun: Er hörte auf Trainer und Arzt, schonte sich, ging zur Therapie, schmierte Salben und probierte alle paar Minuten, ob es schon besser wäre. Und auch, als es tatsächlich besser wurde, passte er weiterhin auf, stärkte vorsichtig die Rückenmuskeln, dehnte sie gewissenhaft vor und nach jedem Training. Er hatte seine Lektion gelernt und die Unversehrtheit des Körpers als Gut begriffen, das es zu bewahren galt.

Auf Trainer und Arzt hörte er allerdings nicht mehr.

A Taste of Glory

Die Olympischen Sommerspiele fanden im Herbst statt und zum ersten Mal in Asien: von 10. bis 24. Oktober 1964 in Tokio. Wenige Wochen zuvor hatten die USA den Nachrichtensatelliten Syncom 3 in seine Umlaufbahn gebracht. So war es erstmals möglich, Livebilder der Spiele in die Welt zu senden. In den Genuss dieser Sendungen kamen Europa, die USA und Kanada sowie Teile von Lateinamerika, Afrika, Australien und Neuseeland. 165 Stunden dauerten die Übertragungen, rund 11 Stunden an jedem Tag. Wie viele Menschen die Spiele solcherart miterlebt haben, darüber liegen keine verlässlichen Angaben vor. Es können 100 Millionen gewesen sein. Denn allein in Deutschland gab es bereits 7 Millionen Fernsehteilnehmer, und drei Jahre zuvor verfolgten nach dem Bericht des Historikers James Donovan 45 Millionen US-Amerikaner den ersten bemannten Raumflug ihres Landes im TV.

Was man sah, unterschied sich in vielerlei Hinsicht vom heutigen Sportfernsehen. Zunächst: Man sah unscharfes Schwarzweiß auf 12-Zoll-Bildschirmen. Das Farbfernsehen

© Der/die Autor(en), exklusiv lizenziert an Springer-Verlag GmbH, DE, **145** ein Teil von Springer Nature 2025
W. Tschirk, *Heart. Flop. Moon.*,
https://doi.org/10.1007/978-3-662-72050-9_15

war zwar schon erfunden, aber bei Olympia noch nicht angekommen. Die wenigen Kameras – monströse, schwer bewegliche Apparate – fanden sich an ausgewählten Punkten im Stadion stationiert. Aufnahmen aus verschiedensten Blickwinkeln, mitfahrende Kameras oder gar Drohnen gab es ebenso wenig wie eingeblendete Vergleichszeiten oder gleitende Weltrekordlinien. Was es aber gab, das war Zeit.

Betrachten wir einen olympischen Leichtathletiktag. In Tokio 1964 brachte er meist drei bis sechs Entscheidungen, verteilt über Nachmittag und Abend; in Paris 2024 meist fünf bis acht Entscheidungen, komprimiert in ein dreistündiges Abendprogramm. Daher finden heute mehr Bewerbe gleichzeitig statt, und entsprechend schwerer fällt es dem Zuschauer, den Überblick zu behalten oder auch nur seinem Lieblingsbewerb zu folgen – ausgenommen den Laufdisziplinen, die heute wie damals in voller Länge gezeigt werden. Eine seltsame Ruhe, man möchte fast sagen: Beschaulichkeit, verbreiten die alten Filme. Die Athleten verweilen lang im Innenraum, anstatt nach strenger Regie hinein und wieder hinaus geführt zu werden. Sie gehen fast gemütlich an ihre Versuche heran (nicht nur im Hochsprung war früher die Vorbereitungszeit großzügiger bemessen). Sie laufen nicht zur Tribüne, um sich mit dem Trainer zu besprechen, denn jeglicher Kontakt nach außen wurde mit Disqualifikation bestraft. Und sie benehmen sich wie du und ich: Das Einfordern von Aufmerksamkeit bis hin zum Einklatschen der eigenen Darbietung wird man auf den Bildern vergeblich suchen, ebenso wie Imponierfäuste, Drohfratzen und Gorillagebrüll.

Die Zurückhaltung der Athleten früherer Tage hängt auch damit zusammen, dass es für einen Olympiasportler sinnlos gewesen wäre, sich ins Scheinwerferlicht zu drängen oder mit seiner Erscheinung eine Marke zu etablieren. Denn Olympiasportler waren Amateure, ob sie wollten oder nicht. In den Sportverbänden und Olympischen Komitees wachten mächtige Funktionäre über den Amateurgedanken: die Reinheit des Sports, seine Freiheit von jeglichem monetären Gewinnstreben. Sie hatten natürlich nichts dagegen, selber mit dem Sport Geld zu verdienen. Gleiches gestanden sie auch den Trainern zu; auch den Ärzten, Masseuren, Physiotherapeuten, Sportwissenschaftlern, Ernährungsberatern und Teamköchen; den Veranstaltern der Spiele; den Reisebüros, Fluglinien, Bahnen und Taxiunternehmen, die den Tross samt Publikum aus der ganzen Welt an den Austragungsort brachten und wieder nach Hause; den olympischen Dörfern, Hotels und Restaurants, die ihn beherbergten und verpflegten; den Herstellern, Eignern und Betreibern der Sportstätten; den Fabrikanten und Händlern von Sportgeräten und -bekleidung; den Fernseh- und Radioanstalten, Zeitungen und Sportbuchverlagen; den Filmproduzenten; den Technikern, Juristen, Wachleuten, Postboten, Feuerwehrmännern, Gärtnern, Schneidern, Dekorateuren und Reinigungskräften, die für einen reibungslosen Ablauf sorgten. Kurz gesagt: Alle, vom Entzünder des olympischen Feuers in Griechenland bis zum Eisverkäufer vor dem Stadion, durften mit dem Sportbetrieb ihren Unterhalt bestreiten. Nur jene nicht, die das Ganze erst möglich machten und von denen alle anderen lebten: die Sportler. Die mussten für Gottes Lohn arbeiten. Noch acht Jahre später schlossen die Hüter der Moral einen der weltbesten Skiläufer von den Winterspielen aus, weil er in einem Benefiz-Fußballspiel ein Werbetrikot getragen hatte.

Die Amateurregel wurde Jahrzehnte hindurch bereitwillig akzeptiert und wirkungsvoll umgangen. Am leichtesten fiel das im Osten. Vor allem in Sowjetunion und DDR sorgte der Staat für das Auskommen seiner Athleten; abgesehen von Sport und Schule waren sie für die Dauer ihrer Karriere jeder Verpflichtung enthoben. Die westlichen Nationen setzten dem, um konkurrenzfähig zu bleiben, verschiedene Strategien entgegen: von der Förderung der Sportler durch Schulen und Universitäten in den USA bis zur Anstellung als Sportsoldaten, Sportpolizisten oder Ähnliches, hauptsächlich in europäischen Ländern. Hätte das Internationale Olympische Komitee diese Umgehung seiner Regeln unter Strafe gestellt, wären wohl von den fünftausend Teilnehmern die Hälfte zu Hause geblieben.

$$* * * * *$$

Am 21. Oktober um 14 Uhr stieg im Jingu-Nationalstadion von Tokio das Hochsprungfinale der Männer. Ob Dick Fosbury es vor dem Bildschirm verfolgt hat, wissen wir nicht. Möglich ist das durchaus; denn wie Bob Welch berichtet, sah Dick sieben Tage davor das Rennen über 10 000 Meter, gestartet zwei Stunden später, 16 Uhr in Tokio, also Mitternacht in Oregon.

Zwanzig Springer hatten sich für das Finale qualifiziert, darunter die drei sowjetischen Teilnehmer Waleri Brumel, Robert Schawlakadse und Waleri Skworzow sowie die drei Amerikaner Ed Caruthers, John Rambo und John Thomas. Noch nie zuvor hatten bewegte Bilder von Brumel ein derart großes Publikum im Westen erreicht. Nun, da es so weit war, entsprach der Weltrekordhalter gar nicht der Vorstellung, die man sich in der Ära des kalten Krieges von einem finsteren Russen machte. Der zweiundzwanzigjährige Waleri war ein sympathischer junger Mann, der seinem Gegenüber schüchtern-verschmitzt in die Augen blickte, die Konkurrenten gern umarmte und ihnen nachlief, um noch eine Hand zu schütteln. Nicht ohne Grund galt er als Schwarm des halben russischen Erdkreises. Dafür verantwortlich waren nicht nur sein Auftreten und die Bereitschaft der Russen zur Heldenverehrung, sondern eiserner Wille und ein jahrelanges Training, unter dem andere zusammengebrochen wären. Mit 1,85 Metern war er nicht übermäßig groß, mit 79 Kilogramm schlank und dennoch athletisch. Sein

Sprungvermögen überstieg alle Vorstellungen: Im Flug erreichte er den 3,05 Meter hohen Basketballring – mit der Spitze seines Schwungbeins!

John Thomas brannte auf Revanche. Als Weltrekordhalter war er vor drei Jahren von Brumel entthront worden. Als Olympiateilnehmer hatte er sich vor vier Jahren, ausgerechnet im Jahr seines letzten Weltrekords, hinter Schawlakadse und Brumel mit Bronze begnügen müssen.

Auf dem Papier hatte Thomas wenig Chance; noch immer lag sein Rekord sechs Zentimeter unter dem des Konkurrenten. Doch Brumel erwischte einen schlechten Tag. Nach dem Rummel, der schon das ganze Jahr in der Heimat um ihn herrschte, nach einer Saison voller fehlgeschlagener Weltrekordversuche – er hatte viel zu oft 2,29 Meter auflegen lassen – war er erschöpft nach Tokio gekommen. Dort hatte er sich ein wenig gefangen, seine gewohnte Sicherheit aber nicht wieder erreicht. Für 2,14 benötigte er drei Versuche. Den olympischen Rekord Schawlakadses – 2,16 – egalisierte er im ersten Versuch, Thomas gelang dasselbe im zweiten, Rambo im dritten. Außer den dreien überstand diese Höhe keiner, womit die Medaillengewinner feststanden. Die Frage war nur, in welcher Reihenfolge. Brumel und Thomas nahmen den neuen olympischen Rekord von 2,18 im ersten Versuch, Rambo schied aus. Zu diesem Zeitpunkt lag Brumel mit insgesamt weniger Fehlversuchen vorn. Um zu gewinnen, musste Thomas die nächste Höhe überspringen. Doch sowohl er als auch sein Kontrahent scheiterten dreimal; damit gewann der Russe Gold und der Amerikaner Silber.

Brumel wusste wohl, wie knapp und glücklich die Entscheidung gefallen war. In seinem autobiografischen Roman *Der Unfall des Hochspringers* schrieb er später: „Seltsam, plötzlich kam ich mir wie ein Betrüger vor. Hätte der Amerikaner gewusst, dass er den Titel des Olympiasiegers jetzt einem Gegner überließ, der in denkbar schlechtester sportlicher Verfassung angetreten war, so hätte er sich im Nu zusammengenommen und mich auf die Schultern geworfen." Doch davon ahnte niemand etwas. Man sah nur das, was man bei Waleri Brumel oft sah, wenn er mit sich selbst unzufrieden war: Er hob bedauernd die Hände, als müsste er um Verzeihung bitten dafür, auch nur ein Irdischer zu sein.

You Are What You Go For

Im ersten Meeting des neuen Jahres 1965 holte sich Steve Davis den Schulrekord zurück und stellte das gewohnte Kräfteverhältnis wieder her. Dick kam nur langsam in Schwung. Er hatte begonnen, seinen Anlauf zu verlängern – ein naheliegender Schritt auf dem Weg zu größeren Sprunghöhen. Filme aus diesem Jahr und den beiden folgenden lassen darauf schließen, dass er experimentierte. Meist lief er im Wettkampf acht Schritte an. Trainingssprünge absolvierte er auch mit sechs oder sieben Schritten. Und selbst ein 1968 entstandener Film zeigt einen Sechs-Schritte-Anlauf, was aber auch dem beschränkten Raum geschuldet sein könnte, denn der Wettkampf fand in der Halle statt.

Mitte Mai hatte Dick die Nase wieder vorn. Er sprang $6'5\frac{1}{2}''$ (1,96), zwei Inches über seiner Bestleistung aus dem Vorjahr, und verbesserte damit neuerlich den Schulrekord.

Er war nun achtzehn Jahre alt und noch immer der zumeist sorglose, in den Tag hinein lebende Teenager. Das Kindliche an seiner Erscheinung war nahezu verschwunden, nur die Sommersprossen waren geblieben. Das Gesicht war

W. Tschirk, *Heart. Flop. Moon.*,
https://doi.org/10.1007/978-3-662-72050-9_16

schmal, die Nase lang, die braunen Haare kurz und links gescheitelt. Konzentrierte er sich zum Sprung, dann malte die Anspannung seine Züge. Wenn er sprach, lächelte er. Die Stimme war warm und gefestigt, seine Art zu sprechen lässig, spontan und doch überlegt; im Interview antwortete er punktgenau auf die Fragen – eine Eigenschaft, die ihn lebenslang auszeichnen sollte. Er hatte seine endgültige Größe von 1,93 Metern erreicht und wog 78 Kilogramm. Damit war er untypisch leicht gebaut; die Hochspringer seiner Zeit sahen kräftiger aus als er (und kräftiger als die heutigen): Brumel und Thomas besaßen einen Body Mass Index von 23, Dicks Wert lag bei 21, die Indizes der besten Hochspringer der Gegenwart liegen unter 20.

Was das Training betrifft, stand Dick noch am Anfang. Die Trainer der High Schools legten Wert auf die Vielseitigkeit ihrer Schützlinge und vermieden in der Regel frühzeitige Spezialisierung. Je mehr Sportarten einer beherrschte, umso besser – und umso angesehener war er unter den Gleichaltrigen. Steve Davis war ein Star: Er spielte Football und Basketball in den Meisterschaften, glänzte auf der Aschenbahn als Sprinter und erledigte das Hochspringen im Vorbeigehen. Auch Dick schlüpfte in mehrere Rollen. Zwar reichte sein Talent nicht zur Aufnahme in ein Meisterschaftsteam, doch im Training wirbelte er stundenlang über den Basketballplatz. Er lief gern spielerisch über die Hürden, ohne sich zu einem Rennen vorzudrängen. Und wenn er die Kugel ein paar Meter weniger weit stieß als Tarzan, so machte ihm das nichts aus. Vom harten Hochspringertraining mit langen Sprungserien und schweren Gewichten blieb er vorerst verschont.

Der Juni kam und mit ihm das Ende von Dicks High-School-Jahren. Es wurde Zeit für den nächsten Abschnitt.

Wie die High Schools Wert auf die Entwicklung ihrer Sportmannschaften legten, so auch die Universitäten. Sofern das überhaupt möglich war, übertraf die Rivalität zwischen den Unis sogar noch den Konkurrenzkampf der Schulen.

Darum schickten sie in jedem Frühjahr ihre Scouts auf die Suche nach begabtem Nachwuchs, den sie dann mit Stipendien an ihre Institute lockten. Der Sonnyboy aus Medford mit dem eigenartigen Stil war ihnen nicht verborgen geblieben; die Ergebnislisten der Regionalzeitungen, die Berichte in der Medford Mail Tribune, das spektakuläre Foto vom vergangenen Sommer und nicht zuletzt ein brandneues Bild im Eugene Register-Guard hatten ihre Neugier geweckt. Zwei Unis stellten Dick ein Stipendium in Aussicht: die University of Oregon in Eugene und die Oregon State University in Corvallis. Nur die OSU bot ein Bauingenieurstudium an, und damit war die Entscheidung gefallen: Dick würde nach Corvallis gehen, dreihundert Kilometer nördlich von Medford.

Der Sommer '65 hielt für Dick eine Reihe von Veränderungen bereit. Nicht nur stand das Universitätsstudium bevor und sein Umzug nach Corvallis. Vor allem würde sich die Leichtathletiksaison ausdehnen, denn anders als die High-School-Meetings, die hauptsächlich im Frühjahr und Frühsommer stattfanden, zogen sich die Treffen der Universitäten bis in den Herbst. Und es würden neue Wettkampfstätten hinzukommen; bisher hatten sich Dicks Auftritte in Medford und Umgebung abgespielt, nun erhielt er Einladungen zu weiter entfernten Turnieren.

In *The Wizard of Foz* beschreibt Bob Welch ein Ereignis, das maßgeblich zum späteren Erfolg Dick Fosburys beigetragen haben könnte: Am Vorabend eines Meetings in Houston fand ein Bankett zum Empfang der Mannschaften statt. Dabei hielt der Stabhochsprung-Olympiasieger von 1952 und 1956, Bob Richards, eine Rede über die Essenz des Gewinnens. Wie meist bei Festreden hörte kaum einer zu. Dick aber war hingerissen von Richards' Thesen: „You are what you think. You are what you go for." Er begriff, dass seine Trainer ihn gelehrt hatten, zu trainieren. Richards aber inspirierte ihn, zu *gewinnen*.

Am nächsten Tag sprang Dick 6′7″ (2,00 Meter) und gewann. Damit hatte er dieselbe Höhe erreicht wie der erste Weltrekordhalter, George Horine, dreiundfünfzig Jahre zuvor. Und es fehlten ihm weniger als drei Inches auf den Rekord seiner Oregon State University.

* * * * *

Der Chefcoach des Leichtathletikteams der OSU hieß Berny Wagner. Er war neu im Amt, ehrgeizig und glaubte an das Etablierte.

„Dick, hast du jemals den Straddle versucht?“

„Ja, aber ich springe ihn schlecht.“

„Ein Hochspringer kann sein Potential nur mit dem Straddle ausschöpfen. Ich will dich hier weiterbringen.“

„Ich fühle mich aber gut mit meinem Stil!“

„Das hat keine Zukunft. Du hattest einen schnellen Erfolg, aber diese Art zu springen ist eine Sackgasse.“

Damit sprach Wagner ein Argument aus, das sich jahrelang halten sollte, obwohl bald jeder sah, dass es den Tatsachen widerspricht: Selbst als in den frühen 70ern der Fosbury-Flop die Rekorde purzeln ließ, behaupteten konservative Trainer steif und fest, er wäre nur für schnelle Erfolge gemacht, langfristig aber „eine Sackgasse“. Wagner sprach offen von einer „Abkürzung in die Mittelmäßigkeit“. In späteren Interviews gestand er, er habe Dick anfangs nicht ernst genommen. Wohl aber hatte er erkannt, dass in dem jungen Verrückten ein Talent steckte. Diese Erkenntnis brachte ihn zum Nachdenken, ob Dick nicht als Dreispringer erfolgreicher sein könnte; dort wäre es keine Frage, *wie* man springt.

Alle Planungen jedoch mussten berücksichtigen, dass der eigenwillige Athlet einen Wettkampf nach dem anderen gewann und eine Menge Punkte einfuhr; Punkte, die Wagner in der Auseinandersetzung mit den anderen Unis gut gebrauchen konnte. So verfiel er auf eine pragmatische Lösung:

„Ich schlage vor, wir arbeiten im Training am Straddle und du benutzt deine Rückwärtstechnik im Wettkampf."

„Okay."

Wie viel Arbeit Wagner in diesen Deal investiert und wie oft er ihn bereut hat, das hat er nie verraten. Wie erfolgreich er dabei war, ist hingegen bekannt, und zwar durch ein Interview, das Dick ein oder zwei Jahre später gab.

Reporter: „Wie hoch können Sie mit dem Straddle springen?"

Fosbury: „Das Beste, was ich im Training erreicht habe, war um 5'10"."

Soviel wir wissen, blieb es bei dieser Höhe – 1,77 Meter, fast einen halben Meter niedriger als das, was Dick Fosbury mit seinem eigenen Stil noch erreichen sollte. Für ihn war die Abmachung nicht nur fruchtlos, sondern sogar hinderlich, hielt sie ihn doch davon ab, den Stil zu vervollkommnen.

Doch wie läppisch muten solche Probleme an, hält man sie gegen das, was einem anderen geschah; einem Springer, mit dem Dick sich nicht in einem Atemzug genannt hätte. Am 7. Oktober 1965 stürzte Waleri Brumel als Beifahrer mit dem Motorrad und zertrümmerte sich das rechte Schienbein und den Knöchel. Wer Russisch beherrschte und zwischen den Zeilen lesen konnte, ahnte, dass es sich um eine grässliche Verletzung handeln musste; weil die Meldungen anfangs gar so sparsam und verklausuliert daherkamen. Der größte Sportler der Welt, ein Held! Und nun? Die Aufmerksamen und Interessierten, im Osten wie im Westen, begriffen, dass es für Brumel zur Stunde nicht um Medaillen und Rekorde ging.

* * * * *

Dicks erstes Jahr an der Oregon State verlief durchwachsen. Im Training arbeitete er mit Wagner am Straddle. Das weiche Schaumstoffnetz der neuen Anlage war angenehm, aber gar nicht nötig, da er beim Straddle nicht auf dem Rücken landete und vor allem nie aus großer Höhe. Die Wettkämpfe bestritt er mit seinem eigenen Stil. Am Ende der Saison hielt Dick zwar den Rekord für Erstjährige an der OSU, hatte sich aber zum ersten Mal nicht gegenüber dem Vorjahr gesteigert; er war sogar zwei Zentimeter unter seiner Bestleistung geblieben.

Das lag zum einen daran, dass er sein Back Layout ohne entsprechendes Training nicht verbessern konnte. In einem späten Interview sagte er über die Suche nach dem Stil: „Ich habe mir ein paar der alten Filme angesehen. Es war nicht anmutig." Zum anderen quälte ihn Wagner nicht nur mit dem Straddle, sondern auch mit der fixen Idee, aus ihm einen Hürdenläufer zu machen, wozu er ihn sogar in Rennen schickte. Dick musste die Zeit für dieses – in seinen Augen unsinnige – Training von der Zeit zum Lernen abzweigen. Das Studium forderte ihn weit mehr, als es die Ausbildung an der High School getan hatte, Praktikumsstunden überschnitten sich mit Trainingszeiten, und so stand er nicht selten bei Dunkelheit allein auf dem Platz.

Eine denkwürdige Begegnung brachte dieser Sommer '66: Beim Juniorenwettkampf zwischen Oregon und British Columbia in Vancouver sah Dick ein dreizehnjähriges Mädchen, das genauso sprang wie er! In ihrem Buch *Jump* verlegt Debbie Brill dieses Ereignis in das Jahr 1967, was aber, zieht man alle Quellen zu Rate, nicht stimmen dürfte. Viel wichtiger als das Datum ist jedoch, dass beiden ein Freudenschreck in die Glieder fuhr. Debbie, die Kleine, die zwar jeden Wettkampf gewann, sich dabei aber als Außenseiterin fühlte, fand „riesige Erleichterung und Ermutigung" darin, dass ein (dem Alter nach) Großer ihre Auffassung vom Springen teilte. Sie wechselten ein paar Worte; Debbie scheu und verlegen, auch wenn sie nicht ahnte, dass sie einem zukünftigen Olympiasieger gegenüberstand – der seinerseits eine zukünftige Hallenweltrekordlerin vor sich hatte.

Jumpin' U.S.A.

Das Attribut, das man am häufigsten im Zusammenhang mit Dick Fosburys Technik hört und liest, ist „revolutionär". Allerdings entstand es spät; zum Gemeinplatz wurde es erst im Anschluss an den Olympiasieg. In den frühen Jahren fanden die meisten Mannschaftskollegen sowie Trainer, Publikum und Zeitungsreporter Dicks Stil einfach albern. So auch ein Jungspund namens John Radetich, der ein Jahr nach Dick sein Studium an der Oregon State University aufnahm. In seinem letzten High-School-Jahr hatte Radetich sagenhafte 6′9¾″ (2,07) übersprungen – sieben Zentimeter mehr als Dick und gleich hoch wie der OSU-Rekord! Er zog an den älteren Konkurrenten vorbei wie Jim Clarks Lotus 49 an einem in die Jahre gekommenen BRM.

Mit einem Mal sah sich Dick in die zweite Reihe versetzt. Und in der dritten lauerte ein weiterer Gegner: Steve Kelly mit 6′5″ (1,95). Coach Berny Wagner rieb sich die Hände: In ganz Oregon gab es kein anderes Team mit drei solchen Springern. Radetich und Kelly, beide Straddler, lieferten ihm auch Munition für seinen Kampf gegen Dicks Narretei. Und

© Der/die Autor(en), exklusiv lizenziert an Springer-Verlag GmbH, DE, **157** ein Teil von Springer Nature 2025
W. Tschirk, *Heart. Flop. Moon.*,
https://doi.org/10.1007/978-3-662-72050-9_17

sie spornten Dick zu härterem Training an. Das Sprungvermögen, das Radetich in den Schoß gefallen war, musste er sich erarbeiten: mit Serien ein- und zweibeiniger Sprünge, im Flachen, bergauf, die Treppen hinauf und über Hürden; mit Kniebeugen und Ausfallschritten, die Hantel auf der Schulter; und indem er Gewichte hob wie ein Schwerathlet.

Das Trainieren belastete ihn immer mehr. Jahre hindurch war es, selbst in Zeiten schwacher Leistung, ein Quell der Freude gewesen. Nun war es zur Pflicht geworden; zu einer Pflicht, die sich mit den Pflichten des Studiums nicht vertrug. Wagner war es ein Dorn im Auge, dass Dick nicht, wie alle anderen, zur Trainingszeit erschien, um in der Gruppe mitzumachen; dass er stattdessen im Labor saß und abends sein Workout alleine abhielt; dass sein Straddle von Tag zu Tag schlechter wurde; dass er an seinem lächerlichen Sprungstil klebte; und dass er seit Ewigkeiten kein vernünftiges Resultat abgeliefert hatte. Der Cheftrainer, der sich um ein ganzes Team kümmern musste, hatte es satt, seine Nerven an einen aussichtslosen Fall zu verschwenden.

„Ein Stipendium ist ein Privileg, hörst du?"

„Coach, ich tue mein Bestes –"

„Davon sehe ich nichts."

„Ich *muss* an den Nachmittagen ins Labor. Aber ich trainiere jeden Abend!"

„Ich hoffe für dich, dass man es bald merkt."

Unter diesen Vorzeichen ging es zum Saisonstart '67 nach Fresno in Kalifornien. War es das harte Training? Die Konkurrenz durch Radetich und Kelly? Der Ärger über Wagner? Die Angst um das Stipendium und damit den Verbleib an der Oregon State? Wir wissen es nicht – niemand wusste es je. Sicher ist aber: Dick Fosbury flog über 6'10" (2,08), acht Zentimeter höher als je zuvor. Höher als Radetich, höher als jemals ein Springer der OSU und höher, als irgendeiner es für möglich gehalten hätte. Und er verfehlte nur knapp die Traummarke von sieben Fuß.

„Dick", sagte Wagner, „ich gebe auf. Ich weiß nicht, *was* du hier tust, aber es funktioniert offenbar. Ich werde versuchen, dir dabei zu helfen."

Dick atmete auf. Das Thema Straddle war erledigt.

Die Zeitungen der halben Westküste ergingen sich in Kommentaren, zumeist in spöttischen. Wie schon seit jeher die Sportkollegen, so sahen nun auch die Journalisten in Dick Fosbury eine Kuriosität. In den Ergebnislisten hatte Dick schon seit längerem seinen festen Platz. Nun übernahmen die Feuilletonschreiber und mischten auf der Jagd nach Sensationen Richtiges mit Falschem, gut Beobachtetes mit schlecht Recherchiertem und Späße mit Passagen, die nur sie selber witzig fanden. Die Oakland Tribune meinte, Dick würde für seinen Stil keinen Preis gewinnen. Der Los Angeles Herald-Examiner nannte ihn den „faulsten Hochspringer der Welt", weil er im Sprung auf dem Rücken lag; diese Bezeichnung sollte ihn jahrelang verfolgen. Für den San Francisco Examiner war Dick „Lazy-dazy". Dass sein Stil keinen Namen hatte, das konnte nicht so bleiben. Neben den Vorschlägen „Fosbury Float", „Fosbury Flip" und „Hip Flip" gab es auch den „Feet-First Back Float", der den Springer *mit den Füßen voran* über die Latte gehen sah. Auch die Seattle Times berichtete: „Er fliegt mit den Füßen voran auf dem Rücken über die Latte." Was sollte man anderes erwarten vom „lustigsten Hochspringer, den man je sah", wie das Blatt ihn titulierte? (Die Zusammenstellung dieser Glanzlichter des Journalismus verdanken wir Bob Welch.)

Die Jugend zog es nach San Francisco in diesem Jahr 1967. Sie feierte ihren Summer of Love; mit Popmusik, Blumen, langen Haaren, bunten Gewändern, freier Liebe, Rauch, Zaubertränken und verdächtig wenig Seife, wie die Älteren argwöhnten. An Ort und Stelle mitzufeiern, dazu hatte Dick keine Zeit. Was er feierte, das waren Siege und Rekorde. Im Mai verbesserte er den OSU-Rekord ein zweites Mal, diesmal auf 6'10¾" (2,10). Dann gewann er in

Eugene die Pacific-8-Meisterschaft (Pacific-8 war ein Sportverbund von Universitäten aus acht Staaten an oder nahe der Pazifikküste). Zuletzt wurde er in Utah Meisterschaftsfünfter der NCAA (National Collegiate Athletic Association, etwa: Sportvereinigung der US-Hochschulen).

Über aller Lebensfreude hing eine dunkle Wolke: Vietnam. Die Zeit des Hurra-Patriotismus war vorbei. Schon lange ging kein vernünftiger junger Mann mehr freiwillig in diesen Krieg. Die Folge waren Zwangsrekrutierungen und verzweifelte Versuche, ihnen zu entkommen. Kandidaten ließen ihre Stellungsbefehle unbeantwortet, betranken sich vor den medizinischen Tests, gaben an, homosexuell zu sein, schoben Gewissensgründe vor oder flohen über die Grenze nach Kanada. Cassius Clay, der sich nun Muhammad Ali nannte, verweigerte den Dienst mit der Waffe. Dafür nahm man ihm den Weltmeistertitel, entzog ihm die Boxlizenz und verurteilte ihn zu fünf Jahren Gefängnis. Ali zahlte Kaution und blieb auf freiem Fuß; seine Karriere jedoch schien beendet. Es konnte also jeden treffen, der im passenden Alter war, sogar einen Weltmeister. Zu den Glücklichen, die verschont blieben oder zumindest Aufschub erhielten, zählten Studenten mit ausreichend guten Noten. Hier lag Dick gerade noch im grünen Bereich; nachlassen durfte er nicht. Vorsorglich bestellte ihn die Kommission zum Eignungstest und trug ihm auf, ein Wirbelsäulenröntgen anfertigen zu lassen und es zur nächsten Ladung mitzubringen. Wenn er bloß daran dachte, schlug sein Herz bis zum Hals.

* * * * *

Mehr als zwei Jahre nach dem Unfall war Waleri Brumel weit davon entfernt, in den Sport zurückzukehren. In unzähligen Operationen hatten die Ärzte das Bein gerettet – doch es war nun dreieinhalb Zentimeter kürzer. Darum begab er sich in die Hände des Orthopäden Gawriil Ilisarow, der in den

50er-Jahren eine Methode zur Verlängerung von Röhren-knochen entwickelt hatte: Der Knochen wird durchtrennt und fixiert, wodurch im Spalt neues Material entsteht und er mit dem täglich um Zehntelmillimeter verlängerten Fixator mitwächst. Auf diese Weise sollte Ilisarow in monatelanger Behandlung Brumels Schwungbein die ursprüngliche Länge zurückgeben. Ob der Weltrekordhalter jemals wieder sprin-gen würde, stand auf einem anderen Blatt. Seine Hoffnung, den olympischen Wettkampf in Mexico City zu bestreiten, hatte er aufgegeben.

Als die Hallensaison '68 begann, war die Nummer eins der Welt der zweiundzwanzigjährige, 1,96 Meter große Ed Ca-ruthers aus Oklahoma City. Ihm fehlten noch drei Zentime-ter auf den US-Rekord und neun auf den Weltrekord. Dick Fosbury lag an dreiundzwanzigster Stelle der US-Rangliste, neun Zentimeter hinter Caruthers. In der Weltrangliste teil-te er sich den fünfzigsten Platz mit elf anderen. Aufgrund seiner Leistung allein hätte man ihn kaum beachtet; sein ungewöhnlicher Stil jedoch brachte zunehmend Publikum in die Stadien und damit Geld in die Kassen der Veranstal-ter. So lud man ihn ein: unter anderem nach Seattle, Los Angeles, Kentucky, New York und Detroit.

Und nach Oakland in Kalifornien. Zum ersten Mal fand Dick sich in einem derart erlesenen Kreis von Hochsprin-gern. Die besten der USA waren am Start, unter ihnen der allerbeste, Caruthers. Als Dick die vollbesetzten Tribünen sah, lief ihm ein Schauer über den Rücken: 6000 Fans lie-ßen die Wände des Sportpalasts erzittern. Unter Dach war alles dreimal so laut: Anfeuerungspfiffe gellten, Durchsagen dröhnten, und in der Nähe des Starters mit seiner Pistole hielt man sich besser nicht auf. Dem knapp Einundzwan-zigjährigen, der nie zuvor einen Hallenwettkampf bestritten hatte, schoss zusätzliches Adrenalin ins Blut.

Die Gegner kamen aus dem Wintertraining und waren beim ersten Wettkampf noch nicht in Form. Für die besten unter ihnen würde es bis zum ersehnten Saisonhöhepunkt, den Olympischen Spielen, noch ein Dreivierteljahr dauern. Entsprechend sah ihr Trainingsaufbau aus. Dick hingegen plagten solche Überlegungen nicht. Wie er später bekannte, war ihm nicht einmal bewusst, dass man sich in einem Olympiajahr befand. Jedenfalls stand er nach überquerten 6'10" (2,08) plötzlich als Sieger allein im Bewerb – alle anderen waren mit drei Fehlversuchen ausgeschieden. Dann legten die Kampfrichter die Latte auf 7'0" (2,13) – die magische Höhe von sieben Fuß. Nun waren alle Augen auf ihn gerichtet, auch die der Konkurrenten, die ihn zu Beginn des Springens noch belächelt hatten. Dick nahm die Höhe im zweiten Versuch, und die Wände der Halle zitterten nicht mehr nur, sie bebten!

Ein Foto dieses Sprungs ist in die Geschichte eingegangen, mehr als der Sprung selbst: Es zierte das Cover der Track & Field News, der New York Times der Leichtathletik. Die Ausgabe vom Februar 1968, Vol. 21, No. 1, war nicht *irgendein* Heft, sondern das Heft zum zwanzigsten Jahrestag der Zeitschrift. Folgerichtig wählten die Herausgeber nicht *irgendein* Foto, sondern eines, das die maximale Aufmerksamkeit auf sich ziehen würde, und sie lagen wohl richtig mit ihrer Wahl. Das Bild zeigt Dicks Stil in Vollendung. Es fängt nicht, wie die meisten Hochsprungfotos, die Lattenüberquerung am höchsten Punkt ein, sondern einen Zeitpunkt davor, an dem der Springer die Latte mit den Schultern passiert. Gelöst fliegt er das Hindernis an: auf dem Rücken liegend, Oberkörper und Beine einen entspannten Bogen bildend, die Arme seitlich angelegt, den Kopf leicht in die Sprungrichtung gedreht. Alles Eckige, Verrenkte, Ungelenke ist verschwunden – aus dem hässlichen Entlein war ein Schwan geworden.

Blatt um Blatt, von der Oakland Tribune bis zur *echten* New York Times, berichtete über ihn, nicht wenige auf der Titelseite. Einer der Reporter stellte die entscheidende Frage:

„Hat Ihr Stil einen Namen?"

Dick hatte die Erfahrung gemacht, dass die Antwort „Back Layout" wenig Begeisterung auslöste. Er erinnerte sich an eine Bildunterschrift in der Medford Mail Tribune von vor langer Zeit: „Fosbury floppt über die Latte". So antwortete er:

„Bei mir zu Hause heißt er ‚Fosbury-Flop'."

Damit war endlich, fast fünf Jahre nach den ersten Gehversuchen mit dem neuen Stil, dessen endgültiger Name gefunden. Wann immer Dick die Geschichte erzählte, tat er es unter spitzbübischem Lächeln: „Mir gefiel der Widerspruch. Ein Flop konnte also auch ein Erfolg sein." Und er vergaß nie, mit Bezug auf Debbie Brill und Bruce Quande festzuhalten: „Wir waren zu dritt. Ich war der Erste, der Erfolg hatte – das war mein Glück, so bekam ich das Namensrecht."

Die Hallensaison entwickelte sich zu einem Triumphzug. In Seattle gewann Dick vor 11 000 Zuschauern mit 7′1″ (2,15) und schlug Walentin Gawrilow, die russische Olympiahoffnung nach dem Ausscheiden Brumels. In Kentucky verbesserte er sich erneut, nun auf 7′1¼″ (2,16); diese Höhe hatte in Tokio 1964 für Bronze gereicht. Im New Yorker Madison Square Garden gewann er mit 7′0″, und zu guter Letzt wurde er in Detroit mit der gleichen Höhe NCAA-Hallenmeister. Am Ende war er sechsmal über sieben Fuß gesprungen, die anderen Male nur knapp darunter geblieben und hatte nur zweimal *nicht* gewonnen. Seine Konkurrenten an der Oregon State, Radetich und Kelly, waren im geschlagenen Feld gelandet. Eine Zeitung rief ihn zur „größten Sensation der Leichtathletik-Hallensaison" aus.

Um Dicks Leistung richtig einzuordnen: Anders als zu Beginn seiner Laufbahn waren nun 7′0″ keine Weltklassehöhe mehr. Bis Anfang '68 hatten weltweit fünfundvierzig Springer diese Marke erreicht oder übertroffen. Dennoch lag die Frage nahe, wie ein junger Athlet sich über Nacht um zweieinhalb Inches verbessern und die ehemalige Traumgrenze serienweise überfliegen konnte. Dank Wagners Trainingsplan war Dick körperlich auf der Höhe, doch das allein erklärte die Steigerung nicht. Lag es an seinem Stil? Und wenn ja – was machte den Fosbury-Flop so besonders? Athleten, Trainer und Sportreporter begannen diese Fragen zu diskutieren. Das war die Geburtsstunde zweier Mythen, die noch heute leben, obwohl sie sich als unhaltbar erwiesen haben.

Leicht auszuräumen ist der Irrtum, Fosbury springe „nach hinten". Wer hinsieht, erkennt, dass der Absprung, wie bei jedem anderen Stil auch, nach vorn-oben verläuft. Die Rückenlage ist bloß das Ergebnis einer Vierteldrehung um die Längsachse, die dadurch zustande kommt, dass die beim Absprung fixierte Sprungbeinseite von der anderen, der rasch bewegten Schwungbeinseite, überholt wird.

Schwieriger wird es bei der Bahn des Körperschwerpunkts, in der man bis heute den Hauptvorteil des Flops erblickt. Je knapper man den Schwerpunkt über die Latte führen kann, umso weniger hoch muss man ihn heben, um sie zu überqueren. Am besten wäre es, man müsste ihn gar nicht über die Latte heben, sondern könnte ihn darunter durchschwindeln. Genau das, so glaubten damals und glauben noch heute die meisten, wäre das Geheimnis des Fosbury-Flops; obwohl man ohne Mühe sieht, dass es bei einem flach über der Latte liegenden Springer wie Dick Fosbury völlig unmöglich ist. Der deutsche Sportwissenschaftler und frühere Weltklassehochspringer Wolfgang Killing präsentiert in seiner *Trainings- und Bewegungslehre des Hochsprungs* von 2004 eine Studie, bei der die Finalsprünge der Weltmeisterschaften 1987 und 1991 sowie der Olympischen Spiele 1992 vermessen wurden. Die Daten zeigen, dass es zwar Einzelnen gelingt, ihren Schwerpunkt (durch extreme Biegung in Rücken und Kreuz) knapp unter der Latte zu halten. Im Durchschnitt aber müssen, bei Frauen wie bei Männern, selbst die Besten ihren Schwerpunkt um fünf Zentimeter *über* die Latte führen, um sie zu überqueren, manche sogar um zehn Zentimeter oder mehr. Und da man in den späten 80er- und frühen 90er-Jahren genauso hoch sprang wie heute und sich die Technik seither kaum verändert hat, gibt Killings Untersuchung auch den Status Quo wieder.

Zwei Vorteile des Fosbury-Flops sah man von Anfang an: Er erlaubt es, schnell anzulaufen und viel Bewegungsenergie in den Sprung mitzunehmen, und er ist leicht zu erlernen. Zwar füllen die biomechanischen Analysen des Flops heute Bücher; aber es handelt sich um Analysen im Nachhinein und nicht um Anweisungen, denen der lernende Springer zu folgen hätte.

Trotz aller Aufmerksamkeit fand Dick noch keine Nachahmer. Ein einzelner Flopper, gerade einmal unter den Top zwanzig oder dreißig und dabei zwölf Zentimeter hinter dem Weltrekord, das reichte für eine Revolution nicht aus. So blieb Dick „faulster Hochspringer der Welt" und „That's just Fosbury" der meistgeäußerte Fachkommentar.

* * * * *

Der Reisemarathon von Sieg zu Sieg brachte nicht nur Gutes mit sich – Dicks Studium geriet unter die Räder. Er verlor seinen Platz in den Ingenieurkursen. Um nicht völlig auszusteigen, belegte er Soziologie, Philosophie und Religion. Sein Notenschnitt war in einen Bereich gefallen, der ihn nicht mehr vor der Einberufung in die Armee schützte. Sofort lud man ihn erneut zur Tauglichkeitsprüfung. Das Resultat würde er per Post erhalten. Woche für Woche kamen dreihundert US-Soldaten in Vietnam um. Ab nun lebte er im Krater des Vulkans.

Die Freiluftsaison begann. Im Mai verteidigte Dick seinen Pacific-8-Titel. Dann kam der Juni und mit ihm jenes Ereignis, das in einem gewöhnlichen Jahr den Saisonhöhepunkt markiert hätte: die NCAA-Meisterschaft. Aber 1968 war kein gewöhnliches Jahr, es war ein olympisches. Die ersten sechs der NCAA-Konkurrenz würden sich für die Olympic Trials qualifizieren, die Olympia-Ausscheidung der US-Athleten. Im Vorjahr war Dick Fünfter geworden; nun zählte er zu den Favoriten.

Bis einschließlich 7′1″ übersprang er alle Höhen im ersten Versuch. Dann legten die Kampfrichter die Latte auf 7′2¼″ (2,19), eine neue persönliche Bestleistung für Dick. Im ersten Versuch machte er alles klar und stand als Sieger fest. Mit einem Schlag war er zum viertbesten Springer in der US-Geschichte und zum elftbesten der Welt geworden. Der Gedanke einer Teilnahme an den Spielen war plötzlich da und ließ ihn nicht mehr los. Wie mit sechzehn an der Medford High School und mit neunzehn an der Oregon State University, so auch diesmal: Dick wollte im Team sein!

Im Postkasten lag ein Umschlag.

Selective Service System – Stellungskommission.

Mit fliegenden Fingern riss Dick ihn auf.

Statement of Acceptability – Tauglichkeitsbescheid.

Found not acceptable for induction under current standards – Untauglich. Der Albtraum war vorbei.

Das Schreiben enthielt keine Begründung. War es das Röntgenbild seiner Wirbelsäule? Wies es noch Spuren der vier Jahre alten Verletzung auf? Hatte ihn das Landen auf dem Rücken vor dem Krieg bewahrt? Hatte ihm am Ende gar – der Flop das Leben gerettet?

Crazy Days of Summer

Die Teilnehmer der USA an Olympischen Leichtathletikbewerben werden nach einem einfachen und seit hundert Jahren unveränderten Verfahren ausgewählt: Es gibt einen einzigen Wettkampf, die Olympic Trials, und die drei dort Erstplatzierten sind im Team. Der größte Vorteil des US-Systems ist, dass es nicht nur das Leistungsvermögen der Sportler berücksichtigt, sondern auch ihre Fähigkeit, im entscheidenden Moment in Form zu sein. Der größte Nachteil ist, dass es selbst den Besten zum Zuschauer degradiert, sofern er Pech hat und am Tag der Trials verletzt oder krank ist oder von einem Konkurrenten aus der Bahn gerempelt wird.

Das einzige Jahr, in dem die Amerikaner von ihrem Modus abwichen, war 1968. Das Abweichen geschah ungeplant, schrittweise und entwickelte sich zu einem Chaos, in dem bis zum letzten Tag keiner wusste, woran er war. Zu Beginn schien noch alles klar: Die Trials würden Ende Juni in Los Angeles stattfinden. Für die Zeit danach hatten die Verantwortlichen ein achtwöchiges Trainingslager in den Bergen

© Der/die Autor(en), exklusiv lizenziert an Springer-Verlag GmbH, DE, **167**
ein Teil von Springer Nature 2025
W. Tschirk, *Heart. Flop. Moon.*,
https://doi.org/10.1007/978-3-662-72050-9_18

vorgesehen, um die Athleten an die Höhenlage, die sie in Mexico City erwarten würde, zu gewöhnen. Im Anschluss an das Trainingslager sollten am selben Ort Wettkämpfe stattfinden – eine Art Generalprobe für die Premiere zweieinviertel Kilometer über dem Meeresspiegel.

Die Trials zählen zu den größten Sport-Events in den Vereinigten Staaten. Für viele stehen sie noch über dem Bewerb, für den sie die Ausscheidung darstellen, den Olympischen Spielen selbst. So besetzten am 29. und 30. Juni jeweils mehr als 25 000 Fans die Tribünen des Los Angeles Memorial Coliseum; nur Baseball und Football lockten regelmäßig ein noch größeres Publikum in die Arena. Der Sportjournalist Bob Burns beschreibt eine pompöse Eröffnung: „Tauben flogen, Bands spielten, Chöre sangen, Fallschirmspringer fielen vom Himmel, Reden wurden gehalten und rühmten die Verbrüderung, erzeugt durch die olympische Bewegung."

Sechs Springer überquerten $7'0''$ (2,13). Damit war klar, es würde sich etwas ereignen, das es in der Geschichte der Trials noch nie gegeben hatte: Ein Sieben-Fuß-Springer (genauer gesagt, sogar drei) würde es nicht ins Team schaffen. Bei der nächsten Höhe, $7'1''$ (2,15), ging es darum, wen es treffen sollte. Was Dick beim ersten Versuch passierte, war keine Überraschung; eher überraschte, dass es ihm erst jetzt passierte: Er überschritt die Zeit. Unzählige Male war er wohl haarscharf daran vorbeigeschrammt, weil er seine Vorbereitung endlos ausdehnte: das Vor- und Zurückwippen, das Strecken der Finger, das Ballen der Fäuste, das tiefe Ein- und Ausatmen, den Blick zur Latte und auf den Boden vor sich. Dieses eine Mal hatte er es übertrieben – der Kampfrichter hob die rote Fahne, der Versuch war ungültig.

Auf den ersten Blick ist ein misslungener Versuch nichts Schlimmes, schließlich gibt es noch zwei weitere. Auf den zweiten Blick sieht die Sache anders aus; denn irgendein Missgeschick kann immer geschehen, und dann steht der Springer dort, wo er niemals stehen will: vor der alles entscheidenden, allerletzten Chance. Ein einziger Fehlversuch trennte Dick von der gefürchteten Nervenprobe – im wichtigsten Wettkampf seines Lebens. Und gerade jetzt, wo er alle Konzentration gebraucht hätte, durfte er es nicht riskieren, noch einmal die zwei Minuten zu überschreiten.

Zweiter Versuch. Rechtes Bein vorn. Finger strecken. Fäuste ballen. Einatmen. Ausatmen. Körper vor. Körper zurück. Blick zum Boden. Blick zur Latte. Und dann: Eins–zwei–drei–vier–fünf–sechs–sieben–acht! – *Geschafft!* Obwohl der Bewerb noch lange nicht zu Ende war, wusste Dick: Er war im Team! Um ihn zu verdrängen, würden drei andere noch höher springen müssen, denn alle hatten die 7'1" bereits zweimal gerissen, und so lag er, trotz seines Zeitfehlers, mit der geringsten Anzahl von Fehlversuchen vorn. Als einer nach dem anderen auch im dritten Versuch scheiterte, war es gewiss: Dick hatte die Trials gewonnen – und er hatte seinen Platz im Olympiateam!

Ob auch der Zweit- und Drittplatzierte einen Platz dort haben würden, war unklar. Denn nun kursierte die Nachricht, nur die Gewinner der Trials seien für die Spiele qualifiziert; die anderen Plätze würde man erst nach dem Höhenwettkampf vergeben, um den Leistungen unter Mexico-City-Bedingungen Rechnung zu tragen.

Doch auch das war nicht das letzte Wort des Olympischen Komitees der Vereinigten Staaten. Als Dick im Flugzeug nach Hause saß, erklärte der für die Leichtathletik zuständige Kommissär die Lage erneut anders: „Der Gewinner jedes Bewerbs in Los Angeles wird als qualifiziert erachtet, vorausgesetzt, er kann seine Leistung unter den Bedingungen der Höhenlage bestätigen."

Was das bedeuten sollte, wusste niemand. Selbst der findigste Reporter konnte den Funktionären keine Erklärung entlocken; weil sie es nämlich selber nicht wussten. Die Betroffenen – die Läufer, Geher, Springer, Werfer und Mehrkämpfer – hielten sich an die erste Hälfte der Aussage: „Der

Gewinner jedes Bewerbs in Los Angeles wird als qualifiziert erachtet." Für die restlichen Plätze kamen alle in Frage, die am Höhentraining und der anschließenden Konkurrenz teilnehmen durften. Das waren die ersten zehn jedes Bewerbs der Los-Angeles-Trials. In zwei Wochen sollte es losgehen.

* * * * *

Die Höhenlage von Mexico City und der damit verbundene niedrige Sauerstoffdruck zwangen die Sportverbände zum Handeln. Vor allem die Ausdauersportler, in der Leichtathletik die Mittel- und Langstreckler, würden beeinträchtigt sein, die anderen zumindest auf ungewohnte Verhältnisse treffen. Über eine mögliche Anpassung dachten die Experten unterschiedlich. Manche gingen davon aus, dass der Körper sich innerhalb von Wochen an die Höhe gewöhnen würde. Andere meinten, einen vollständigen Ausgleich gäbe es nicht und Tieflandsportler würden immer im Nachteil sein gegenüber manchen im Hochland lebenden Afrikanern.

Dass ausgedehntes Höhentraining hilfreich sei, darüber waren sich alle einig. Die Russen gingen nach Kasachstan und Armenien, über 3000 Meter hoch; die Franzosen in die Pyrenäen, die Japaner auf den Mount Norikura.

Die Amerikaner beauftragten Bill Bowerman, einen bewährten Coach und Mitgründer der späteren Sportartikelfirma Nike, mit der Lösung des Problems. Bowerman machte sich tatkräftig wie immer ans Werk. Zuerst ließ er sich alles über Mexico City berichten, was relevant sein konnte. Dann ging er auf die Suche nach möglichen Orten für ein Höhenlager und wählte schließlich vier aus: Alamosa in Colorado, Los Alamos in New Mexico, Flagstaff in Arizona und Echo Summit in Kalifornien. Für jede der vier Stätten nominierte Bowerman einen Verantwortlichen; der sollte dort mit einer Gruppe von Läufern trainieren und dabei die Eignung

des Reviers erkunden: Sportanlagen, Unterkünfte, Verkehrs-
verbindungen und so weiter. Dabei war nicht der gegen-
wärtige Zustand maßgeblich, sondern der mögliche. Echo
Summit beispielsweise besaß keine Leichtathletikanlage und
zu wenige Unterkünfte; doch in der Hoffnung auf Werbung
versprach der Ort, ein aufstrebendes Skigebiet nahe South
Lake Tahoe, eine Anlage zu bauen und Wohnmöglichkeiten
zu schaffen. Die Bewertungen der vier Orte fasste man in einem Punktesystem zusammen, und am 11. September 1967
stand fest: Die USA würden zwischen den Trials und den
Spielen ihr olympisches Leichtathletikteam der Männer in
Echo Summit vorbereiten, die Frauen sollten in Los Alamos
trainieren.

Blieb nur noch ein kleines Hindernis: Dort, wo die Männer in zehn Monaten laufen, springen und werfen sollten,
war – Wald. Bowerman krempelte die Ärmel hoch. Als im
Jahr darauf Mitte Juli, zwei Wochen nach den LA-Trials, die
Sportler aus allen Teilen der USA in das kalifornische Hochland strömten, ahnte keiner, was ihn erwarten würde. Schon
die letzten Meilen der Anreise wuchsen sich zu einem Erlebnis aus, speziell in Schlitten wie dem 59er DeVille. Der war
kaum schmäler als die Bergstraße und schaukelte, sofern der
Fahrer die sechs Meter Chrom und Blech überhaupt durch
die Serpentinen brachte, wie ein Wasserbett.

Das Erste, was Dick auffiel, als er am Rand des Trainings-
geländes aus seinem kleinen Chevy II stieg, war der Duft der
Nadelhölzer. Goldkiefern, wie man ihm sagte, so weit das
Auge reichte; schlanke und doch riesige Gewächse: bis zu
fünfzig Meter hoch, mit Stämmen, die ein Einzelner nicht
umfangen konnte. Die Luft flirrte in der Nachmittagshitze.
Doch da war noch ein anderer Geruch, den Dick zunächst
nicht einzuordnen wusste.

„Hi Dick, hast du schon die Bahn gesehen? Na dann
komm mal mit!"

Da lag sie vor ihm, die coolste Sportanlage, die er je erblickt hatte: eine 400-Meter-Stadionrunde durch den Wald. Gerade so viele Bäume hatte man gefällt, dass sechs Bahnen in der Runde und acht auf der Zielgeraden Platz fanden, genügend freie Flächen für Springer und Werfer entstanden und Raum für eine kleine Tribüne. Die anderen Bäume blieben stehen, auch im Innenfeld. Von der Tribüne aus übersah man bloß zwei Drittel der Runde; auf der Gegengeraden verschwanden die Läufer im Wald und tauchten erst am Ende der Zielkurve wieder auf. Die Kugelstoßer verloren ihre Geräte im Unterholz, die Speerwerfer mussten fürchten, Füchse und Bären zu erlegen. Den besten Blick auf die Hochsprunganlage hatte, wer ein paar Meter daneben auf den mannshohen Felsen kletterte, der bucklig aus dem Boden ragte wie ein überdimensionaler VW-Käfer. Nun wusste Dick auch, wo der fremde Geruch herkam: von der Laufbahn. Denn das war keine gewöhnliche Aschenbahn, sondern eine moderne Tartanbahn, wie sie erstmals bei Olympia Verwendung finden würde. Auch Springer und Speerwerfer würden in Echo Summit über Tartan anlaufen, so dass in Mexico City alle gewohntes Terrain vorfänden. Der 200-Meter-Sprinter Tommie Smith erzählte im Rückblick: „Zu Hause liefen wir auf Sand, und ich musste mich erst an den Tartan gewöhnen. Er federt so, dass man beim Schritt mehr Zeit in der Luft verbringt.“

Bowerman hatte an alles gedacht. Hoch- und Stabhochspringer landeten, wie sie auch in Mexico City landen würden: in Don Gordons Port-a-Pit, dem großen, weichen Schaumstoffquader; rot für die Hoch-, blau für die Stabhochspringer. Die Lebensumstände sollten denen eines olympischen Dorfes entsprechen. Dazu war ein „Dorf" aus Wohnwagen und Hütten improvisiert, das einen Großteil der Aktiven aufnahm; andere wohnten, einfach und billig, im nahen South Lake Tahoe in Hotelzimmern und angemieteten Appartements und fuhren mit Shuttle-Bussen zum

Training und zurück. So primitiv die Einrichtungen auch waren, an die fast zweihundert Athleten wochenlang gebunden blieben: Keiner hat sich je beschwert. Im Gegenteil – die meisten sprachen ihr Leben lang von diesen Wochen als einer unvergesslichen Zeit.

Dick Fosbury: „Es war ein magischer Ort.“

John Radetich: „Perfekt, einfach perfekt. So ruhig, dass du deinen Herzschlag hören konntest.“

Van Nelson, 5000- und 10 000-Meter-Läufer: „Über allem lag der Geruch der Kiefern, wie eine Droge.“

Larry James, 400-Meter-Läufer: „Ich kann noch immer die Luft schmecken. Am Morgen war sie wie ein Glas Quellwasser.“

Ralph Boston, Weitspringer, über seinen Kollegen Charlie Mays, der die Anlage schon vor dem Start des Trainingslagers besucht hatte: „Charlie rief an und erzählte mir über den Ort, er sei wie ein Paradies.“

Bill Toomey, Zehnkämpfer: „Für mich war es Mount Olympus, und Zeus selbst sah auf uns herunter.“

John Carlos, 200-Meter-Läufer: „Eine feierliche Atmosphäre umgab uns. Jeder liebte den Ort und die Umstände. Sie machten ein Team aus uns.“

Fast ein halbes Jahrhundert danach, im Sommer 2014, pilgerten elf von ihnen zurück an den Ort ihrer Erinnerungen, den heute eine Gedenktafel ziert. Presse und Fernsehen begleiteten die Zusammenkunft des legendären Teams. Dick, der nicht dabei war, kam drei Jahre später gemeinsam mit seinem Biografen Bob Welch: „Schau her“, zeigte der Siebzigjährige ein Foto auf seinem Tablet, „derselbe Felsen, und hier dieselbe Baumgruppe. Hier war die Hochsprungmatte und hier …“ – er ging ein paar Schritte – „… habe ich meinen Anlauf begonnen.“ 2019 schrieb Bob Burns ein Buch über das Märchen: *The Track in the Forest.* Dort habe ich manche der obigen Zitate und Details des Berichts gefunden. Andere Äußerungen und die Erzählung von Dick Fosburys Wallfahrt stammen aus *The Wizard of Foz*.

Neben den Unterkünften fanden die Athleten Speisesaal und Kraftkammer vor (jeweils einen großen Wohnwagen), Aufenthaltsräume und ein Arzt- und Therapiezentrum.

Doch die Vorbereitung auf Olympia ging noch viel weiter: Die Abschlusswettkämpfe in Echo Summit sollten nicht an nur zwei Tagen stattfinden, wie es angesichts der kleinen Starterfelder (zehn Mann pro Bewerb) leicht möglich gewesen wäre; sie sollten stattdessen exakt dem Zeitplan folgen, dem sie auch bei den Spielen folgen würden. Das hieß, sie würden sich über acht Tage dehnen und nicht nur die Finalbewerbe, sondern auch sämtliche Vorkämpfe vorwegnehmen.

Und so begannen die crazy days of summer. Man trainierte, aß, schlief, spielte Musik vom Tonband und genoss die Freiheit. Im normalen Leben ging neben dem Training jeder einer Arbeit nach: studierte oder verdiente im Beruf sein Brot, denn Olympiasportler waren nach wie vor Amateure. Hier sahen sie sich davon befreit. „So muss es den Teams im Ostblock gehen", meinte der Hammerwerfer Ed Burke. Einige wenige zogen vor, nebenher Geld zu verdienen: Radetich fuhr Shuttle-Busse, Dick servierte Imbisse in South Lake Tahoe, Carlos arbeitete dort im Spielkasino. Der Dreispringer Norm Tate fuhr Blutproben ins Labor nach San Francisco. Presseleute schwirrten durch die Gegend und dokumentierten das einzigartige Schauspiel.

Für die Trainierenden war das Beste gerade gut genug. Ärzte führten die Mittel- und Langstreckenläufer behutsam an die Anstrengung in der Höhenlage heran und überwachten die Sauerstoffversorgung in ihren Körpern. Springer und Werfer arbeiteten zum ersten Mal mit Videokameras. Bisher hatten sie während eines Trainings bestenfalls Standbilder aus der Polaroid gehabt; Bewegtbilder gab es nur auf Filmen, die man erst Tage später zu Gesicht bekam, wenn sie mittels chemischer Prozeduren aufbereitet waren. Nun aber wurde die Bewegung unmittelbar betrachtet und korrigiert. Dann und wann fuhr man in die Umgebung zu einem Testmeeting. Dick sprang dort nie höher als 6'10″ (2,08). Er stellte sein Visier auf Mexico City ein; alles davor war Sammlung und Entspannung. Dementsprechend entspannt gab er sich. Tommie Smith, der ihn in Echo Summit zum ersten Mal erlebte, beschrieb ihn als „ehrlich, großzügig, lustig, stets lachend".

Alles war zu schön, um wahr zu sein.

$$* * * * *$$

Zwei Probleme sorgten alsbald für Sturm im Paradies.

Das erste war der Plan zu einem Olympiaboykott der schwarzen US-Sportler. Bereits im Vorjahr hatte ein Soziologieprofessor an der San José State University, Harry Edwards, zusammen mit mehreren Athleten, unter ihnen die Sprinter Tommie Smith und John Carlos, ein „Olympic Project for Human Rights" ins Leben gerufen. Ihre Ziele waren unter anderem die Entlassung des als rassistisch angesehenen Präsidenten des Internationalen Olympischen Komitees, Avery Brundage, aus seinem Amt, der Ausschluss der Rassentrennungsstaaten Südafrika und Südrhodesien von allen Bewerben und die Aufnahme schwarzer Coaches in das Olympiateam sowie schwarzer Funktionäre in das nationale Olympische Komitee. Der Mord an Martin Luther King im April '68 gab dem Boykottplan neue Dringlichkeit. Dennoch erreichten die Befürworter keine Übereinkunft zwischen den Athleten; den Hardlinern standen Sportler gegenüber, die ihre Karriere nicht einem möglicherweise sinnlosen Protest opfern wollten. Bei einer Abstimmung am Rande der LA-Trials hatten sich die meisten gegen den Boykott erklärt. So standen die Dinge, als sich Schwarz und Weiß in Echo Summit trafen. Da sich auch hier keine Mehrheit für den Boykott abzeichnete, begannen die Köpfe der Protestbewegung über Alternativen nachzudenken.

Dick fühlte eine vage Solidarität mit den Akteuren des Projekts, aber im Wesentlichen war ihm der Gegenstand neu. Oregon war ein „weißer" Staat. Dicks Hochsprungkollegen entstammten beiden Lagern: Steve Kelly und John Radetich weiß, Ed Caruthers und der junge Reynaldo Brown schwarz, und keiner hatte je davon ein Aufheben gemacht. Die Großen empfanden nicht anders: John Thomas schwarz, Waleri Brumel weiß, und man konnte sich unter Konkurrenten kein respektvolleres und zugleich herzlicheres Verhältnis denken als ihres. Viele Fotos zeigen die beiden zusammen; nicht nur auf dem Siegespodest, sondern auch beim gemeinsamen Aufwärmen oder im vertrauten Gespräch, hinweg über alle Grenzen von Sprache, Hautfarbe und der Feindseligkeit zwischen ihren Heimatländern. Als Thomas erfuhr, wie schwer Brumels Verletzung war, schrieb er ihm: „Ganz Amerika sagt, du hast die Hochsprunganlage für immer verlassen. Ich glaube das nicht. Ich bete täglich zu Gott, er möge dir helfen." Brumel berichtete Jahre später: „Dieses Telegramm zeigte ich niemandem. Nicht einmal meiner Frau. Es wurde für mich zu einer Art geheimem Talisman."

Das zweite Problem traf Dick kurz vor Beginn der Wettkämpfe, und es traf ihn hart. Denn nun verkündete das Olympische Komitee eine neue Regel: Das *gesamte* Männerteam würde man gemäß den Resultaten in Echo Summit nominieren, die drei Erstplatzierten jedes Bewerbs nach Mexico City entsenden. Die Trials fanden *hier* statt, Los Angeles war null und nichtig. Damit war Dick nicht im Team, zumindest noch nicht. Er würde sich erneut qualifizieren müssen – nachdem er wochenlang seine Vorbereitung ganz auf die Spiele ausgerichtet hatte, die für ihn erst in einem Monat beginnen würden. Das Meeting in Echo Summit hatte er als Trainingswettkampf geplant. Später sagte er: „Ich war nicht wirklich vorbereitet, hoch zu springen. Ich hatte Angst."

„Wie konnte das passieren?", fragte er Wagner.

„Das ist jetzt egal. Reiß dich zusammen, du wirst es schaffen."

So sicher war sich Dick da nicht. Doch immerhin hatte er Zeit, sich einzustimmen, denn wie in Mexico City, so würde auch hier das Hochsprungfinale erst am letzten Tag in Szene gehen.

Die Bewerbe begannen leise. Keine Tauben, keine Bands, keine Chöre, keine Fallschirmspringer, und an Reden nur das Nötigste. Jeden Tag verirrten sich 2000 Zuschauer in das Areal, füllten die Tribüne und verteilten sich auf Hügel und Bäume. Das Bühnenbild erinnerte an ein Bergsportfest. Dann fiel ein Weltrekord nach dem anderen. Am 11. September lief Geoff Vanderstock die 400 Meter Hürden drei Zehntel unter dem alten Rekord. Am 12. unterbot John Carlos die 200-Meter-Bestmarke um ebenfalls drei Zehntel, ein unglaublicher Wert für die kurze Strecke. Am selben Tag übertraf Bob Seagren den bisherigen Rekord im Stabhochsprung um drei Zentimeter. Und am 14. pulverisierte Lee Evans den Weltrekord über 400 Meter um eine halbe Sekunde. Zwar versagte man den Rekorden von Carlos und Evans die Anerkennung; die Läufer hatten die verbotenen Bürstenschuhe getragen – Schuhe mit 68 Nadeln anstelle der üblichen 4 oder 6 Spikes. Dennoch gab es einen 400-Meter-Weltrekord, denn auch der zweitplatzierte Larry James war unter der alten Bestleistung geblieben.

Am letzten Tag fanden sich zehn Hochspringer an der Anlage ein, neun Straddler und ein Flopper. Keiner war fix im Team, jeder hatte seine Chance. Alle zehn hatten sich, getreu dem olympischen Zeitplan, am Vortag einem Ausscheidungswettkampf gestellt, und jeder hatte die 6'9" (2,05) übersprungen, die ihn ins Finale brachten.

Als die Latte auf 7'1" (2,15) lag, waren noch vier in der Konkurrenz: die Favoriten Fosbury und Caruthers sowie zwei Außenseiter: Reynaldo Brown, ein kometenhaft aufgestiegener Siebzehnjähriger im vierten High-School-Jahr, und der dreiundzwanzigjährige John Hartfield. Drei würden nach Mexico City gehen, einer zu Hause bleiben. Die Frage, wer der Unglückliche sein würde, blieb vorerst unbeantwortet; denn alle vier bezwangen die Höhe im ersten Versuch. Brown, der Teenie, war nie zuvor so hoch gesprungen.

7′2″ (2,18). Hier musste es sich entscheiden. Caruthers scheiterte im ersten Versuch, Brown ebenso. Dann war Dick an der Reihe – und die Latte fiel. Nur Hartfield sprang drüber; ein neuer persönlicher Rekord und ein sicheres Ticket, denn wer ihn noch aus dem Team verdrängen wollte, musste die nächste Höhe bezwingen. Die lag aber nur mehr ein halbes Inch unter dem US-Rekord. Vielleicht konnte *einem* der Gegner ein solcher Streich gelingen, aber *allen dreien*? Undenkbar.

Caruthers und Brown überquerten die 7′2″ im zweiten Versuch. Dann war wieder Dick dran. Lange konzentrierte er sich, spulte sein Ritual ab, im Hinterkopf die Zwei-Minuten-Grenze. Die Latte fiel ein zweites Mal. Nun war die Lage beinahe aussichtslos. Um im Bewerb zu bleiben, musste er im nächsten Versuch diese Höhe überspringen, die er zuvor erst ein einziges Mal bezwungen hatte. Und weil er sogar dann nach Fehlversuchen auf dem vierten Platz lag und nur die ersten drei ins Team kamen, *musste er auch noch die folgende Höhe schaffen*. Genauso gut hätte man ihm sagen können, er solle über den Lake Tahoe springen. Unter den gespannten Blicken der Konkurrenten stand er am Ablauf. Die Uhr tickte unerbittlich, das Ende der zwei Minuten kam näher und näher. Und dann: Eins–zwei–drei–vier–fünf–sechs–sieben–acht! – Er blieb in der Konkurrenz!

Mit 7′2″ hatte Brumel in Tokio Gold geholt. Nun würde es ein Springer mit ebendieser Höhe nicht einmal ins Olympiateam schaffen. Und dieser Springer konnte gut und gern

Dick sein – obwohl er in LA gewonnen hatte! Damit es nicht dazu käme, musste er irgendwie über die nächste Höhe.

7′3″ (2,21). Hartfield lag in Führung, Caruthers und Brown auf zwei und drei, Dick saß auf dem Schleudersitz. Caruthers und Brown rollten im ersten Versuch über die Latte! Selbst für Caruthers, im Vorjahr die Nummer eins der Welt, war das ein neuer Rekord. Und Brown? Der befand sich längst auf einem Flower-Power-Trip.

Dann Dicks erster Versuch. Rechtes Bein vorn. Finger strecken. Fäuste ballen. Einatmen. Ausatmen. Körper vor. Körper zurück. Blick zum Boden. Blick zur Latte. Eins–zwei–drei–vier–fünf–sechs–sieben–acht! – „Fosbury goes 7-3", schrieb die Zeitung am nächsten Tag. Das Foto unter der Schlagzeile zeigt einen jungen Mann im Trikot der Oregon State University, jubelnd die Arme in die Luft gestreckt. Einen jungen Mann? Nein – ein Kind, einen jauchzenden Dreizehnjährigen, so groß war die Erleichterung. „Berny Wagner sagte mir, das war der beste Sprung, den er je von mir gesehen hatte", erinnerte er sich fünfundzwanzig Jahre später.

Plötzlich war Hartfield in Bedrängnis. Vor Minuten hatte er wie der Sieger ausgesehen; nun musste er, um seinen Platz im Team zu halten, im ersten Versuch über 7′3″, weit höher als alles, was er bisher erreicht hatte. Es gelang ihm nicht, auch nicht im zweiten und im dritten. Enttäuscht verschwand er nach dem letzten Sprung zwischen den Kiefern. Dieser 16. September 1968 hätte die Sternstunde des John Hartfield sein können. Doch wie Ikarus war er der Sonne allzu nahe gekommen.

Die Ausscheidungskämpfe waren geschlagen, das Team der USA stand fest. Für den Hochsprung hatten sich qualifiziert: Ed Caruthers als Sieger, Reynaldo Brown als Zweiter und Dick Fosbury als Dritter. Die Sportler warfen einen letzten Blick auf die verzauberte Landschaft, dann packten sie zur Abreise. Taschen wurden verstaut, Speere und Stabhoch-

sprungstangen auf Wagendächer gebunden, Kofferraumde-
ckel klapperten, Motoren starteten, die letzten Stimmen
verebbten, der Parkplatz leerte sich. Herbstwind rauschte
durchs Geäst, strich über die Felsen, wirbelte Sand aus der
Weitsprunggrube. Der Abendhimmel über dem Lake Tahoe
färbte sich violett. Wolken zogen auf, morgen würde der
Regen die Anlaufmarken tilgen. Der kalifornische Sommer
war vorbei. Nun ging es nach Mexico City.

Ay, ay, ay, ay

Die zwanzigjährige Mexikanerin Enriqueta Basilio hatte den 80-Meter-Hürdenlauf der Panamerikanischen Spiele im Vorjahr als Siebente beendet. Die Olympischen Spiele in ihrer Heimat nahm sie als eine von 5516 Aktiven aus 112 Nationen in Angriff. In den Bewerben über 80 Meter Hürden, über 400 Meter und in der 4-mal-100-Meter-Staffel bestritt sie jeweils den Vorlauf und verfehlte die nächste Runde. Es gab Erfolgreichere, allen voran die Turnerin Věra Čáslavská mit viermal Gold und zweimal Silber. Dennoch wurde gerade Enriqueta Basilio zum Gesicht dieser Spiele und ihre halbe Stadionrunde vor vollbesetzten Tribünen zu deren meistgesehener Szene. Kaum ein Film über die Spiele, und sei er noch so kurz, der dieses Bild nicht enthielte: im Gegenlicht der Nachmittagssonne vor dem Hintergrund der orangeroten Stadionbahn eine leichtfüßige, geradezu schwebende Läuferin, von den Schuhen bis zum Haarband sommerlich kurz in Weiß gekleidet, die olympische Fackel in der hoch erhobenen rechten Hand.

Sie war die erste Frau, die die Flamme ins Stadion trug und dort das große Feuer entzündete. Dieser Umstand machte sie zur Botschafterin der Frauen im Sport und zu einem gefragten Interviewgast. Wie sie gern erzählte, hatte die scheinbare Mühelosigkeit ihres Auftritts wenig mit der Wirklichkeit zu tun. Die Fackel für die Eröffnungsfeier wog zwei Kilogramm und war fast dreimal so schwer wie der Stab, den eine Staffel aus dreitausend Läufern durch Griechenland, Spanien und Mexiko getragen hatte (den Rest der Strecke fuhr das olympische Feuer per Schiff). Und die metallene Außenhaut bildete einen idealen Wärmeleiter. So schleppte Enriqueta mit schmerzenden Armmuskeln und verbrannter Handfläche das klobige Ding über die Bahn und die Treppe hinauf bis zum höchsten Punkt des Stadions. Auch diese Treppe hatte es in sich. Zwar bestand sie nur aus neunzig Stufen, unverschämt hohen Stufen allerdings, und Enriqueta musste mit jedem Schritt einen Viertelmeter Höhe überwinden – doppelt so viel wie bei einer gewöhnlichen Treppe. Sie verzog keine Miene, hob graziös ihre brennenden Oberschenkel über die letzten Meter, und nur die Zeitlupe dieses endlosen Aufstiegs enthüllt das Nachlassen der Streckung im Knie. Oben angekommen, präsentierte sie die Fackel zum Gruß, senkte sie in den Kessel und entfachte dort das Feuer, das bis zum Ende der Spiele brennen sollte.

Eines der Bilder, die über 1968 stehen, ist jenes der jungen Athletin neben der Schale, in der die Flamme lodert. Vieles hatte die Welt erschüttert in diesem Jahr: die Morde an Martin Luther King und Robert Kennedy, Rassenkämpfe in den USA und Studentenkrawalle in der halben Welt, die Niederschlagung des Prager Frühlings und der immer mörderischer werdende Krieg in Vietnam. Wenig war auf der Habenseite verbucht: die erste Herzverpflanzung, nach der ein Mensch heimgehen und weiterleben konnte; ein Musical, *Hair*, das dem Lebensgefühl und der Friedenssehnsucht einer ganzen Generation Ausdruck verlieh; von den meisten unbemerkt, ein russischer Hochspringer, der wieder zwei gleich lange Beine besaß und auf ihnen seine ersten Laufschritte unternahm; und nun die Spiele, Parabel des Friedens und der Versöhnung, ehe auch sie vier Jahre später der Terror erreichte.

Die Spiele von 1968 sollten besondere werden. Über allen davor liegt heute die Patina der Geschichte; Mexico City aber markierte den Beginn einer neuen Zeitrechnung – Anlagen, Wettkämpfe, Berichterstattung, aber auch die Athleten selbst wirken zum ersten Mal modern.

Die Lauf- und Sprungbewerbe wie auch das Speerwerfen fanden auf Tartan statt und nicht mehr auf der Aschenbahn. Hoch- und Stabhochspringer landeten in kompakten Schaumstoffmatten, nicht in Sägespänen oder Schaumstoffschnitzeln. Die Zeiten maß man nicht mehr mit der Handstoppuhr, die Weiten nicht mehr mit dem Maßband; beides erledigte nun die Elektronik. Erstmals führte man Dopingtests durch, erstmals Geschlechtskontrollen an den Athletinnen. Ein futuristisches Nachrichtenzentrum verband Wettkampfstätten, Organisationsbüros und Berichterstatter. Zum ersten Mal wurden Olympische Spiele in Farbe übertragen. Auf dem Bildschirm lief während der Rennen die Zeit mit und dokumentierte die Rekorde im Moment ihres Entstehens.

Dick hatte die Eröffnungszeremonie versäumt. Mit Teamkollegen und Freunden war er am Tag davor in die antike Pyramidenstadt Teotihuacán gefahren, fünfzig Kilometer entfernt von Mexico City, wo die olympische Flamme eintreffen und von wo aus sie die letzte Etappe ihrer Reise in die Hauptstadt antreten würde. Sie feierten, zusammen mit tausenden Mexikanern, einigen Flaschen Bier (das ist überliefert) und wohl auch dem unvermeidlichen Tequila (das wäre noch zu prüfen) bis zum Morgen. Das olympische Dorf erreichten sie, als der Festakt längst im Gange war.

Die Ereignisse überwältigten ihn, er hatte Vergleichbares nie erlebt. Seine Tage außerhalb von Oregon ließen sich an den Fingern abzählen, einen einzigen Wettbewerb hatte er außerhalb der USA bestritten: in Vancouver, ein paar Meilen hinter der Landesgrenze. Wie er später bekannte, schlief er vor Aufregung kaum. Er trainierte täglich, wohldosiert in Vorbereitung auf den Qualifikationsbewerb, der für den vorletzten Tag der Leichtathletik angesetzt war. Das Finale stand auf dem Terminplan des darauffolgenden, letzten Leichtathletiktages.

An die Hochsprunganlage ging er nur einmal. Wie immer trafen sich dort Athleten aus mehreren Ländern, darunter der Russe Gawrilow und die Springer des deutsches Teams. Gawrilow und Fosbury kannten einander aus der Hallensaison und gingen freudig aufeinander zu. Als ein Regenschauer sie unters Dach scheuchte, plauderten sie weiter — in der Hochspringersprache, die keine Landesgrenzen kennt. Später, als die Sonne wieder schien und die Sportler erneut aufwärmten, näherten sich zwei Trainer im Anzug der deutschen Mannschaft.

„Du bist Fosbury?“

„Ja, hallo!“

„Warum springst du diesen Stil?“

„Es ist mein Stil und ich fühle mich gut damit.“

„Damit kannst du nie gewinnen.“

„Warum nicht?“

„Es ist ein falscher Stil.“

„Aber … ich springe gut damit.“

„Du wirst nie Erfolg haben, es ist ein falscher Stil.“

Dick war einiges an Gegenwind gewohnt, doch dieses Gespräch, von dem er noch oft erzählte, machte ihn wütend. Er lag in der Weltrangliste des Jahres an geteilter erster Stelle, keiner war höher gesprungen als er. Und da kamen diese Kerle und sagten ihm ins Gesicht, er könne nicht gewinnen?

„Danke für den Tipp! Ich springe, wie ich kann, und wir werden sehen.“

Allerdings – Dick fühlte sich nicht gut. Das hatte nichts mit seinem Stil zu tun, sondern mit den Umständen des vor ihm liegenden Bewerbs. Die Saison war lang gewesen, viel länger als jede zuvor: Hallenwettkämpfe schon im Winter, dann das Frühjahr, dann die Trials in LA, dann Echo Summit, und nun der Höhepunkt zu gänzlich ungewohnter Jahreszeit an gänzlich ungewohntem Ort. Würde er es schaffen und noch einmal seine gesamte Energie in den entscheidenden Moment legen können? Er wusste es nicht.

Die US-Leichtathleten fuhren einen Sieg nach dem anderen ein. Die Männer gewannen über 100, 200 und 400 Meter, in der 4-mal-100- und der 4-mal-400-Meter-Staffel und im Weitsprung, jeweils mit neuem Weltrekord. Dazu die 110 Meter Hürden sowie Stabhochsprung, Kugelstoß, Diskuswurf und Zehnkampf, und in jedem dieser Bewerbe setzten sie den olympischen Rekord. Die Frauen gewannen die 100 und die 4-mal 100 Meter mit Weltrekord und die 800 mit olympischem. Auch die anderem Teams trugen das Ihre dazu bei, dass die Bewerbe sich zu einem Feuerwerk entwickelten. Im Dreisprung verbesserte der Italiener Giuseppe Gentile im ersten Versuch den Weltrekord und wurde damit – Dritter. Am Ende standen, allein in der Leichtathletik, fünfundzwanzig Weltrekorde in vierzehn Disziplinen zu Buche und nicht weniger als fünfundachtzig olympische Bestmarken.

Die Leuchtrakete, die alle anderen verblassen ließ, zündete Bob Beamon aus New York. Als meine Mitschüler erzählten, da wäre einer 8,90 Meter weit gesprungen, glaubte ich ihnen kein Wort. Ich wusste ja, der Weltrekord stand bei 8,35, und verbessern konnte man eine Weitsprungleistung allenfalls um wenige Zentimeter. Doch es stimmte – im ersten Versuch des Finales hatte Beamon diesen unfassbaren Sprung hingelegt; einen Sprung, von dem man lange nicht sagen konnte, was er wert war. Denn die elektronische Weitenmessung war für solche Distanzen nicht gemacht und versagte. Die Kampfrichter holten ein Stahlmaßband und vermaßen den Sprung per Hand. Wieder und wieder prüften sie, ob das Maßband auch in Ordnung wäre. Nach langen Minuten erschienen die 8,90 an der Anzeigetafel. Beamon wusste noch immer nicht Bescheid, denn er konnte mit Metern und Zentimetern nichts anfangen. Als man ihm sagte, er sei 29 Fuß gesprungen, brach er zusammen und war lange nicht ansprechbar.

Als Beamon ins einundzwanzigste Jahrhundert sprang, befanden sich Tommie Smith und John Carlos, die Gewinner von Gold und Bronze über 200 Meter, nicht mehr im olympischen Dorf. Nach dem Scheitern der Boykottpläne hatten sie sich einen eigenen Protest ausgedacht: Mit hoch erhobener, schwarz behandschuhter Faust, dem Zeichen der Black-Power-Bewegung, standen sie auf dem Siegespodest. Ihre Medaillen behielten sie; die Spiele waren auf Anordnung des Internationalen Olympischen Komitees für sie beendet.

* * * * *

Am Morgen des vorletzten Leichtathletiktages versammelten sich neununddreißig Hochspringer aus fünfundzwanzig Nationen zum Qualifikationswettkampf. Um das Finale zu erreichen, musste man 2,14 Meter springen. Gelang dies weniger als zwölf Athleten, so würden alle bis zum Zwölftplatzierten zum Finale zugelassen und dazu alle, die dieselbe Höhe wie der Zwölftplatzierte erreicht hatten.

Dick ging mit verwundeter Ferse, aber heiler Seele in den Bewerb. Ersteres, weil er in Sandalen ausgerutscht war und sich ein dollargroßes Loch in die Haut geschürft hatte. Zweiteres wegen eines Telegramms aus Medford mit Glückwünschen von hunderten Unterzeichnern: Freunden, Schulkameraden, Lehrern, Teamkollegen aus der High-School-Zeit,

Menschen, die er kaum kannte; und seinem ehemaligen Coach Dean Benson.

Noch nie hatte Dick Sprunghöhen in Metern und Zentimetern von der Anzeigetafel abgelesen, doch er gewöhnte sich rasch daran. Die Qualifikationshöhe entsprach gerade den berühmten sieben Fuß (plus ein paar Millimeter). Schon während des Einspringens hatte er das Raunen auf den Tribünen vernommen, wenn er an der Reihe war. Die Ränge waren spärlich besetzt, weil am Vormittag kein Finale auf dem Programm stand. Doch die wenigen, die ins Stadion gekommen waren, bereuten es nicht. Was dieser Gringo da anstellte, das musste man gesehen haben! Später sagte Dick oft im Interview: „Sportler wollen Aufmerksamkeit, und auch ich wollte Aufmerksamkeit." Selbst wenn die Leute lachten, wie es ihm zu Beginn seiner Karriere häufig passiert war; selbst wenn sie, wie erst vor wenigen Tagen, ihm eröffneten, er könne nie gewinnen – selbst solche Art von Aufmerksamkeit hatte ihn angespornt. Alles war besser, als unbemerkt zu bleiben.

Und so führte ihn das Publikum, ohne es zu wissen, aus der Ermattung am Ende einer langen, kräfteraubenden Saison allmählich zurück in den Wettkampf und zu seiner größten Stärke: der bedingungslosen Konzentration auf sich selbst und die Latte hoch über sich. Von Applaus getragen, überflog er 2,03, 2,09 und 2,14, es war kaum der Rede wert. Mit drei Sprüngen stand er im Finale. Caruthers hatte ebenso wenig Mühe. Außer den beiden überstand keiner die Vorrunde ohne Fehlversuch. Brown und Gawrilow patzten; beide scheiterten dreimal an 2,14. Doch weil diese Höhe nur sechs übersprungen hatten, rutschten sie mit fünf weiteren 2,12-Springern in den Endkampf.

* * * * *

Sonntag, 20. Oktober 1968, gegen zwei Uhr nachmittags.

„Wenn du durch den Stadiontunnel gehst und dann hinaus auf den Platz, verschwinden alle Gefühle und es gibt nur mehr dich und den Wettkampf", beschrieb er viele Jahre später den Moment.

Dreizehn Springer nahmen diesen Weg, vom Aufwärmplatz neben dem Stadion zur Meldestelle in den Katakomben, von dort dann hinaus auf die Laufbahn und zur Hochsprunganlage im Innenraum der Startkurve: drei Amerikaner, zwei Russen, zwei Deutsche und je einer aus Australien, Frankreich, Italien, Jugoslawien, Spanien und dem Tschad. Die Hälfte von ihnen waren Außenseiter mit Bestmarken um die 2,15 oder darunter. Gefahr ging vor allem von Dicks Teamkollegen und den Russen aus. Dass Brown und Gawrilow einen schwachen Vorkampf abgeliefert hatten, hieß gar nichts. Es war nicht ungewöhnlich, dass so ein Athlet dann im Hauptbewerb auftrumpfte – sogar Beamon hatte die Qualifikation erst im letzten Versuch geschafft und dann die Maßstäbe des Weitsprungs für immer verschoben.

Ein sonniger, warmer Tag, das Estadio Olímpico mit 80 000 Zuschauern bis auf den letzten Platz gefüllt. Vor dieser Kulisse würden sich das Kugelstoßen der Frauen, die 1500 Meter der Männer, drei Staffelläufe und die letzte Runde des Marathons abspielen. Und das Hochspringen der Männer, das allem anderen die Schau stehlen sollte.

Denn der Auftritt des Amerikaners mit dem besonderen Stil hatte sich herumgesprochen; vom ersten Augenblick an sah sich Dick im Mittelpunkt des Interesses, und mit ihm der ganze Bewerb. Wenn er sich zum Sprung konzentrierte und sein Ritual durchlief – das Wippen, das Strecken der Finger, das Ballen der Fäuste –, senkte sich Stille über das Oval. Seine Mutter zitterte auf der Tribüne mit, Vater und Schwester zu Hause an den Fernsehapparaten. Da stand er vor ihrer aller Augen: ein 1,93 großer, schlanker und doch athletischer Typ von einundzwanzig Jahren mit Sommersprossen im schmalen Gesicht. Dunkelblaues Trägerleibchen, auf der

Brust die roten, weiß umrandeten Buchstaben „USA", darunter das Rechteck mit der Startnummer 272. Weiße kurze Hose, weiße Socken. Der linke Schuh blau, ein gewöhnlicher Laufschuh, der rechte weiß, ein Hochsprungschuh mit leicht verdickter Vordersohle.

Wie schon im Vorkampf, so sprang Dick auch im Finale 2,03, 2,09 und 2,14 im ersten Versuch, die Höhen dazwischen ließ er aus. Fünf weitere Springer bezwangen die 2,14, darunter Reynaldo Brown und die beiden Russen. Für Ed Caruthers wurde die Höhe zum Höllenritt – nach zwei Fehlversuchen stand er vor der letzten Chance. In Tokio war er Achter geworden, ein Youngster mit einer großen Zukunft. Vier Jahre lang hatte er auf sein zweites Olympiafinale hingearbeitet. Wenn ihm nun der dritte Versuch misslang, würde er erneut Achter sein. Er behielt die Nerven, brachte seine schlotternden Knie unter Kontrolle und rollte im dritten Versuch über die Latte.

Brown, Caruthers und Fosbury ließen die nächste Höhe, 2,16, aus. Crosa aus Italien und Spielvogel aus Deutschland scheiterten dreimal und wurden Sechster und Siebenter. Walentin Gawrilow sprang 2,16 im ersten Versuch, sein Teamkollege Waleri Skworzow im dritten.

Als die Kampfrichter die Latte auf 2,18 Meter legten, waren noch fünf im Bewerb: die drei Amerikaner und die zwei Russen. Langsam, aber sicher trat der Wettkampf in die entscheidende Phase. Laufbahn und Innenraum begannen sich zu leeren. Das Kugelstoßen der Frauen war beendet, ebenso der 1500-Meter-Lauf der Männer. Die Staffelrennen hatten ihre Siegerquartette, und die Marathonläufer würden erst in einer halben Stunde im Stadion erscheinen. Die Bühne gehörte den Hochspringern.

2,18 also. Jene Höhe, mit der Brumel in Tokio gewonnen hatte, und zugleich aktueller olympischer Rekord. Noch vor dem ersten Sprung die Überraschung: Gawrilow signalisierte dem Kampfgericht, er würde auslassen – ausgerechnet er, der bis dahin alle Höhen mitgenommen hatte. Höchstwahrscheinlich war es ein taktisches Manöver, eine Botschaft an die Konkurrenten: „Ich brauche das nicht, ich schaffe ohnehin die nächste Höhe."

Dick hatte noch keinen Fehlversuch gemacht, und dabei blieb es vorerst: Der erste Sprung über 2,18 gelang, und wie er gelang: rasant, dynamisch, ein Pfeil, der von der Sehne schnellte. Es sah aus, als passte ein Kissen zwischen Gesäß und Latte. Die Mexikaner auf den Rängen sprangen auf und jubelten. Dann ebbte der Lärm ab und machte erwartungsvollem Getuschel Platz. Skworzow und Brown rissen dreimal und beendeten den Bewerb als Vierter und Fünfter. Und Caruthers? Der stand schon wieder vor dem dritten Versuch – ein Fehlsprung und er würde bloß Siebenter sein. Doch er besaß Nerven aus Stahl, und als er Sekunden später reglos in der Matte lag, da waren es noch drei: Fosbury, Gawrilow und Caruthers; in dieser Reihenfolge würden sie die 2,20 in Angriff nehmen und die Medaillen unter sich ausmachen.

Mit 2,20 gehörte man zur Weltspitze, wenige hatten diese Höhe bisher überboten: von den Russen nur Brumel mit 2,28; von den Amerikanern John Thomas, der noch immer mit 2,22 den US-Rekord hielt, sowie Caruthers, Brown und Fosbury mit ihren 2,21 von Echo Summit; ja, und der sagenhafte Chinese Ni Chih-Chin, der angeblich vor zwei Jahren 2,27 gesprungen war, aber nie außerhalb Asiens in Aktion trat, da sein Land dem Weltverband nicht angehörte. Es war klar, dass es jetzt um alles ging.

Die Olympiafilme zeigen Dick auch zwischen den Versuchen. Lächelnd springt er aus der Matte, entspannt joggt er zurück auf seinen Platz. Hin und wieder aber packte auch ihn, der am liebsten blödelte und Witze riss, die Nervosität. Dann verbarg er den Kopf zwischen den Knien oder marschierte hektisch auf und ab – in einer Trainingsjacke mit der Startnummer 262, also Caruthers' Jacke.

Es wurde wieder still im Stadion, als Dick vor den 2,20 stand. Lange, aber nicht *zu* lange – die Zwei-Minuten-Regel hatte sich in sein Hirn gebrannt. Dann lief er an, und ein Aufschrei begleitete seinen Sprung – drüber! Er blieb in Führung. Seine Karten standen ausgezeichnet; um ihn zu schlagen, mussten die Gegner die *nächste* Höhe schaffen. Aber die Erinnerung an Echo Summit sagte ihm auch, wie schnell es gehen konnte: wie John Hartfield binnen Minuten vom Sieger zum Verlierer geworden war.

Und tatsächlich: Auch Gawrilow und Caruthers bewältigten die 2,20 im ersten Versuch. Alles war möglich.

Die Latte ging auf 2,22 – eine Höhe, die noch keiner der drei bezwungen hatte. Wieder war Dick als Erster an der Reihe, wieder verstummte das Geplauder auf den Rängen. Die große Anzeigetafel konnte Buchstaben und Ziffern darstellen, aber sie lieferte, anders als heutige, keine Bilder. Wer Pech hatte, saß hundertfünfzig Meter vom Hochsprung entfernt in der Zielkurve und sah Flöhe hüpfen. Nur ein Adlerauge hätte von dort aus die Latte noch erkannt. Dennoch waren alle Blicke auf Dick gerichtet, als er anlief, absprang und drüberflog, wieder im ersten Versuch!

Dann Gawrilows erster Sprung: Die Latte fiel.

Caruthers' erster Sprung: Die Latte fiel.

Gawrilow: Die Latte fiel ein zweites Mal.

Caruthers: Die Latte blieb oben – gültig! Er hatte es tatsächlich geschafft, sich aus aussichtsloser Position zurückzukämpfen an die zweite Stelle! Und im Bewerb zu bleiben, noch immer mit der Chance, zu gewinnen.

Dann Gawrilows dritter Sprung. So souverän er bis 2,20 aufgetreten war – acht Höhen in bestechender Technik ohne einen einzigen Fehlversuch –, so überfordert wirkte er hier; die Latte lag einfach zu hoch für ihn. Zwölf Minuten in seinem Leben hatte er den olympischen Rekord gehalten. Nun blieb ihm Bronze.

Der Wettkampf dauerte schon fast drei Stunden. Die große Uhr zeigte 17:20, als der Stadionsprecher die neue Höhe verkündete:

„The high jump bar has just been raised to 2,24."

In diesen Augenblicken lief der Äthiopier Mamo Wolde als Führender des Marathons in das Stadion ein. Als er seine Runde zurückgelegt hatte und mit beiden Händen das Zielband zerriss, stand Dick im Anlauf vor dem ersten Versuch. Noch war nichts entschieden. Er lag in Front, doch lächerliche zwei Sprünge konnten den Bewerb auf den Kopf stellen. Sollte er im ersten Versuch scheitern und Caruthers nicht, dann würde alles anders sein. Keiner der beiden hatte sich an der Höhe von 2,24 jemals versucht. Aber alles war möglich.

Dick sprang als Erster, und zum ersten Mal in diesem Wettkampf spürte er die Latte und hörte sie fallen. Nun lagen alle Chancen bei seinem Konkurrenten. Doch auch diesem erging es nicht besser. Damit war der Ball wieder bei Dick. Nach dem Marathonsieger hatte es drei Minuten gedauert, bis der nächste Läufer auftauchte, doch nun kamen sie dichter. Dennoch gehörte die Aufmerksamkeit des Publikums den Hochspringern. War Dick nach seinem ersten Fehlversuch im gesamten Bewerb, den Vorkampf eingeschlossen, unsicher geworden? Lag es an der plötzlichen Unruhe im Stadion? Wir wissen es nicht. Jedenfalls fiel die Latte ein zweites Mal. Nun hatte Caruthers erneut Gold vor Augen. Nur *ein* gültiger Versuch, und er wäre wohl nicht mehr einzuholen. Er sammelte sich, lief an, sprang; und fiel, zusammen mit der Latte, in den Schaumstoff.

Ein letzter Versuch für beide.

„Wenn ich diesen letzten Versuch verpasst hätte, hätte *er* die Goldmedaille gewinnen können", erinnerte sich Dick.

Das stimmt, denn Caruthers kam als Letzter an die Reihe. Wer weiß, was geschehen wäre, hätte er mit einem gelungenen Versuch sicheres Gold gehabt.

Doch zunächst bekam Dick seine dritte Chance. Lange stand er am Ablauf, fühlte sich von 80 000 Augenpaaren erfasst, getragen, beflügelt. Rechtes Bein vorn. Finger strecken. Fäuste ballen. Einatmen. Ausatmen. Körper vor. Körper zurück. Blick zum Boden. Blick zur Latte. Eins–zwei–drei–vier–fünf–sechs–sieben–acht! –

„In diesem Moment am höchsten Punkt, als ich den Raum zwischen meinem Körper und der Latte spürte, da wusste ich: Ich habe es geschafft."

Ein Aufschrei aus 80 000 Kehlen! Der Gringo hatte es geschafft! Mit seinem verrückten, rotzfrechen, unmöglichen Stil!

„Ich erinnere mich nicht mehr wirklich an die Landung. Nur daran, wie ich aus der Matte stieg."

Er hob lächelnd die Arme, verhalten jubelnd, wie es seine Art war, und doch ganz anders als nach den Sprüngen davor. Er lief hierhin und dorthin, griff sich an den Kopf, schlug die Hände vors Gesicht und wusste nicht, was er mit sich anfangen sollte. Es war unglaublich, aber war es genug? Noch hatte Caruthers eine letzte Möglichkeit. Aber auch der ahnte, dass die Entscheidung gefallen war, denn selbst ein gelungener Sprung hätte ihm, wegen der Fehler bei den Höhen darunter, nicht zum Sieg gereicht. Er sprang und scheiterte zum dritten Mal.

Allein im Bewerb, ließ Dick die Latte auf 2,29 legen, einen Zentimeter über Brumels Weltrekord. Der dritte Versuch gelang gar nicht schlecht, aber es war doch zu wenig für diese gigantische Höhe. Um über sich hinauszuwachsen, brauchte er den Wettkampf.

Doch der Wettkampf war vorbei.

I Had Gone Beyond My Dreams

„Ich machte noch drei Versuche beim Weltrekord, aber … ich war erledigt. Ich war weiter gekommen als in meinen Träumen, in einen Bereich, den ich mir nie vorstellen hätte können. Ich war einfach glücklich."

Es dunkelte bereits, als er zusammen mit Caruthers und Gawrilow zur Siegerehrung ging.

„Als ich auf dem Podium stand und sie mir die Goldmedaille um den Hals hängten, die Hymne spielten und die amerikanische Fahne hissten, da hatte ich nicht so sehr ein patriotisches Gefühl meinem Land gegenüber. Es war einfach … zu Hause, es waren die Leute in meiner Heimatstadt Medford, Oregon, an die ich dachte. Meine Freunde, Familie und die Leute, die mich unterstützt hatten, denen fühlte ich mich verbunden."

Noch im Stadion stürzten sich die Medien auf ihn.

„Mr. Fosbury, –"

„Bitte keine Interviews, ich bin fix und fertig."

„Mr. Fosbury, wie kamen Sie zu Ihrem Stil?"

W. Tschirk, *Heart. Flop. Moon.*,
https://doi.org/10.1007/978-3-662-72050-9_20

Da war sie wieder, die Frage, die man ihm zu Hause seit Jahren stellte. Reporter, nun aus allen Teilen der Welt, würden sie immer wieder stellen, und er würde sie immer wieder geduldig und ausführlich beantworten. Aber nicht jetzt. Er sah zu, dass er davonkam, schwänzte die Pressekonferenz (wofür man ihn lange schalt), ließ die Schlusszeremonie sausen und ging mit seiner Mutter zum Abendessen.

Am nächsten Morgen lag die Sportwelt im Fosbury-Fieber. „Tausende Kinder übten den Fosbury-Flop auf ihren Couches und Betten." Dick sah sein Bild auf Titelseiten, las seinen Namen in Schlagzeilen, stand vor Mikrofonen und Fotoapparaten, saß in Fernsehstudios und genoss den Rummel. Ein entspannter Teenager, so wirkte er zumindest im orangen T-Shirt der Oregon State University, lachend, quirlig und plaudernd wie ein Wasserfall.

Medford empfing ihn, als wäre er der Papst persönlich. Im offenen Wagen stehend, paradierte er vor tausenden Fans über die Hauptstraße. Er lächelte vom Milchplakat, trat in Johnny Carsons Tonight Show auf, bei Mike Douglas und wer weiß, wo sonst noch, Anfragen aus der ganzen Welt trudelten ein, Fosbury hier, Fosbury da, er floss aus jedem Wasserhahn.

„Mein ganzes Leben hatte sich verändert. Wenn ich über die Straße ging, egal wo, sprachen mich die Leute an. Sie erkannten mein Gesicht, sie wussten, wer ich war."

So gut wie jeder Veranstalter lud ihn für die Hallensaison '69 zu seinem Meeting ein. Berny Wagner suchte eine Reihe attraktiver Wettkämpfe aus und sprach schon vom Weltrekord. Dick konnte nach einem überlangen Jahr und drei chaotischen Monaten kaum die Beine heben. In Oakland scheiterte er an seiner Anfangshöhe von 6′6″ (1,98) und schied ohne gültigen Versuch aus. Die Fans rissen sich dennoch um ihn; er schrieb Autogramme ohne Ende und musste schließlich von der Security befreit werden. Beim nächsten Meeting dasselbe Spiel, und so ging es weiter, bis er im Februar, mitten in der Saison, nicht mehr konnte. Er hatte keinen einzigen Bewerb gewonnen und kein einziges Mal die sieben Fuß übersprungen.

„Fosbury wird auf Anraten seines Arztes eine Ruhepause einlegen", erzählte Wagner den Reportern.

Im Frühjahr, als die Freiluftwettkämpfe begannen, schien er wieder der Alte zu sein. Er gewann zum dritten Mal die Pacific-8 und verteidigte mit 7′2½″ (2,19) seinen NCAA-Titel. Doch das war es auch schon. Beim Länderkampf gegen Großbritannien und die Sowjetunion kam er nur auf 6′8¾″ (2,05) und durfte sich einiges anhören. Immer noch brachten Medien in der ganzen Welt seine Resultate, aber der Ton wandelte sich von Bewunderung zu Mitleid. Ich erinnere mich an eine Meldung im österreichischen Fernsehen, unterlegt mit einem der bekannten Mexico-City-Fotos: „Olympiasieger Dick Fosbury musste sich mit 2,06 begnügen."

Auch Dick selbst veränderte sich; er trug die Haare nun lang, gelegentlich ein Stirnband, und kleidete sich ausgeflippt. „Die Leute stellten mich auf ein Podest. Sie stellten mich über sich selbst. Sahen sie mich aber mit meinen Freunden, wenn wir tranken und es uns gutgehen ließen, kritisierten sie mich, weil ich nicht der Golden Boy der Olympics war. Ich nahm mir das sehr zu Herzen. Damals begann ich mich zurückzuziehen."

Dann erreichte ihn die Einladung zur Saison in Europa. Das Antreten dort wurde gut bezahlt (wenngleich unter der Hand, wegen der Amateurbestimmungen). Die Gagen eines Olympiasiegers, *dieses* Olympiasiegers, wären wohl nicht zu knapp ausgefallen.

„Ich habe das abgelehnt. Ich war fertig. Ich wollte nach Hause, einfach zurück zur Normalität. Zurück zu meinem Ingenieurstudium."

Dick ging zu Wagner. „Er kam zu mir ins Büro und fragte mich: ,Coach, kannst du mir helfen, zurück ins Ingenieurstudium zu kommen?‘ Da habe ich ein paar Kontakte spielen lassen.“

„Sie gaben mir die Chance, aber sie sagten: ‚No jumping. It’s up to you.‘“ Dick akzeptierte.

* * * * *

„Hätten Sie gedacht, dass der Flop den Hochsprung revolutionieren würde?“

„Nein, nie. Ich wusste, dass der Stil für mich funktioniert. Ich hielt es für möglich, dass einige andere ihn verwenden könnten. Aber ich habe mir nie vorgestellt, dass einmal jeder in der Welt so springen würde. Die führenden Athleten haben ihre Technik auch gar nicht geändert. Es waren die Jungen, die meinen Stil übernommen haben. Die Kinder, die mich bei Olympia gesehen hatten.“

Eines dieser Kinder war ich selbst. Ein paar Tage nach dem 20. Oktober ’68 stand ich, zwölf Jahre alt, auf dem Trainingsplatz, zehntausend Kilometer entfernt von Mexico City und ebenso weit von Medford. Ich hatte Dick nicht vor dem Bildschirm verfolgt, besaß aber vier Schwarzweißfotos vom Siegessprung, ausgeschnitten aus der Zeitung. Damit versuchte ich dahinterzukommen, wie die Sache funktionierte. Als ich vierundzwanzig Jahre später die Sprungschuhe zum letzten Mal ablegte, da war ich nicht Olympiasieger geworden. Aber ich hatte *meine* crazy days of summer erlebt und war Dicks Rekord bis auf zwei Zentimeter nahegekommen. Ich wäre sehr gern einmal mit ihm gesprungen; doch als ich stark genug für einen internationalen Auftritt war, hatte er sich längst vom Sport zurückgezogen.

Die Jungen übernahmen nicht nur seinen Stil, sondern mit diesem Stil auch bald das Kommando in allen Leistungsklassen. Seit langem bilden Flopper die Weltspitze, bei Männern wie Frauen. Sie eroberten jedes Olympiagold und jeden Weltrekord seit 1980, halten die aktuellen Rekorde

2,45 (Männer) und 2,10 (Frauen) und stellen alle Finalisten heutiger Großbewerbe. Dabei hat der Flop mehr Gegner auf den Plan gerufen als die meisten anderen Neuerungen im Sport. Anfangs dachten viele, er widerspräche den Regeln; das Regelbuch bewies das Gegenteil. Dann hielt man ihn für gefährlich; Gordons Port-a-Pit beseitigte das. Dann galt er als „Abkürzung in die Mittelmäßigkeit"; eine Flut von Rekorden spülte dieses Vorurteil hinweg. Zuletzt zogen sich die Kritiker auf den Standpunkt zurück, der Flop sei unästhetisch. Nun ja – Geschmacksurteile kann man nicht widerlegen, und meiner Ansicht nach gibt es wirklich viele unästhetische Flopper. Doch wer Dick Fosburys Sprünge von Mexico City gesehen hat, der hat die Eleganz in persona erlebt.

Im März 1972 hielt Dick sein Bauingenieurdiplom in Händen – fünf Monate vor den Olympischen Spielen in München. Zu gern würde er seinen Titel verteidigen. Um sich für die Trials zu qualifizieren, musste er 7′1¼″ (2,14) springen. Er versuchte es, lief, hob Gewichte, sprang; doch er war zu lange weg gewesen. Er war jetzt fünfundzwanzig. Sein Körper hatte über die Jahre an Spannkraft eingebüßt. Und der Spirit, der ihn weit über die Grenzen seiner Fantasie hinausgetragen hatte, war verflogen. Leise ging eine große Karriere zu Ende, eine Karriere, die eine ganze Nation berührt hatte. Die Geschichte des Jungen, der *seinen* Weg ging und auf diese Weise vom schlechtesten Hochspringer in Oregon zur Nummer eins der Welt wurde, zumindest für einen Augenblick.

Richard Douglas Fosbury war niemals ein ruhender Stern. Er stieg auf und verglühte. Doch das Feuer, das er entzündet hat, wird noch lange leuchten am Himmel des Sports.

Moon
Die Mondlandung

We Choose to Go to the Moon

Am 12. September 1962, einem Mittwoch, wurde mein Vater siebenundzwanzig. Ich saß mit Buntstiften vor einem linierten Heft und malte Gänseblümchen, die sich auf Geheiß der Lehrerin alsbald in Buchstaben verwandeln sollten. Mein Bruder war vier und durfte die Gänseblümchen noch von der Wiese pflücken. Und meine Mutter, fünfundzwanzig, träumte von einer Wohnung mit Zentralheizung anstelle des Kohleofens, und dass man zum Baden nicht mehr sommers wie winters über den Hof laufen müsse, um die Waschküche zu erreichen, den einzigen Raum, in dem Wasser floss. Von alledem steht in den Geschichtsbüchern nichts, ich habe nachgesehen. Was stattdessen dort steht, ist – ich kann es nicht leugnen – ungleich aufregender und hat den Lauf der Welt ungleich stärker beeinflusst.

Der 12. September 1962 war in Houston, Texas, ein warmer, sonniger Tag. Auf den Tribünen des Rice Stadium, des Football-Stadions der Rice University, hatten 40 000 Menschen Platz genommen, als John F. Kennedy um 10:15 Uhr,

© Der/die Autor(en), exklusiv lizenziert an Springer-Verlag GmbH, DE, **203**
ein Teil von Springer Nature 2025
W. Tschirk, *Heart. Flop. Moon.*,
https://doi.org/10.1007/978-3-662-72050-9_21

nach einem Blick auf seine Notizen, die Begrüßungsformel sprach. Die Rede, die er halten würde, richtete sich nur pro forma an „President Pitzer, Mr. Vice President, Governor, Congressman Thomas, Senator Wiley and Congressman Miller, Mr. Webb, Mr. Bell" und an die „scientists, distinguished guests and ladies and gentlemen", die rund um das Rednerpult und auf den Rängen lauschten. In Wahrheit richtete sie sich an alle Bürger der Vereinigten Staaten. *Ihnen* hatte Kennedy etwas mitzuteilen, von *ihnen* erhoffte er sich Unterstützung für einen Plan, der seinesgleichen nicht fand in der Geschichte.

In den eineinhalb Jahren seiner Präsidentschaft hatte das Bild der USA als führende Macht Kratzer abbekommen. Ausgerechnet die Russen, das personifizierte Böse, befanden sich auf der Überholspur, wenn nicht schon in Front: wissenschaftlich, technologisch und – Gott behüte! – militärisch. Mit Kuba besaßen sie einen Verbündeten direkt vor der Küste Floridas, und beim Versuch, Castro zu stürzen, waren die Amerikaner gescheitert: Die Invasion in der Schweinebucht galt als Kennedys Waterloo, obwohl die Mission zur Gänze in der Amtszeit seines Vorgängers Eisenhower geplant worden war und er selber bloß der Durchführung zugestimmt hatte. Ebenso finster sah es aus, wenn es um die Vorherrschaft im Weltraum ging. 1957 hatte die UdSSR einen Satelliten in die Erdumlaufbahn gebracht, 1961 einen Menschen. Zwar konnten die USA beide Male nachziehen, aber Zweite blieben sie dennoch. Dass die Russen ihre Atomsprengköpfe über Nordamerika parken könnten, erschien den meisten gar nicht so weit hergeholt und stellte eine unerträgliche Bedrohung dar. Und zu allem Überfluss nagte das Gefühl, abgehängt zu sein, am Stolz einer Nation, die es gewohnt war, immer und überall den Ton anzugeben.

Im Weltraum die Führung zu übernehmen, war also dringend geboten. Erstens, um nicht militärisch ins Hintertreffen zu geraten. Zweitens, um den Ruf der USA als wissenschaftliche und technologische Supermacht wiederherzustellen. Drittens, um Kennedys Präsidentenamt auch über die nächsten Wahlen hinaus zu sichern.

Allerdings war das Raumfahrtprogramm der Amerikaner, verglichen mit dem der Russen, schwach entwickelt und schwach finanziert. Eisenhower hatte ihm wenig Bedeutung zugemessen; nicht einmal der militärische Einsatz von Raketen schien ihm wichtig, von den zivilen Anwendungen ganz zu schweigen. Kennedy selbst besaß wenig Wissen, dafür aber einen Experten an seiner Seite: den Vizepräsidenten Lyndon B. Johnson, der sich schon als Senator für die Weltraumforschung stark gemacht hatte und dort „Leute kannte". Mit diesen Leuten berieten der Präsident und sein Stellvertreter im Frühjahr 1961, auf welchem Weg sie die Russen überholen könnten. Bald kristallisierten sich drei mögliche Vorhaben heraus.

„Können wir früher als die Russen ein Labor im All errichten?"

„Keine Chance." James Webb, seit zwei Monaten Administrator (Leiter) der NASA, winkte ab. „Sobald die Russen davon Wind bekommen, nützen sie ihren Vorsprung."

„Können wir früher als sie den Mond umrunden?"

„Fifty-fifty. Sie haben früher als wir die Erde umrundet, und der Unterschied ist nicht so groß. Die besten Chancen haben wir, wenn wir etwas völlig Neues anfangen, wo beide vom selben Punkt starten."

„Und das wäre?"

„Einen Mann auf den Mond und wieder zurück bringen."

Schweigen auf den weißen Sofas. Beim bloßen Gedanken an eine solche Unternehmung türmten sich Berge von Problemen auf, und nur ein amerikanischer Präsident konnte die folgende Frage stellen:

„Können wir das noch in diesem Jahrzehnt tun?"

Wer als Erster die Antwort gab und wie viele Drinks dabei im Spiel waren, wissen wir nicht. Sicher ist nur, dass irgendeiner in diesem Kreis nach einem halben Jahrtausend die Verrücktheit des Christoph Kolumbus noch übertraf.

„Ja."

Doch den Höhen von Ehre und Macht vorgelagert waren die Niederungen des Geldes, und so fand man sich bald auf dem Boden der Realität wieder. Webb schätzte die Kosten für ein Mondlandeprogramm auf 22 Milliarden Dollar, etwa das Fünffache dessen, was für die Raumfahrt bis zum Ende der 60er-Jahre eingeplant war. Eine solche Summe bedurfte der Zustimmung des Kongresses, des Parlaments der Vereinigten Staaten. Also stellte sich Kennedy am 25. Mai 1961 vor die Senatoren und Abgeordneten und hielt eine feurige Ansprache. Den profanen Zweck, nämlich die Bitte um Geld, überwölbte er mit einer Aura der Unausweichlichkeit: Im Namen der Freiheit seien die USA dazu bestimmt, im Weltraum voranzugehen. Und das konnten sie nur auf *eine* Weise erreichen.

„Ich glaube, dass diese Nation sich zu dem Ziel verpflichten sollte, noch vor dem Ende dieses Jahrzehnts einen Mann auf dem Mond zu landen und ihn sicher zur Erde zurückzubringen."

Kennedy bekam seine Milliarden und das Weltraumprogramm nahm Fahrt auf, jedoch nicht zur Freude aller. Einer Gallup-Umfrage zufolge sprachen sich 58 Prozent der Amerikaner *gegen* das Programm aus. Viele sahen darin ein sinnloses Unterfangen, das jedem brav arbeitenden Bürger ein Monatseinkommen wegfraß – Geld, das anderswo gebraucht wurde. Zum Beispiel in der Bildung. Warum hatten denn die Russen, dieses Bauernvolk, die Nase vorn? Weil sie ihren Kindern Mathematik und Physik beibrachten, während die USA ihren Nachwuchs im Rock ‚n' Roll verblöden ließen.

Es genügte also nicht, die Raumfahrt zu forcieren – der Präsident musste sein Volk hinter sich versammeln. Deshalb stand er nun im Rice Stadium von Houston und schwor 40 000 Zuhörer, stellvertretend für 180 Millionen Amerikaner, auf sein Projekt ein. Er packte sie bei ihrem Stolz. Dazu resümierte er in kurzen, eindrucksvollen Worten die Geschichte der Menschheit. Von der Geburt des Christentums über die Entschlüsselung der Schwerkraft bis zur Erfindung von elektrischem Licht, Telefon, Automobil und Flugzeug, vom ersten Atlantikflug über Penicillin und Kernkraft bis zur Saturn-Rakete bot er alles auf. Man hätte glauben können, dass auch Jesus, Newton und Fleming Amerikaner waren. Und nun stand es einer neuen Generation zu, sich am Wagemut ihrer Vorfahren zu messen.

„We choose to go to the moon." – „Wir entscheiden uns dafür, zum Mond zu gehen."

Würde es Geld kosten? Ja – allerdings weniger, als die Amerikaner für Zigaretten ausgaben. Würde es schwer werden? Ja – aber umso besser!

„Wir entscheiden uns dafür, zum Mond zu gehen, noch in diesem Jahrzehnt, und all die anderen Dinge zu tun, nicht weil sie leicht sind, sondern weil sie schwer sind!" Weil dieses Ziel die besten Kräfte bündeln würde, Wissenschaft und Bildung fördern, und weil die Raumfahrt, obwohl erst in den Kinderschuhen, schon zehntausende neue Jobs geschaffen hatte. Und natürlich, weil die friedliche Eroberung des Weltraums nur unter Führung der Vereinigten Staaten gelingen könne.

„Wenn wir nun die Segel setzen, bitten wir um Gottes Segen für das riskanteste, gefährlichste und großartigste Abenteuer, auf das sich die Menschheit jemals begeben hat. Thank you."

Nach knapp achtzehn Minuten hatte er sie in der Tasche.

Across the Universe

Der Cowboy Lucky Luke, der den Colt schneller zog als sein Schatten und in jenen Tagen überaus populär war, besaß bekanntlich einen Hund, und dieser Hund war gelegentlich unkonzentriert. Nachdem er, am Boden schnüffelnd, mehrmals durchs Bild gehuscht war – von links nach rechts, von rechts nach links und wieder zurück –, hielt er inne, hob den Kopf und dachte nach: „Was suche ich eigentlich? Und angenommen, ich finde es – was fange ich dann damit an?"

Das war die Lage der Menschen, als sie im All zu schnüffeln begannen. Was suchten sie eigentlich? Und angenommen, sie fänden es – was würden sie dann damit anfangen? Was konnten sie, mit dem Wissen von damals, überhaupt erwarten? Lassen Sie uns das ergründen. Sie begeben sich dazu auf eine Reise durch das Universum, ich liefere die Stimme aus dem Off.

Die Erde erzittert leicht, als Ihr Raumschiff sich vom Boden erhebt. In den ersten Sekunden befinden Sie sich mehr oder weniger in gewohnter Umgebung, in der Atmosphäre, wo es noch Vögel, Wolken und Flugzeuge gibt. Die Luft

© Der/die Autor(en), exklusiv lizenziert an Springer-Verlag GmbH, DE, **209** ein Teil von Springer Nature 2025
W. Tschirk, *Heart. Flop. Moon.*,
https://doi.org/10.1007/978-3-662-72050-9_22

wird dünner und es wird kälter. Allmählich färbt sich der Himmel von blau zu schwarz, denn es umgeben Sie immer weniger Luftteilchen, die das Sonnenlicht streuen und so für die Farben sorgen. Sie blicken zurück und sehen, wo das Blau geblieben ist: Ein zarter Schimmer um die Kugel, von der Sie sich nun ein Weilchen trennen werden. Sie erahnen die Umrisse der Meere und der Landmassen, zugleich aber auch den Moment, an dem das vertraute Bild entschwunden sein wird. Vor Ihnen hängt der Mond, irgendwo weit weg steht die Sonne, ansonsten scheint alles finster und leer. Aufs zweite Hinsehen aber nehmen Sie tausende, nein: Millionen und Milliarden leuchtender Punkte wahr: Sterne. Sie sind nicht so verwirrt wie die antiken Astronomen oder wie Galilei, als er den Himmel durch sein Fernrohr erblickte, denn Sie wissen ja, was Sterne sind: riesige, glühende Kugeln aus Wasserstoff und Helium.

Nach drei Tagen passieren Sie den Mond, Sie sind nämlich so schnell unterwegs wie später Apollo 11: mit (im Durchschnitt) 5000 Kilometern pro Stunde, also 120 000 Kilometern pro Tag oder 44 Millionen Kilometern pro Jahr. Den Mond kennen Sie ziemlich gut: Sein Volumen beträgt ein Fünfzigstel des Erdvolumens, seine Oberfläche ist grau, trocken, von Kratern übersät und ohne Leben, im Licht heiß, im Schatten kalt, und er besitzt so gut wie keine Atmosphäre. Das alles ist zur Zeit Ihrer Reise bekannt. Niemand rechnet damit, dass Sie dort neues Land finden würden, auf dem ein Siedler morgens vor seine Hütte treten könnte, um behaglich den Sonnenaufgang zu genießen.

Dreieinhalb Jahre würde es dauern, bis Sie die Sonne erreichen, hätten Sie diese Richtung gewählt. Aber es zieht Sie in die Ferne, und darum fliegen Sie von der Sonne weg. Außerdem wissen Sie längst alles über sie: ein mittelgroßer Stern, im Volumen eine Million Mal so groß wie die Erde.

Damit fliegen Sie aber auch weg von den beiden Planeten, die die Sonne auf den inneren Bahnen umlaufen: dem kleinen Merkur und unserer Schwester, der Venus. Nun haben Sie etwas Zeit; erst in knapp zwei Jahren kreuzen Sie die Ellipse des Mars, die Bahn des ersten Planeten auf Ihrer Reise. Den Mars merken Sie sich vor, ihn umhüllt eine dünne Atmosphäre und vielleicht gibt es dort sogar Wasser.

Ein Jahr später tauchen Sie in den Asteroidengürtel, eine Zone voller kleiner Objekte (die größten haben etwa ein Hundertstel des Mondvolumens), die Ihnen drei Jahre lang um die Ohren fliegen werden.

Nun dauert es länger – vierzehn Jahre, vom Start weg gemessen, bis Sie den Jupiter erreichen, falls er gerade günstig steht. Der Jupiter beeindruckt Sie in zweifacher Hinsicht: Er ist der größte Planet unseres Sonnensystems, im Volumen tausendmal so groß wie die Erde, und er besteht, bis auf einen kleinen festen Kern, aus Gas. Die inneren Planeten Merkur, Venus, Erde und Mars sind aus Gestein; die äußeren: Jupiter, Saturn, Uranus und Neptun aus Gas. Der alleräußerste, Pluto, besteht aus Gestein und Eis. Dass man ihn bald nicht mehr zu den Planeten zählen wird, weil er klein ist und nicht in der Ebene umläuft, die sich die anderen teilen, können Sie noch nicht wissen.

Dreißig Jahre nach dem Start sind Sie beim Saturn, dem zweitgrößten Planeten, dreiunddreißig Jahre später beim Uranus und ziemlich genau hundert Jahre nach Ihrem Aufbruch beim Neptun. Sie haben keinen Ort gefunden, wo Menschen sich im Freien ohne Raumanzug bewegen könnten. Und Sie haben nicht die geringste Spur von Fruchtbarkeit oder Leben entdeckt. Schön langsam verlassen Sie das Sonnensystem. Wann genau, kann niemand sagen, denn niemand hat je Grenzen angegeben; aber auf ein paar Jahre mehr oder weniger kommt es nicht an, denn nun nehmen Sie Kurs auf einen Stern.

Sie greifen zu Papier und Bleistift (Taschenrechner gibt es noch nicht), kalkulieren kurz und erstarren: Bis zum nächstgelegenen Stern, Proxima Centauri, dauert es – 900 000

Jahre! Sie fangen an zu verstehen, warum ich diese Reise Ihnen überlassen habe. Aber wie kann das sein? Sie sehen doch Sterne dicht an dicht um Sie herum! Nein – das täuscht, weil Sie ungehindert in die Tiefen des Raums blicken und Ihnen alle Größenvergleiche fehlen. Zwei Sterne mögen aussehen, als stünden sie knapp nebeneinander; in Wahrheit ist der eine zehnmal weiter entfernt als der andere, bloß in der gleichen Blickrichtung. Die Sterne der Milchstraße, einige hundert Milliarden, sind unvorstellbar weit voneinander entfernt. Wären sie klein wie Sandkörner, träfe man nur alle paar Kilometer einen an.

Bis Sie die Milchstraße verlassen, dauert es zehn Milliarden Jahre. Und dann? Dann ist es zunächst einmal *richtig leer* und *richtig finster*. Verglichen damit wirkt das sternenbestäubte schwarze Nichts, das Sie bisher wahrgenommen haben, wie der Strand von Saint-Tropez im Juli. Nun aber ist sogar der Staub verschwunden. Viele Milliarden Jahre entfernt schwebt die nächste Galaxie, und so geht es immer weiter. Mindestens zwei Billionen Galaxien gibt es, die Schätzungen werden täglich absurder. Ich schlage vor, Sie kehren um.

* * * * *

Angesichts dieser Verhältnisse schien es übertrieben, beim ersten Schritt in das All von einer Eroberung des Weltraums zu sprechen – als würde man eine Zehe ins Wasser stecken und behaupten, man erobere die Weltmeere. Andererseits lag es noch keine sechzig Jahre zurück, dass ein stoffbespannter Doppeldecker gerade einmal 37 Meter weit aus eigener Kraft geflogen war. Und nun flog die Boeing 707. Ihr Rumpf war länger als der gesamte erste Motorflug, und die Strecke, für die Orville Wright zwölf Sekunden gebraucht hatte, durchschoss sie in eineinhalb Zehnteln. Vielleicht würde die

Raumfahrt ähnlich voranstürmen, vielleicht mit noch viel größeren Schritten?

Selbst wenn wir nicht in absehbarer Zeit (oder überhaupt nie) zu fremden Welten gelangen würden – vielleicht würden die fremden Welten zu uns gelangen oder hatten es schon getan. An diese Überlegung schloss sich die Frage an, ob es außerirdisches Leben gebe und ob wir mit ihm in Kontakt kommen könnten. Im Jahr 1961 stellte der amerikanische Astrophysiker Frank Drake eine Formel vor, mit der man abschätzen konnte, wie viele intelligente Zivilisationen es in unserer Milchstraße gibt. Sie war sehr einfach aufgebaut, nämlich als Produkt von sieben Faktoren: der Anzahl der Sterne, die pro Jahr entstehen, dem Anteil jener Sterne, die Planetensysteme entwickeln, und so weiter bis hin zur Lebensdauer intelligenter Zivilisationen. Für keinen dieser Faktoren konnte man einen sicheren Wert angeben (man kann es bis heute nicht). Manche konnte man schätzen, bei anderen tappte man völlig im Dunkeln, und so musste man Annahmen treffen, um aus der Drake-Formel überhaupt ein Ergebnis zu erhalten. Darum blieb es, Formel hin, Formel her, eine Frage des Glaubens, ob man der Milchstraße *eine* intelligente Zivilisation (nämlich unsere) zuschrieb oder ein paar Millionen.

Nun hatte man schon in der 40er-Jahren über fliegende Untertassen berichtet. 1947 soll eine in New Mexico abgestürzt sein, an Bord mehrere Aliens. Und 1961 sollen Außerirdische das Ehepaar Betty und Barney Hill in ihr UFO entführt und den beiden Gewebeproben abgenommen haben. Zwar bezweifelten die meisten Menschen diese Erzählungen, aber ganz von der Hand zu weisen schien das alles nicht. Denn Abenteuer im Weltraum hatten längst einen festen Platz im Bewusstsein der Menschen erobert, und zwar durch das Kino.

Wikipedia listet für das Jahrzehnt bis zu Kennedys Mondrede rund fünfzig Filme auf, die in der einen oder anderen Weise von der Raumfahrt handeln (Science-Fiction mit unerklärlichen, vielleicht außerirdischen Erscheinungen ist hier nicht mitgezählt). Zwei Drittel wurden in den USA gedreht, der Rest vor allem in Großbritannien, Mexiko und der UdSSR. Die Palette reicht vom Klassiker *Kampf der Welten* (nach H. G. Wells' Roman *Krieg der Welten*) bis zum *Plan 9 aus dem Weltall*, der noch zwanzig Jahre später zum schlechtesten US-Film aller Zeiten gewählt wurde und dennoch – oder deshalb – als Kultfilm gilt.

In einem Dutzend dieser Filme landen Menschen auf fremden Himmelskörpern: auf dem Mond, dem Mars, der Venus, dem Uranus oder auf erfundenen Planeten. Beinahe dreimal so oft aber erhalten wir Besuch, und hier in erster Linie vom Mars. Oft sind es menschenähnliche Wesen, die uns die Ehre erweisen, manchmal friedlich, meistens nicht, und die bekannten grünen Marsianer mit ihren überdimensionalen Köpfen und Augen gehören definitiv zu den Bösen. Auch glibbrigen, gallert- oder schwammartigen Kreaturen würde ich nicht trauen, ganz zu schweigen von Robotern. Von der Venus kommen meist Frauen – aber Vorsicht: Im *Schiff der Ungeheuer* kommen sie, um Nachschub an Männern zu holen, weil ihnen die zu Hause ausgegangen sind.

Die Filme sind vorwiegend ernster Natur oder zumindest ernst gemeint. Österreich steuerte eine Satire bei (*1. April 2000*), in der das einschwebende Raumschiff mit der Ästhetik eines Eierkochers besticht und die Insassen in ihren Raumanzügen aussehen wie Michelin-Männchen. Die USA brachten die Komödie *Besuch auf einem kleinen Planeten* mit Jerry Lewis, und Estland beteiligte sich mit dem Puppentrickfilm *Ott im Kosmos*. Da es in den USA auch schon einschlägige Fernsehserien gab, waren die Amerikaner auf das Kommende eingestimmt wie nie zuvor auf ein Abenteuer. Die Erschließung des Kontinents, der Bau des Panamakanals, Lindberghs Flug über den Atlantik – all das war zuerst Wirklichkeit geworden und erst danach in Hollywood gelandet. Was die Raumfahrt betrifft, sollte es umgekehrt laufen.

Mit einer Ausnahme, in die aber nicht Hollywood verwickelt war, sondern das Leningrader Studio für populärwissenschaftliche Filme. Dort entstand 1957 eine Mischung aus Dokumentation und Spielfilm, *Der Weg zu den Sternen*, die das Leben und Wirken von Konstantin Ziolkowski (1857–1935) zum Thema hatte. Damit sind wir im nächsten Kapitel.

Ten–Nine–Eight

Weltraumraketen fliegen ganz anders als Flugzeuge.

Erstens sind sie die meiste Zeit ohne Antrieb unterwegs. Ihr Triebwerk schalten sie vor allem zum Beschleunigen am Start ein. Haben sie aber einmal den leeren Raum erreicht, wo kein Medium sie bremst, und sind sie genügend weit von anziehenden Himmelskörpern entfernt, dann benötigen sie keine Kraft mehr, um ihre Bewegung aufrechtzuerhalten. Lediglich Kurskorrekturen bedürfen des – meist kurzzeitigen – Einsatzes der Maschine.

Zweitens sind Raketen nicht nur *schneller* als Flugzeuge, sondern *sehr viel schneller*. Um in einer niedrigen Erdumlaufbahn zu bleiben, brauchen sie eine Geschwindigkeit von 28 000 Kilometern pro Stunde, erst dann hält ihre Fliehkraft der Erdanziehung die Waage. Wären sie langsamer, würden sie zu Boden stürzen. Um antriebslos immer weiter von der Erde weg zu fliegen, brauchen sie anfangs 40 000 Kilometer pro Stunde. Diese beiden Geschwindigkeiten sind nicht von der Technik bestimmt, sondern von der Physik. Sie gelten immer – Raketen, die die erdnahe Anziehung überwinden

© Der/die Autor(en), exklusiv lizenziert an Springer-Verlag GmbH, DE, ein Teil von Springer Nature 2025
W. Tschirk, *Heart. Flop. Moon.*,
https://doi.org/10.1007/978-3-662-72050-9_23

sollen, müssen dreißig- bis vierzigmal so schnell sein wie eine Boeing 707, und das bedeutet: In puncto Geschwindigkeit verhält sich die Rakete zum Jet wie der Jet zum Fahrrad.

Der größte Unterschied zu Flugzeugen besteht jedoch darin, dass Raketen im leeren Raum manövrieren können: beschleunigen, bremsen, die Richtung ändern oder sich in Drehung versetzen. Dabei könnte keine Tragfläche für Auftrieb sorgen und kein Seitenruder für ein Lenken, denn beide Elemente wirken ja nur durch die Kraft der Strömung in einem umgebenden Medium.

Die Grundlage dieser Zauberei haben vor allem zwei Menschen geschaffen: Isaac Newton 1687 mit seinen drei Axiomen und dem Gravitationsgesetz, und Konstantin Ziolkowski 1903 mit der Raketengrundgleichung und der Erfindung der Mehrstufenrakete. Sehen wir, was es damit auf sich hat.

Stellen wir uns dazu eine Rakete vor, die ohne Antrieb durch einen völlig leeren Raum fliegt. Es gibt keinen Schub, keine Gravitation und keine Reibung, kurz: Auf die Rakete wirkt keinerlei Kraft. Multipliziert man die Masse der Rakete (einschließlich des Treibstoffs, den sie mitführt) mit ihrer Geschwindigkeit, erhält man den Impuls des Gesamtsystems aus Rakete und Treibstoff. Aus den newtonschen Axiomen folgt, dass dieser Impuls konstant bleibt.

Nun zünden wir in Gedanken das Triebwerk. In der folgenden Sekunde (wir können uns auch eine andere kurze Zeitspanne denken) wird ein Teil des Treibstoffs nach hinten ausgestoßen und verliert dadurch von seinem Impuls. Da der Impuls des Gesamtsystems konstant bleibt, erhöht sich jener des Restsystems: Die Rakete samt ihrem verbleibenden Treibstoff wird schneller. In der nächsten Sekunde geschieht das Gleiche: Ein Teil des Treibstoffs wird nach hinten ausgestoßen und die Rakete wird abermals schneller. So geht es weiter: Die Rakete beschleunigt durch fortgesetztes Ausstoßen ihres Treibstoffs. Beschreibt man die Bewegung nach dem Rückstoßprinzip mathematisch, gelangt man zur Raketengrundgleichung, die Ziolkowski abgeleitet hat und die man auch als Ziolkowski-Gleichung kennt. Dass wir unsere Rakete in einen leeren Raum versetzt haben, diente nur der Vereinfachung des Bildes. Auch im Schwerefeld und in der Atmosphäre, beispielsweise beim Start von der Erdoberfläche, beschleunigen Raketen auf dieselbe Weise; nur verkomplizieren Schwerkraft und Luftwiderstand die Berechnungen.

Der Erste, der die Gleichung gefunden hat, war nicht Ziolkowski, sondern der britische Mathematiker William Moore, und zwar schon im Jahr 1810. Ziolkowskis Leistung besteht darin, dass er ihre Anwendung auf reale Situationen untersucht hat – seine gesammelten Werke allein zu diesem Thema füllen fünfhundert Seiten.

Die vielleicht wichtigste seiner Erkenntnisse führte ihn zum Prinzip der Mehrstufenrakete. Je schneller eine Rakete werden soll, umso mehr Treibstoff muss sie ausstoßen. Schnelle Raketen brauchen also riesige Tanks, und riesige Tanks sind schwer, selbst ohne Inhalt. Und da jedes mitgeschleppte Gramm wiederum Treibstoff braucht (dessen Transport wiederum Treibstoff braucht und so weiter), kam Ziolkowski auf die Idee, *mehrere* Tanks zu verwenden, diese der Reihe nach zu leeren und jeden geleerten Tank abzuwerfen. Damit war die Mehrstufenrakete erfunden.

Ziolkowski war Wissenschaftler, und Wissenschaftler publizieren. In Russland nahm man seine Arbeiten anfangs nicht wichtig und hielt sie nicht geheim – jeder, der wollte, konnte sie lesen. Dennoch kümmerte sich zu Anfang des zwanzigsten Jahrhunderts kaum jemand um Raketen. Erst ein Buch des Siebenbürgener Physikers Hermann Oberth brachte die Wende: *Die Rakete zu den Planetenräumen*, eine 1923 erschienene Sammlung eigener Arbeiten zum Thema, ließ das Interesse an dem Gegenstand erwachen. Die Ersten, die einen passenden Verein gründeten, waren die Deutschen:

1927 den Verein für Raumschiffahrt. 1930 folgten die Amerikaner mit der American Interplanetary Society, 1931 die Russen mit der Gruppe zur Erforschung reaktiver Antriebe und 1933 die Briten mit der British Interplanetary Society.

Die ersten Raketenentwicklungen im großen Stil hatten mit Oberths Vision einer multiplanetaren Menschheit nichts zu tun – sie drehten sich um Waffen. In den letzten Monaten des Zweiten Weltkriegs schossen die Deutschen mehr als dreitausend ihrer V2-Raketen ab, vorwiegend auf London und Antwerpen. Als der Krieg zu Ende ging, eroberten Russen und Amerikaner die Produktionseinrichtungen, fanden Pläne, Teile und fertige Raketen und nahmen viertausend Ingenieure gefangen. Die Hälfte der Beute an Mensch und Material wurde in die Sowjetunion verfrachtet, die andere Hälfte in die USA, und so setzte die Waffenentwicklung des kalten Krieges ein. Zugleich aber fiel der Startschuss für das friedliche Wettrennen im All, und nur mit diesem wollen uns im Folgenden beschäftigen.

$$* * * * *$$

„Wir werden nicht mehr lange warten müssen. Wir können annehmen, dass Konstantin Ziolkowskis kühner Traum in den nächsten zehn bis fünfzehn Jahren Wirklichkeit wird. Ihr werdet das alles miterleben und manche von euch werden sogar an solchen bisher unvorstellbaren Reisen teilnehmen." Das schrieb der Ingenieur Michail Tichonrawow 1951 in der Pionerskaya Prawda („Wahrheit für junge Pioniere"). Worte wie diese signalisierten Aufbruch – auch wenn ihre Leser, einschließlich der jungen Pioniere, schon des Öfteren festgestellt hatten, dass die Wahrheit der Prawda sich nicht immer mit der Wahrheit des Lebens deckte. Auf der Gegenseite beschrieb Wernher von Braun, bis 1945 Kopf der deutschen Raketenforschung und nun von den USA rekrutiert, in der Artikelserie *Man will conquer space soon!* seine

Vision eines Weltraumhotels. Besser lassen sich die anfänglichen Unterschiede zwischen den Weltraumprogrammen der Großmächte kaum zeichnen: hier eine Nation, vereint in Stolz und Größe, dort ein Zeitvertreib für reiche Touristen. Die einen pumpten in das Vorhaben, was vom Geld des Volkes nach Abzug der Rüstungsausgaben übrig blieb, überschütteten ihre Heranwachsenden mit Mathematik und Naturwissenschaft und schworen sie auf Vaterlandstreue ein. Die anderen waren unschlagbar im Baseball und daher auch sonst überall und brauchten dafür keine Prawda, keine paramilitärischen Jugendlager und keinen Leninorden.

Bis zum 4. Oktober 1957. An diesem Tag schossen die Russen den ersten künstlichen Satelliten, Sputnik 1, in eine Umlaufbahn um die Erde, und in Amerika standen die Uhren still. Die 84 Kilogramm schwere Kugel flog fünfzehnmal am Tag über die USA und funkte alles, was sie dabei ausspionierte, nach Moskau oder sonst wohin, wo es niemanden etwas anging. Und man konnte nichts dagegen tun.

Präsident Eisenhower, der das zivile Weltraumprogramm mit Widerwillen sah, war Republikaner, Senator Johnson, ein Weltraumenthusiast, Demokrat. Und damals wie heute nützte die eine Seite jede Gelegenheit, der anderen eins auszuwischen.

„Die Kontrolle des Alls bedeutet die Kontrolle der Welt!", trompetete Johnson, angefeuert von einer Armee an Experten. „Sorgen um das Geld sind hier nicht relevant."

Die New York Times sprach von einem riesigen Schritt der Sowjets ins All, und die Zeitschrift Missiles and Rockets, zweifellos völlig neutral in dieser Frage, erklärte, es ginge um die Kontrolle der Welt und man habe die Wahl zwischen Demokratie und Sklaverei.

Die Russen hielten mit ihren Erfolgen nicht hinter dem Berg. Auch als im November Sputnik 2 ins Rennen gegangen war, ließen sie es alle Welt wissen. So erfuhr man, dass sich an Bord dieses zweiten, viel größeren Satelliten ein Lebewesen befand – die Hündin Laika, die allerdings kurz nach dem Erreichen der Umlaufbahn an Überhitzung starb. Das Schlimmste aus Sicht der Amerikaner war aber: Sputnik 2 hätte anstelle der armen Laika auch einen Atomsprengkopf tragen können; der Satellit war groß genug und die Rakete, die ihn befördert hatte, stark genug.

Nun war Eile geboten. Natürlich hatte man auch in den USA an Satelliten gearbeitet und war dem Ziel nahe. Anstatt aber in Ruhe die letzten Schritte zu setzen, plante man umgehend einen Start, schon für den 6. Dezember. Und um Aktivität zu zeigen und das Volk zu beruhigen, übertrug man ihn im Fernsehen. So wurden die entsetzten Amerikaner Zeugen einer Hundert-Millionen-Dollar-Explosion, kaum dass die Rakete einen Meter hoch abgehoben hatte. Beim zweiten Versuch hielt man die TV-Kameras fern – eine weise Entscheidung, denn auch dieser Start hinterließ als tiefsten Eindruck ein Loch im Boden. Dann musterte man die Rakete aus, die Vanguard, entwickelt von der Navy, und klemmte den nächsten Satelliten an eine Juno, für deren Entwicklung von Braun zuständig war. Und endlich ging alles glatt: Explorer 1, ein 14 Kilogramm schwerer schlanker Zylinder, wurde im Februar '58 zum ersten in den USA hergestellten Objekt, das die Erde umrundete.

Der Explorer war so etwas wie ein Anschlusstreffer, aber ein Ausgleich war er nicht, das fühlten die Menschen von Sacramento bis Philadelphia und von Minneapolis bis New Orleans. Sicher handelte es sich um ein technisches Wunderwerk, aber doch etwas … mickrig im Vergleich zu der halben Tonne Sibirien, die da samt Hund über ihren Köpfen kreiste. Mehr als einer erwachte morgens mit mulmigem Gefühl.

In den USA gab es Leute, die viel wussten, Leute, die noch mehr wussten, und Leute, die alles wussten, nämlich die CIA. Doch selbst die wusste nicht, welche Person hinter den russischen Erfolgen steckte. Es schien beinahe, als wüssten es die Russen selber nicht. Denn in den abgehörten Gesprächen war immer nur die Rede vom „Chefkonstrukteur". Der „Chefkonstrukteur" hat dieses gesagt, der „Chefkonstrukteur" hat jenes veranlasst; aber wer er war (und ob es ihn überhaupt gab), blieb verborgen.

Sicherlich aber schrieb jemand der sowjetischen Raumfahrt die Richtung vor, und der wusste, was er tat. Der „Chefkonstrukteur" sorgte für eine Ordnung, von der die Amerikaner nur träumen konnten. Bei ihnen ging es drunter und drüber. Es gab Pläne für die militärische Anwendung von Raketen und solche für die zivile; ein Satellitenprogramm und Vorarbeiten für bemannte Flüge; fast ein halbes Dutzend Raketen: die Vanguard der Navy, die Atlas der Air Force, daneben die Redstone, eine Weiterentwicklung der V2 durch die Gruppe um von Braun, von dieser eine mehrstufige Version, die Jupiter-C, die wiederum, umgebaut zur Juno, den Explorer auf seine Bahn gebracht hatte. Und parallel zu allem Aufgezählten die in Fertigstellung befindliche X-15 der North American Aviation, ein Flugzeug mit Raketenantrieb, das außerhalb der Atmosphäre, also im Weltraum fliegen sollte. Damit gab es auch die drei-, vier-, fünffache Anzahl von Konstrukteuren, Managern, Sekretärinnen, Kantinen und Dienstwagen sowie den drei-, vier-, fünffachen Bedarf an Genies – von Letzteren aber zu wenige. Zeit für einen Schnitt.

* * * * *

Am 29. Juli 1958 wurde die National Aeronautics and Space Administration gegründet: die NASA, in Hinkunft verantwortlich für die gesamte zivile US-Raumfahrt. Als eine ihrer ersten Aktionen machte die junge Behörde aus der Vision, einen Menschen in den Weltraum zu senden, eine konkrete Unternehmung: Im Oktober beschloss sie ein Programm und im November gab sie ihm den Namen: „Mercury", nach dem römischen Götterboten Merkur. Ziel war es, ein Raumschiff mit einem Menschen an Bord um die Erde fliegen zu lassen. In den zwölf Monaten davor waren die USA bei 23 unbemannten Starts 19-mal gescheitert, und jeder zweite Fehlstart hätte für einen Piloten tödlich geendet. Bei diesem Stand der Dinge bemannte Flüge nicht nur zu planen, sondern den Plan auch zu verkünden, das war, vorsichtig formuliert, eine mutige Tat.

Wie sich bald herausstellte, waren explodierende Raketen gar nicht das Hauptproblem. Dieses bestand vielmehr darin, ein Flugsystem zu bauen, in dem *ein Mensch* sicher in die Umlaufbahn und wieder zurück gelangen konnte – eine Forderung, die im Satellitenprogramm nicht vorkam. Dieses System benötigte eine Rakete zum Antrieb und ein Raumschiff für den Piloten. Obwohl man im Umgang mit Raketen schon einige Erfahrung hatte, begann man, betrachtet man die ganze Konstruktion, praktisch bei null. Denn die Ingenieure mussten eine Rakete bauen, die nicht einen winzigen Satelliten, sondern ein voraussichtlich tonnenschweres Raumschiff in den Orbit tragen konnte. Sie mussten sämtliche auf den Piloten einwirkenden Kräfte, Schwingungen, Temperaturen und Strahlungen vom Start bis zur Landung in einem Bereich halten, den ein Mensch ertragen konnte – und diesen Bereich in vielen Fällen erst bestimmen. Und sie mussten das Raumschiff wieder zurück in die Atmosphäre bringen und an einem vorher bestimmten Ort sanft landen.

Die größte Gefahr, darüber war man sich bald einig, stellte der Wiedereintritt in die Atmosphäre dar. Um das zu sehen, musste man die Einzelheiten des Vorgangs gar nicht kennen; ein Physikstudent im zweiten Semester konnte es ausrechnen: In der Umlaufbahn musste das Raumschiff, um nicht zur Erde zu stürzen, mit 28 000 Kilometern pro Stunde unterwegs sein; beim Abstieg durch die Atmosphäre würde die Luftreibung es beinahe auf null abbremsen. Damit würde sich die enorme Bewegungsenergie der Umlaufgeschwindigkeit auf ein Nichts reduzieren. Und da Energie nicht vernichtet wird, sondern nur umgewandelt, musste sie in der einzig möglichen Form wieder erscheinen: als Wärme. Die Energie, um die es hier ging, war dreimal so hoch wie jene, die nötig wäre, um ein Raumschiff aus Aluminium oder Titan zu – *verdampfen*! Selbst wenn nur ein Drittel dieser Wärme im Raumschiff verbliebe und der Rest in die Atmosphäre abgeleitet würde, müsste es mit Mann und Maus verglühen.

Die Gruppe der NASA, die sich um all diese Probleme zu kümmern hatte, die Space Task Group, war anfangs klein: vierzig Ingenieure plus eine Handvoll Sekretärinnen und Hilfskräfte. Die Space Task Group bildete den Kern des Unternehmens und traf in allen zentralen Belangen die Entscheidung. Für die Herstellung der Komponenten schloss die NASA Verträge mit einer Reihe von Firmen: der North American Aviation für den Bau einer Versuchsrakete, Chrysler und Convair für die Raketen der „echten“ Flüge, der McDonnell Aircraft Corporation für das Raumschiff, Western Electric für die Kommunikationssysteme. Diese Partner wiederum kooperierten mit weiteren; so entwickelte General Electric die temperaturfeste Nickel-Legierung René 41, die dem Raumschiff seine Außenhaut geben sollte.

Als Hirn der Space Task Group gilt bis heute der Maschinenbauingenieur Maxime Faget (man spricht den Namen französisch aus), damals siebenunddreißig Jahre alt und seit zwölf Jahren Flugzeug- und Raumfahrttechniker. James Donovan erzählt in seinem Buch *Apollo 11*, wie Fagets Eigenwilligkeit sich nicht auf den Entwurf von Flugkörpern beschränkte: Zur Bewerbung im Langley Memorial Aeronautical Laboratory erschien er in Hawaiihemd und Sandalen – und das im Zeitalter der weißen Hemden und korrekt gebundenen Schlipse. Bei Besprechungen stellte er sich hin und wieder auf den Kopf, zur besseren Durchblutung seines Denkapparats. Wenn das alles stimmt, dann lieferte Max Faget einen Beleg dafür, dass Genies mitunter exzentrisch auftreten (weswegen sich, in fehlerhafter Umkehrung des logischen Schlusses, jeder Verrückte für ein Genie hält).

Fagets Aufgabe war nicht mehr und nicht weniger als die Konstruktion des Raumschiffs. Sein Team und er hatten die wesentlichen Eigenschaften festzulegen und daraus eine Beschreibung zu erstellen. Auf deren Grundlage würde man einen Industriepartner zur Fertigentwicklung und Herstellung suchen (und ihn mit McDonnell finden).

„Das alles spielte sich innerhalb weniger Monate ab“, erinnerte sich Faget 1997. „Das war nur möglich, weil wir ein extrem einfaches Raumschiff entwarfen, mit einer noch einfacheren Verbindung zur Transportrakete.“

Das erste Ziel war es, die Hitze beim Abstieg durch die Atmosphäre vom Piloten fernzuhalten.

„Alle arbeiteten daran, ihn kühl zu bekommen.“

Bisher hatte beinahe jeder Raumschiffentwurf, ob in Langley oder in Hollywood, zu einem aerodynamisch günstigen, oft pfeilförmigen Fluggerät geführt. Faget erkannte, dass eine solche Form im luftleeren Raum keinen Vorteil bieten würde und beim Sturz durch die Atmosphäre sogar erhebliche Nachteile, denn die Reibungswärme verbliebe zum großen Teil direkt an der Haut des Geräts. Kollegen wiesen ihn darauf hin, dass Meteoriten mit ihrer ganz und gar nicht schlanken Gestalt den Sturz überstanden, ohne zu verglühen. Also setzten sich Faget und sein Konstrukteur zusammen und gebaren die Form, die zu einer Ikone der 60er werden sollte: einen stumpfen Kegel, der am dünnen Ende in einen kurzen Zylinder ausläuft. Beim Landeanflug würde das dicke Ende des Kegels vorangehen; dadurch behielte der Hitzemantel einen ausreichenden Abstand vom sich verjüngenden Körper. „Diese spezielle Form wurde nicht wirklich erfunden. Es ist bloß ein Stück Natur.“

Die Basisfläche des Kegels würde dem Luftstrom direkt ausgesetzt sein. Darum bedeckten die Techniker sie mit einem gekrümmten Schild aus besonders hitzebeständigem

Material: Aluminium und Fiberglas. Damit war die Gefahr entschärft, so gut es ging.

Das nächste Problem waren die Kräfte beim Abbremsen durch die Atmosphäre. Zwar würde man die Geschwindigkeit des Raumschiffs vor dem Eintritt mit Hilfe von Bremsraketen senken (sie arbeiteten nach dem Rückstoßprinzip wie die Antriebsrakete, nur waren sie kleiner und stießen den Treibstoff in die Flugrichtung aus). Dennoch könnte es zu einer Verzögerung von rund 10 g, also vom zehnfachen Betrag der Erdbeschleunigung, kommen. Das bedeutete: Jeder Knochen, jeder Muskel des Piloten würde sich zehnmal schwerer anfühlen als auf der Erde. Wenn ein Mensch das überstehen konnte, dann nur in einer maßgerecht geformten Auflage. In dieser würde er bei Start und Landung festgeschnallt auf dem Rücken liegen, vor sich die Anzeigen, Schalter und Knöpfe, hinter sich den Hitzeschild. Platz hatte er wenig, Bewegungsfreiheit gar keine; alles war auf minimale Größe und minimales Gewicht ausgelegt. Aus dem Raum*schiff* war eine Raum*kapsel* geworden. Selbst diese würde noch 3,3 Meter lang sein, am dicken Ende des Kegels 1,8 Meter Durchmesser haben und, je nach Ausführung, bis zu 1400 Kilogramm wiegen – hundertmal so viel wie Explorer 1 und fast dreimal so viel wie Sputnik 2. Ihre Hülle würde aus Titan bestehen und, neben dem Hitzeschild an der Basis, hitzeabweisende Kacheln aus Beryllium und René 41 tragen.

Die Sputnik-Niederlage war vergessen, Optimismus machte sich breit. Innerhalb kürzester Zeit hatten die USA eine straffe Organisation geschaffen, ihre Kräfte konzentriert und ein beeindruckendes Programm gestartet. Der junge Ingenieur Chris Kraft war verantwortlich für den Flugplan: die detaillierte Planung aller Phasen vom Start bis zur Landung, einschließlich der Kommunikation zwischen Bodenpersonal und Pilot sowie der sensorischen Überwachung von dessen Körperfunktionen. Um einen Flug wie den geplanten zu steuern, reichte die einfache Bodenstation der Satellitenflüge nicht aus. Deshalb installierte Krafts Abteilung eine neuartige Zentrale, das Mission Control Center. Dessen Leitung übernahm Kraft selbst und wurde damit zum ersten Flight Director der NASA.

Die Mitarbeiter der Space Task Group, beseelt von einem unerhörten Ziel, kannten weder Feierabend noch Wochenende. Und was sie nicht erledigen konnten, das erledigte ein Netzwerk aus sechshundert Vertragspartnern allein für die Raumkapsel und mindestens noch einmal so vielen für die anderen Komponenten – von der Rakete bis zur Startrampe, von den Computern des Mission Control Center bis zu den Bergungsschiffen, die den Piloten nach der Landung aus dem Meer fischen würden.

Das Tor zu einer glorreichen Zukunft stand weit offen.

Seven on the Rocks

Die Geschichtsschreibung ist ungerecht. Nirgends finde ich einen Hinweis darauf, wer das Schiff des Vasco da Gama gebaut hat, und der Verdacht liegt nahe, dass die Konstrukteure tatsächlich unbekannt sind – obwohl ohne sie der Seeweg nach Indien noch lange ein Mythos geblieben wäre. Der Kapitän der São Gabriel, Vasco da Gama selbst, blickt seit Jahrhunderten von Gemälden, Buchseiten, Münzen und Briefmarken, seine Statue steht in jeder portugiesischen Stadt. Auch den Piloten (Pêro de Alenquer), den Schreiber (Diogo Dias) und den Führer des Bordtagebuchs (Álvaro Velho) findet man in Berichten, ja sogar in Schulbüchern; die letzten beiden vielleicht, weil sie eine damals elitäre Fertigkeit besaßen, die sich zwischenzeitlich verbreitete und heute wieder im Verschwinden begriffen ist. Wir wissen also viel von den Reisenden, aber wenig von den Erbauern des Schiffs. Daher überrascht es nicht, dass kaum jemand Max Faget und seine Gruppe kannte oder kennt, während Namen wie Alan Shepard und John Glenn schon bald in aller Munde sein

© Der/die Autor(en), exklusiv lizenziert an Springer-Verlag GmbH, DE, **229** ein Teil von Springer Nature 2025
W. Tschirk, *Heart. Flop. Moon.*,
https://doi.org/10.1007/978-3-662-72050-9_24

sollten und noch immer den Älteren eine Geschichte erzählen. Damit sind wir beim letzten Stein des Mercury-Mosaiks angelangt, bei den Piloten.

Wer kam für diesen Job in Frage? In erster Linie Männer, die Stress oder Gefahr oder beides gewohnt waren – und nebenbei klein genug, in die Kapsel zu passen. Das konnten Kampfflieger sein oder Hochseilartisten, Bergsteiger, Rennfahrer, Taucher und vieles mehr. Bei einer Ausschreibung dieser Art hätte man jedoch riskiert, für jeden ernsthaften Anwärter hundert Sonderlinge enttarnen zu müssen. Also entschloss sich die NASA zu einer radikalen Einschränkung: Man würde als Bewerber nur Testpiloten des Militärs akzeptieren. Davon gab es in den Staaten knapp sechshundert. Die Kandidaten sollten zudem zwischen fünfundzwanzig und vierzig Jahre alt sein, nicht größer als 1,80 Meter, und sie sollten einen Abschluss in Naturwissenschaft, Technik oder Mathematik besitzen. Wer alle diese Eigenschaften vereinigte, wurde eingeladen, sich um einen Platz als „wissenschaftlicher Astronaut" zu bewerben.

Damit war auch ein Name für den neuen Beruf geboren: „Astronaut", aus dem Griechischen für „Sternsegler" – ein Wort, das schon 1880 Percy Greg in seinem Science-Fiction-Roman *Across the Zodiac* verwendet hatte und das nun bald Menschen aus Fleisch und Blut bezeichnen würde.

* * * * *

„Testpilot sein ist nicht immer das gesündeste Geschäft der Welt." Dieser Ausspruch ziert die Hall of Fame des New Mexico Museum of Space History. Zugeschrieben wird er einem gewissen Alan Shepard, und der sprach aus Erfahrung.

Shepard sollte der erste Amerikaner im Weltraum werden und der (bis heute) älteste Mensch auf dem Mond. Im Jahr 1958 ahnte er von alledem noch nichts. Kurz nach dem Zweiten Weltkrieg war er, gerade zweiundzwanzig, in ein

Ausbildungsflugzeug der Navy geklettert. Nun flog er Maschinen, in die ein vernünftiger Mensch niemals einsteigen würde: Kampfflugzeug-Prototypen, bei denen jederzeit der Antrieb ausfallen, die Anzeige verrücktspielen, ein Flügel abbrechen oder ein Höhenruder steckenbleiben konnte.

In der Naval Air Station Patuxent River, in Maryland nahe der Ostküste der USA, überlebten fast ein Viertel der Testpiloten ihre Karriere nicht, und vier Viertel der Testpiloten wussten das. Damit standen sie ähnlich da wie die Rennfahrer der Formel 1, nur mit geringerem Einkommen. Nicht besser war es an der Westküste, in Kalifornien. Dort lag das Testgelände der Edwards Air Force Base, und dort testete man die Raketenflugzeuge der X-Serie. Dort hatte 1947 die X-1 die Schallmauer durchbrochen und dort sollte bald die X-15 in hundert Kilometern Höhe mit sechsfacher Schallgeschwindigkeit fliegen. Und auch bei diesen Wundermaschinen erlebten viele, die sie zum ersten Mal abheben sahen, den Tag der Freigabe nicht. In seinem Buch *Helden der Nation* setzt Tom Wolfe den unerschrockenen Fliegern ein Denkmal – denen, die das gewisse Etwas besitzen, *The Right Stuff*, wie auch der Originaltitel lautet.

Dass die Testpiloten den Lockrufen der NASA zunächst reserviert begegneten, lag also nicht an ihrer Furcht vor den Gefahren der Unternehmung – eher im Gegenteil: Würde der Dienst als Astronaut ihrem Können und ihrem gewissen Etwas entsprechen und sie weiterbringen? Die NASA war eine Behörde ohne Namen, ohne Tradition und vielleicht auch ohne Perspektive. Wer zwischen fünfundzwanzig und vierzig war, musste damit rechnen, nach Abschluss der Mission wieder zu seiner Einheit zurückzukehren. Aber in welcher Position? Um drei Ehrengrade hochgestuft oder auf einem Versorgungsposten für Ehemalige, die es nicht mehr brachten? Andererseits: Die Aufgabe klang reizvoll, die Technik faszinierend, die Anforderungen waren so hoch, dass sie nur jeder fünfte Testpilot überhaupt erfüllte, und das angebotene

Gehalt lag weit über dem, womit sie bei ihrer augenblicklichen Tätigkeit in den nächsten Jahren rechnen konnten.

Von knapp über hundert Kandidaten, die dem Profil entsprachen, ließ die NASA nach Vorgesprächen zweiunddreißig zur Aufnahmeprüfung zu. Ärzte, Psychologen, Luft- und Raumfahrtexperten überboten einander im Erfinden von Tests und leuchteten jeden Winkel der körperlichen, intellektuellen und seelischen Eignung der Männer aus. Da ging es zunächst darum, ob der Prüfling den zu erwartenden Körperbelastungen standhalten würde: den Kräften, Beschleunigungen und Vibrationen; Hitze und Kälte; Helligkeit und Dunkelheit; dem Lärm, der absoluten Stille und der Enge der Kapsel; Unterdruck und Überdruck; völliger Isolation; der Schwerelosigkeit und der nicht durch die Atmosphäre geschwächten Strahlung im Weltraum. Dann ging es um das Lösen von Aufgaben, manche davon unter dem Stress der Körpertests gestellt. Und in hunderten Fragen um Wissen, Intelligenz, Teamfähigkeit, Kreativität und Entschlusskraft.

Am Ende waren es sieben, die am 9. April 1959 den Ritterschlag zum Astronauten erhielten. Im Hauptquartier der NASA stellten sie sich der Presse: Scott Carpenter, Gordon Cooper, John Glenn, Virgil Grissom, Walter Schirra, Alan Shepard und Donald Slayton – die Mercury Seven, wie sie fortan hießen.

„These, Ladies and Gentlemen, are the nation's Mercury astronauts", erklärte Keith Glennan, der erste Administrator der NASA, den Journalisten. Die Konferenz, auf Film verewigt, verströmt so sehr das Flair der Zeit, dass sie fast wie eine Parodie wirkt: die reine Männerrunde in Anzügen mit bedeutungsschweren Gesichtern; ihr gedehnter Slang; die feierliche Ansprache; das Hantieren mit den Tischmikrofonen; und vor allem: der Kerl, der sich lächelnd eine Zigarette anzündet, andere, die bereits rauchen, einer mit der Pfeife im Mund – heute würde das einen Terroreinsatz auslösen.

Carpenter, Schirra und Shepard gehörten der Navy an und waren hauptsächlich in Patuxent River geflogen; die Air-Force-Piloten Cooper, Grissom und Slayton hatten Edwards unsicher gemacht; Glenn war ein Marine und zuletzt abkommandiert nach Washington, D.C. Jeder der sieben hatte eine Frau, Kinder und einen Intelligenzquotienten über 130. Und keiner hatte Angst – zumindest sprach vor den zweihundert Reportern keiner davon.

Cooper war mit zweiunddreißig Jahren der Jüngste, Glenn mit beinahe achtunddreißig der Älteste. Und dieser John Glenn spielte sich gleich am ersten Tag in den Vordergrund. Während die anderen, alles Neulinge vor der Presse, knappe Antworten hervorwürgten, schwadronierte er von seiner Familie, die „zu hundert Prozent" hinter ihm stehe, von der Religion, die er „sehr ernst" nehme, von Pflicht und Vaterland und davon, dass „jeder seine Fähigkeiten so gut wie möglich einsetzen" müsse. Gefragt nach der Bedeutung des Mercury-Projekts, sah er seine Kollegen und sich in einer ähnlichen Lage „wie die Brüder Wright in Kitty Hawk vor rund fünfzig Jahren", also vor dem ersten Motorflug. In jeder Fragerunde fiel ihm eine Geschichte ein, die die Welt unbedingt erfahren musste. Am nächsten Tag waren die Mercury Seven Heilige und Glenn der Messias.

Jeder der Astronauten – sie selbst nannten sich stets Piloten – verkörperte den amerikanischen Traum: ein Kleinstädter, der es durch Mut, Fleiß und Grips ganz nach oben geschafft hatte, mit Kindern, behütet von Mom and Dad, Streifen auf der Uniform und einem schnittigen Wagen hinter dem Haus. Ein Traum, den man zu Geld machen musste: Sofort sicherte sich LIFE die Exklusivrechte und stellte jedem der sieben Hauptdarsteller zehn Jahresgehälter in Aussicht (was sich beträchtlich verringerte, als sie das Geld mit den Astronauten der zweiten und dritten Auswahlrunde teilen mussten). Dafür erfuhr das Land, dass Virgil Grissom unter Freunden Gus hieß, aus Mitchell in Indiana stammte, zwei Brüder und eine Schwester besaß, schon immer Pilot werden wollte, Flugzeugmodelle baute, als Pfadfinder durch die Wälder gestrichen war, einen IQ von 145 und eine Frau namens Betty hatte, sein Sohn gerade in die zweite Klasse ging und so weiter und so fort, das alles mal sieben, bebildert und geschildert wie in einem Science-Fiction-Comic.

$$* * * * *$$

Die Helden der Nation zogen ins Langley Research Center an der Ostküste und die Ausbildung begann. Alle sieben waren Naturwissenschaftler und Flugzeugpiloten; was ihnen an theoretischem Wissen fehlte, sogen sie rasch auf. Das Raumschiff lernten sie anhand der Konstruktionspläne kennen, anfangs gab es nichts anderes. Und dann galt es noch, den Körper fit zu bekommen.

Wenn vom Astronautentraining die Rede ist, denkt man zuerst an die Zentrifuge: einen horizontalen Stahlarm von einigen Metern Länge, der sich um eine vertikale Achse dreht und an dessen Ende der Astronaut sitzt, den Blick nach innen (zum Mittelpunkt der Drehung) gerichtet, den Rücken nach außen. Die Fliehkraft wirkt nach außen; der Astronaut fühlt daher das, was ihm die Beschleunigung bei Start und Landung vermitteln wird: dass ihn ein Vielfaches seines Gewichts mit dem Rücken in die Unterlage drückt. Beschreibt ein 5 Meter langer Arm in 4,5 Sekunden eine Umdrehung, dann ist die Fliehkraft gerade so groß wie die Erdbeschleunigung; auf den Astronauten wirkt dann 1 g. Die Fliehkraft steigt mit dem Quadrat der Umdrehungsgeschwindigkeit: Dreht sich der Arm doppelt so schnell, wirken 4 g, dreht er sich dreimal so schnell, wirken 9 g und so fort.

Viel schwieriger, als *hohe* Beschleunigungen zu simulieren, ist es, *keine* Beschleunigung zu simulieren, also sogar die Erdbeschleunigung auszuschalten und damit Schwerelosigkeit herzustellen. Schwerelos ist ein Körper, der fällt, solange ihn kein Luftwiderstand und auch sonst nichts bremst. Auf der Erde kann ein solches Fallen nicht lange dauern; selbst ein Sprung vom Zehnmeterturm ist in weniger als 1,5 Sekunden vorbei. Flugzeuge aber kann man für etwa dreißig Sekunden fallen lassen, indem man beim Steigflug in großer Höhe den Antrieb abschaltet. Dann beschreibt das Flugzeug eine von der Erdanziehung vorgeschriebene Parabel – die gleiche, der auch seine frei fallenden Passagiere folgen. Mit diesem Trick versuchte man die Astronauten an das Fehlen der Gravitation zu gewöhnen. Übermütig turnten sie in der leeren Air-Force-Maschine herum, bis der Pilot diese wieder einfing und alle auf den Kabinenboden plumpsten.

Was immer auf die Piloten zukommen würde – sie waren vorbereitet. Sie wurden geschüttelt und gerührt, gekocht und gebraten, lernten im Raumanzug schwimmen und tappten in Beduinenkleidung durch die Wüste (man konnte nie wissen, wo die Kapsel tatsächlich landen würde).

„Betty", sagte Grissom zu seiner Frau, „du wolltest doch so einen neumodischen Frostschrank, du weißt schon, wo der Fisch ein Jahr lang hält."

„Wie kommst du jetzt darauf?"

„Drüben im Training Center haben sie einen."

„Im Training Center?"

„Ja. Ich war drei Stunden drin."

Die Mercury Seven waren eigentlich six plus one: sechs plus Glenn. John Glenn redete nicht nur mehr als die anderen, er trainierte auch mehr. Zusätzlich zum verordneten Programm drehte er auf dem Sportplatz seine Runden. Wenn die Kollegen abends zur Entspannung über die Straßen bretterten, was ihre neu geleasten Corvettes hergaben, studierte er Sternkarten. Wenn sie sich zwischen den Rennfahrten ein paar Manhattans genehmigten, saß er zu Hause und trank Milch. Das alles bekamen seine Vorgesetzten mit, und da ständig Journalisten über das Gelände strichen, erfuhr es auch die Öffentlichkeit. Glenn war das Gesicht der

Mercury Seven, das Vorbild unter den Vorbildern, und da er auch die meiste Erfahrung mitbrachte, zweifelte niemand daran, dass *er* der Erste im All sein würde.

Als Gerüchte aufkamen, die anderen hingen in den Bars mit Mädchen herum, rief man ihn an.

„Jetzt hört einmal zu", sagte Glenn, als sich die Tür hinter den sieben geschlossen hatte. „Das Land erwartet etwas von uns, ist euch das klar?"

„J-ja."

„Wir müssen uns dieser Erwartung würdig erweisen, findet ihr nicht?"

„John", sagte Slayton nach einer peinlichen Sekunde, „*ich* finde, du solltest dich um *deine* Angelegenheiten kümmern."

Mit den Mercury Seven entstand eine neue Sorte Mensch, niemand konnte das ernsthaft bezweifeln. Nicht nur gehörten sie als Testpiloten ohnehin einer Elite an; nein, sie hatten sich dort als die Besten erwiesen. Und nun beförderte sie eine Ausbildung, wie noch niemand eine genossen hatte, vollends in den Olymp. Umso gnadenloser krachte eine Nachricht in die allgemeine Euphorie: Den ersten Testflug würde – ein Affe absolvieren!

Um die Wahrheit zu sagen: Es hatte sich abgezeichnet. Die Russen hatten ihre Laika fliegen lassen, um die Lebensumstände im Weltraum zu erkunden, bevor ein Mensch ihnen ausgesetzt würde, und auch die Amerikaner konnten nicht einfach einen Menschen ins Ungewisse schicken. Zudem nahm die Entwicklung der Raumkapsel Formen an und es stellte sich heraus, dass der Pilot nicht viel mehr als Ballast war. Keine Rede von einem Flug, wie Piloten ihn gewohnt waren. Hier würden sie bloß herumsitzen, vom Boden aus gesteuert und zur Untätigkeit verdammt. Das konnte ein Affe genauso gut. Die Kapsel hatte keine Flügel, kein Fenster und – keine Tür! Ja, keine Tür; denn die Einstiegsöffnung wollten die Ingenieure zuschweißen, sobald der Astronaut angeschnallt und verkabelt war, damit das Gefährt so stabil wie möglich sei.

Gegen den Affen, die zähnefletschende Aushöhlung ihrer Pilotenehre, konnten sie nichts tun, aber in die Gestaltung der Kapsel mischten sie sich ein: Ein Fenster musste her. Und eine Tür, die man von innen öffnen konnte. Und eine Handsteuerung für alle drei Raumrichtungen. Im luftleeren Raum ist das Steuern (wie auch das Beschleunigen und Bremsen) nur durch Rückstoß möglich, also mittels Düsen. Und die sollten, darauf bestanden alle sieben, nicht von der Bodenstation über Funk, sondern vom Piloten per Hand betätigt werden. Die Instrumente mussten besser ablesbar sein und die Schalter leichter erreichbar. Sie benahmen sich ein bisschen wie Primadonnen, und wie Primadonnen setzten sie ihren Willen durch.

In einem Punkt aber grenzte die Gelassenheit der künftigen Raumfahrer ans Übernatürliche. Als die Testraketen eine nach der anderen in Stücke flogen, zuckten sie nicht einmal mit der Wimper. „Bin froh, dass die weg ist", sagte Shepard, als sie ein solches Malheur mit eigenen Augen sahen. Und, gefragt nach den Überlebensaussichten, meinte Cooper: „Wenn wir alles Unvorhergesehene außer Acht lassen, haben wir hundert Prozent Chance auf Erfolg."

Um diese Chance auch bei unvorhergesehenen Ereignissen hoch zu halten, ließen sich die Ingenieure einiges einfallen. Wichtige Komponenten wurden doppelt ausgeführt, manche lebenswichtigen wie die Sauerstoffversorgung sogar dreifach. Jedem Bauteil ordnete man einen Zuverlässigkeitswert zu, und aus diesen Werten berechnete man die Zuverlässigkeit des Gesamtsystems. Für den Fall eines Startunglücks stattete man die Kapsel mit einem Rettungssystem aus: einem fünf Meter hohen turmartigen Gerüst mit einer Rettungsrakete, das die Kapsel von der Trägerrakete absprengen und in sicherem Flug zur Erde bringen konnte. Und um die Piloten mit allen Eventualitäten vertraut zu machen, gab es den Mercury Procedures Trainer: einen Flugsimulator, dessen Innenleben exakt dem der Kapsel entsprach und in dem sie sämtliche Abläufe üben konnten.

Im August '59 starteten die unbemannten Testflüge, die jeweils eine Komponente des Systems prüften: die Aerodynamik, den Hitzeschild, den Rettungsturm und so weiter. Sie verliefen überwiegend erfolgreich, ebenso wie zwei Tests mit je einem Rhesusaffen an Bord. Dennoch musste der Zeitplan mehrmals korrigiert werden. Der erste bemannte Flug, ursprünglich für den April 1960 vorgesehen, verschob sich um ein gutes Jahr.

Im Sommer '60 war die Space Task Group auf fünfhundert Mitarbeiter angewachsen und suchte nach mehr – goldene Zeiten für Wissenschaftler und Techniker. Sie hatten nicht nur alle Hände voll zu tun mit der Vorbereitung der Astronauten, mit Bahnberechnungen und Flugplan, mit Kapsel und Rettungsturm, mit den Raumanzügen, dem Planen der medizinischen Überwachung während des Fluges und der Kommunikation zwischen Raumschiff und Bodenstation, mit Testflügen und deren Auswertung; sondern auch mit den Raketen. Für die bemannten Flüge waren zwei vorgesehen: die bewährte Redstone und die neue Atlas. Die Redstone war zu schwach, um die Kapsel in eine Umlaufbahn zu bringen. Sie sollte die ersten beiden, suborbitalen Flüge (etwa 15-minütige, 190 Kilometer hohe Hüpfer) ermöglichen; dafür reichte eine Endgeschwindigkeit von 8000 Kilometern pro Stunde aus. Die Umkreisungen erforderten 28 000 Kilometer pro Stunde, und das würde nur die Atlas zuwege bringen.

Im Januar '61 bestimmte die NASA, wer als Erster fliegen würde. Kurz zuvor hatte Bob Gilruth, der Leiter der Space Task Group, jedem der sieben die Frage gestellt: „Wen außer dir selbst würdest du für den ersten Flug vorschlagen?" Und nun bestimmte er den Gewinner dieses Votings zum ersten Astronauten im All. Das war schlecht für Glenn. Denn jetzt rächte sich sein zur Schau getragenes Musterknabentum, mit dem er den Kollegen ständig auf die Nerven gefallen war. Alle wussten, dass zum Beispiel auch Shepard hart arbeitete, es aber nicht an die große Glocke hängte. Und so berief die Mehrheit Alan Shepard dazu, als erster Mensch an Bord der Mercury-Kapsel ins All zu fliegen.

Davor kam aber noch Ham dran. Bis zum 31. Januar '61 war Tarzans Kumpel Cheeta der berühmteste Schimpanse der Welt. Diesen Rang lief ihm nun Ham ab, nachdem er um 16:55 Uhr in Cape Canaveral, Florida, gestartet, 253 Kilometer hoch gestiegen und nach 16:39 Minuten im Atlantik gelandet war. Der Ruhm war teuer erkauft, denn eine Reihe technischer Pannen hatten Ham eine unruhige Reise beschert: Er war beim Starten und Landen viel zu hohen Kräften ausgesetzt, flog weit über das berechnete Landegebiet hinaus, wartete fast zwei Stunden auf seine Retter, kämpfte währenddessen gegen eindringendes Wasser und war, als man ihn barg, ziemlich verärgert.

Dann schmatzte er einen Apfel, verzieh der NASA und lebte noch zweiundzwanzig Jahre lang.

Six–Five–Four

Am 12. April 1961 hatte das Warten ein Ende.

Als der Morgen graute, begann sich die 38 Meter hohe Rakete vor dem Himmel abzuzeichnen. Inmitten einer kahlen Landschaft, die man eher auf dem Mars vermutet hätte, erhob sie sich über die Startplattform, flankiert von den Versorgungsarmen, mit deren Hilfe sie betankt und ihren letzten Prüfungen unterzogen wurde, und vom Turm, dessen Lift hinauf zur Kapsel führte.

Um 5:30 Uhr weckte der Arzt den Piloten. Frühstück, ein letzter medizinischer Test, dann werden zwanzig Kilogramm Raumanzug angelegt. Bus zur Startrampe, Aufzug zur Raketenspitze, Einstieg in die Kapsel. Ausprobieren der Gesprächsverbindung, die Luke wird geschlossen. Die finale Phase des Countdowns beginnt.

Alles läuft ab wie vorgesehen. Eine halbe Stunde vor dem Startzeitpunkt wird die Rampe geräumt.

Um 9:07 Uhr zünden die Triebwerke.

Bodenstation: „Wir wünschen dir einen guten Flug! Alles ist in Ordnung."

© Der/die Autor(en), exklusiv lizenziert an Springer-Verlag GmbH, DE, **241** ein Teil von Springer Nature 2025
W. Tschirk, *Heart. Flop. Moon.*,
https://doi.org/10.1007/978-3-662-72050-9_25

Pilot: „Los geht's!"

Die Versorgungsarme öffnen sich, die Rakete hebt sich aus Feuer und Rauch und steigt in den Himmel. Das sind die kritischen Momente des Starts – wenn jetzt etwas aus dem Ruder läuft, gibt es keine Rettung. Nach zwei Minuten ist der Treibstoff der ersten Stufe verbraucht und der leere Tank abgeworfen. Nach weiteren drei Minuten geschieht das Gleiche mit der zweiten Stufe. Die dritte und letzte zündet und beschleunigt das verbliebene Gefährt in Richtung Orbit.

Pilot: „Ich kann die Erde sehen!"

Um 9:17 Uhr, zehn Minuten nach dem Start, schaltet die dritte Stufe ab und bleibt zurück. Nun ist die Kapsel mehr als 200 Kilometer hoch in der Umlaufbahn.

Pilot: „Das Raumschiff arbeitet normal. Ich kann die Erde sehen. Alles wie geplant."

Was er von der Erde sehen kann, das ist zwar nur ein Ausschnitt – aber ein größerer, als je zuvor ein Mensch einen gesehen hatte: Am höchsten Punkt der Flugkurve, 315 Kilometer über dem Meeresspiegel, erstreckt sich die Sicht in jeder Richtung zweitausend Kilometer weit. Vom richtigen Punkt aus würde er die gesamten Vereinigten Staaten überblicken, mit Ausnahme von Maine am äußersten Ostzipfel.

Um 9:21 Uhr fliegt er über den Nordpazifik. Er ist nun schon einige Minuten schwerelos, doch das beeinträchtigt ihn nicht. Er gibt an, es gehe ihm gut, und meldet Druck, Temperatur und Feuchtigkeit an die Bodenstation.

9:31 Uhr. Pilot: „Ich fühle mich herrlich, sehr gut, sehr gut, sehr gut! Gebt mir ein paar Daten über den Flug."

In diesen Augenblicken kreuzt das Raumschiff am Rand des Empfangsbereichs der Bodenstation.

Bodenstation: „Bitte wiederholen, wir hören dich kaum."

9:37 Uhr. Sonnenuntergang über dem Pazifik. Raumschiff und Bodenstation wechseln Sende- und Empfangsfrequenz.

9:49 Uhr. Pilot: „Ich bin jetzt auf der Nachtseite." Im Folgenden beschränkt sich die Kommunikation auf kurze Statusnachrichten.

Ein Punkt auf der Erde braucht vierundzwanzig Stunden, um die Erdachse zu umlaufen. In mittleren Breiten liegt er davon einige Stunden im Schatten. Ein Raumschiff umläuft die Achse in neunzig Minuten, und entsprechend kürzer ist für den Piloten die Nacht.

10:10 Uhr. Sonnenaufgang.

10:25 Uhr. Über der Westküste Afrikas bringt sich die Kapsel in Position für den Wiedereintritt in die Atmosphäre. Plötzlich gerät sie unerwartet in Drehung. Der Pilot bleibt cool: „Alles in Ordnung." Auch die enormen Kräfte – er fühlt das Neunfache seines Körpergewichts – bringen ihn nicht aus der Ruhe. Die dichter werdende Atmosphäre bremst die Drehung, zugleich wird die Kapsel heiß. Um 10:55 Uhr schießt er sich planmäßig mit dem Schleudersitz ins Freie. Sein Fallschirm öffnet sich, und um 11:05 Uhr landet er beinahe exakt an der vorausberechneten Stelle.

Er ist im Weltraum gewesen, rund um die Erde geflogen – und gesund und unversehrt zurückgekommen! Nach Jahren der Vorbereitung, ein ganzes Land hatte daran teilgenommen, war es vollbracht! Die Berechnungen der Wissenschaftler, die Erfindungen der Ingenieure, die Arbeit der Ärzte, das intensive Training, sein eigenes Können, das alles war eingeflossen in diese knappen zwei Stunden, die die Welt veränderten.

Aus Sicht der Amerikaner gab es nur einen Haken: Der Pilot war kein Astronaut, sondern ein Kosmonaut – so nannten die Russen ihre Raumfahrer. Er hieß nicht Alan Shepard, sondern Juri Gagarin, und sein Raumschiff war keine

Mercury, sondern eine Wostok. Während sich Shepard im Flugsimulator mit den Checklisten abrackerte und Glenn seine täglichen Meilen rannte, hatte der „Chefkonstrukteur" die sowjetische Mission auf den Weg gebracht. Das war der Auslöser dafür, dass Kennedy sich einschaltete – wir haben im ersten Kapitel davon erfahren. Zwei Tage nach Gagarins Flug rief er das Projekt Mondlandung ins Leben und sechs Wochen später holte er sich vom Kongress das Geld dazu.

Zwischen diesen beiden Meilensteinen der US-Raumfahrt lag ein dritter: der erste Flug eines Amerikaners, der Steak lieber aß als Bananen. Alan Shepard aß Steak sogar zum Frühstück. Mit Eiern. Zumindest am frühen Morgen des 5. Mai 1961; an diesem Tag nämlich ging es für ihn los – nach endlosen Verschiebungen wegen technischer Probleme, Zweifeln an der Sicherheit oder einfach wegen schlechten Wetters.

Shepard hatte hundertzwanzig Flüge im Simulator hinter sich. Planmäßige Flüge vom Countdown bis zur Landung, simulierte Instrumentenausfälle, Düsenversagen, Startabbrüche; nichts konnte ihn noch überraschen. Außer, dass er nun seit Stunden in der Kapsel brütete, weil zuerst Wolken und dann ein Computerfehler den Start verzögerten. Er hatte zum Steak Orangensaft getrunken und das, was die Amerikaner für Kaffee halten, und das Wasser in den beiden Substanzen meldete sich. Für einen solchen Fall hatten die Ingenieure nichts vorgesehen, schließlich sollte der Flug nur eine Viertelstunde dauern. Aussteigen und das Problem beseitigen konnte er nicht – lag er doch, eingepackt in ein Gehäuse aus Nylon und Aluminium, zwanzig Meter über dem Boden in einem verschlossenen Raumschiff. Nach einigem Hin und Her schaltete man den Strom in seinem Raumanzug ab. Dadurch waren zwar die biometrischen Sensoren außer Funktion, doch wenigstens gab es, als die Natur gewann, keinen Kurzschluss.

Endlich, um 9:34 Uhr, drangen die Laute, die zur Erkennungsmelodie des zwanzigsten Jahrhunderts werden sollten, aus den Fernsehgeräten und versetzten 45 Millionen Zuseher in Hochspannung:

„Ten–nine–eight–seven–six–five–four–three–two–one–zero!"

Dann schossen Rauch und Flammen aus der Rakete und zeigten die Zündung an. Die Redstone hob ab und stieg, zunächst langsam, dann schneller und immer schneller, kerzengerade in den Himmel. Als die gefährliche Startphase vorbei war, wurde der Rettungsturm abgesprengt.

„This is Freedom 7", meldete sich der Pilot Sekunden nach dem Abflug und berichtete über Treibstoff, Kabinendruck und Sauerstoff. „Freedom 7" – auf diesen Namen hatte Shepard seine Kapsel getauft. Jeder der Astronauten durfte seinem Fluggerät einen Namen geben, wobei das „7" am Ende stets für die Mercury Seven stand.

Während der gesamten Mission blieb eine Kamera auf Shepards Gesicht gerichtet, so dass wir ihm heute noch jede Regung am Blick ablesen können. Aufmerksam beobachtete er die Instrumente, gelassen tauschte er Nachrichten mit der Bodenstation aus – wer amerikanischen Kaffee übersteht, den kann nichts erschüttern. Im Mission Control Center war Flight Director Chris Kraft der Boss, und Donald Slayton, einer der Seven, hielt als CapCom (Capsule Communicator) den Kontakt zu Shepard. Der Sprechverkehr war ein Muster an Kürze und Klarheit:

Anweisung, Bestätigung.

Frage, Antwort.

Meldung, Quittung.

Und immer wieder das berühmte „Roger".

Die ausgebrannte Stufe löste sich und ließ die Freedom 7 auf ihrem Kurs allein. Als es Zeit war, brachte Shepard die Kapsel per Handsteuerung in Position für die Rückkehr. Dieses Manöver konnten die Amerikaner in der Folge nicht oft genug betonen, denn hier lagen sie *vor* den Russen: Gagarin hatte die Wostok keinen Millimeter selbst gesteuert, bei ihm hatten alles Computer und Techniker am Boden erledigt. Shepard aber *flog* sein Schiff!

„What a beautiful view!", sagte er, als er etwa am höchsten Punkt, 188 Kilometer über der Erde, durch das Periskop sah (die Kapsel dieses ersten Fluges hatte kein Fenster). Auch hier blieb die Stimme kühl und beherrscht. „Cloud cover over Florida." Er erkannte die Stadt Okeechobee und Andros Island, eine Inselgruppe der Bahamas.

Die drei Bremsraketen zündeten nacheinander und bereiteten die Kapsel auf den Wiedereintritt vor. Kurz danach, in der Atmosphäre, las Shepard die Verzögerungskräfte ab: „3 g ... 6 g ... 9 g ...". Bei 11,5 g klang sein „Okay" ein wenig gepresst, aber in der Bodenstation hörte man, dass er trotz allem in Ordnung war. Dann öffneten sich die Bremsfallschirme: erst ein kleiner, um die Kapsel vertikal auszurichten, dann der rot-weiß gestreifte Hauptfallschirm, der sie sicher zu Wasser brachte. 15:22 Minuten nach dem Start platschte sie, 487 Kilometer von Cape Canaveral entfernt, in den Atlantik.

Es war nur ein kurzer Flug gewesen, kürzer als von Wien nach Berlin, nicht zu vergleichen mit Gagarins Erdumrundung. Der sowjetische Regierungschef Chruschtschow sprach von einem „Flohhüpfer". Zugegeben, man lag noch immer hinter den Russen – aber man war wieder im Spiel.

* * * * *

Nachdem sich die Amerikaner von ihrem Freudentaumel erholt und die Reste der Empfangsparty weggeräumt hatten, startete Gus Grissom zu einem zweiten Flohhüpfer. Inzwischen hatte Kennedy das Mondprogramm ausgerufen, und so war nun jeder Schritt in den Weltraum auch ein Schritt zum Mond.

Die Liberty Bell 7 flog und landete exakt nach Drehbuch. Dann aber wurde es eng. Als die Kapsel im Atlantik trieb und Grissom auf die Bergung wartete, flog die Tür der Einstiegsluke davon. Ob der Pilot sie durch eine falsche Bewegung abgesprengt hatte oder ein Defekt vorlag, ist bis heute ungeklärt. Jedenfalls rettete er sich im letzten Moment aus der Kapsel, ehe sich diese mit Wasser füllte und fünf Kilometer tief versank. Der Bergungshubschrauber versuchte die Kapsel einzufangen und kümmerte sich nicht um den Astronauten. Der aber konnte sich kaum mehr über Wasser halten, da durch ein irrtümlich geöffnetes Ventil sein Raumanzug volllief. Als er um Hilfe winkte, verstand die Hubschrauberbesatzung das als „Ich bin okay" und winkte freudig zurück. Er hatte die hinterhältigsten Kisten im Test geflogen, hundert Einsätze im Koreakrieg überlebt, einen Raketenstart, die Hitze und die Gewalt der Atmosphäre – und nun lauerten die Haie darauf, dass ihn die Kraft verließ! Nach einer Ewigkeit hing er endlich am Rettungsseil und spuckte Salzwasser.

Die Öffentlichkeit erfuhr nichts von dem Drama. Für sie war die Mission erfolgreich abgeschlossen, und im Grunde war sie es ja, denn bis auf das Malheur mit der Luke hatte alles geklappt. Das war auch notwendig nach den vielen Misserfolgen der Vergangenheit, nach all den explodierten oder am Start umgekippten Raketen. Den Russen passierte so etwas nie! Oder man erfuhr bloß nichts davon, denn die Russen gaben nur die Erfolge bekannt und übertrugen nicht jeden Versuch live in die halbe Welt.

Zwei Wochen nach Grissoms Flug meldete die Sowjetunion neuerlich eine Erdumkreisung; genauer gesagt: siebzehn Erdumkreisungen im Verlauf von fünfundzwanzig Stunden! So lang war der Kosmonaut, German Titow, schwerelos gewesen und hatte dabei *sein Raumschiff selbst gesteuert*! Der „Chefkonstrukteur" war ein wahrer Teufel, nicht zu greifen, fehlerlos und stets drei Schritte voraus. Die kommunistische

Bedrohung nahm immer deutlichere Formen an. Die Russen konnten nach Belieben über die USA fliegen, bis zur ersten Atomrakete war es nur eine Frage der Zeit. Und sechs Tage nach Titows Flug riegelten die Ostdeutschen, der verlängerte Arm der Russen, die Grenze zu Westberlin ab und begannen dort eine Mauer zu bauen. Die Freiheit stand auf dem Spiel. USA gegen Sowjetunion, das hieß: Kennedy gegen Chruschtschow, Audrey Hepburn und ihre Zigarettenspitze gegen Machorka rauchende Kolchosenbäuerinnen, Bikinis unter der Sonne von Palm Beach gegen Soldatenstiefel im sibirischen Eis. So ungefähr.

Bis zum Februar '62 mussten sich die Amerikaner gedulden. Dann aber kam John Glenn, der Held, auf dessen Auftritt sie alle gewartet hatten. Und dieser John Glenn aus Cambridge, Ohio, Major des United States Marine Corps, mit vierzig Jahren Träger von mehr Medaillen, als auf seine Brust passten, flog als erster Bürger der freien Welt in einem Raumschiff rund um den Erdball. Seine Kapsel, die Friendship 7, saß nicht mehr auf der Spitze der Redstone-Rakete, sondern auf der größeren und viel stärkeren, zweistufigen Atlas, die sie auf die Umlaufgeschwindigkeit von 28 000 Kilometern pro Stunde bringen sollte. Von den fünf zuvor unbemannt getesteten Atlas hatten sich zwei kurz nach dem Start selbständig gemacht. Die von Glenn blieb auf Kurs.

Ein weltumspannendes Netz von Bodenstationen überwachte jede Sekunde der drei Umläufe. Damit waren die USA nicht nur endgültig im Weltraum angekommen, sondern hatten auch das, was dort geschah, von der Erde aus im Griff.

Und dann, als der dritte Umlauf zu Ende ging und Jubel über den Kontinent schwappte, begann das Problem mit dem Hitzeschild. Sensordaten ließen vermuten, dass sich der Schild gelockert hatte. Wenn das stimmte, könnte er mit den Bremsraketen abgesprengt werden und die Friendship 7 in der Atmosphäre verglühen. Minutenlang kamen die Techniker am Boden zu keinem Schluss. Sollte Glenn die ausgebrannten Bremsraketen absprengen und riskieren, den Hitzeschild zu verlieren? Oder sollte er sie behalten und damit das Raumschiff fast unmanövrierbar machen? Sie riefen Max Faget an.

„Lasst die Raketen dran. Dann haben wir gute Chancen, dass auch der Schild dranbleibt."

Irgendwann während des Abstiegs durch die Atmosphäre würden die Raketen abreißen oder verglühen; sie waren nicht dafür gemacht, eine solche Tortur durchzustehen. Man konnte nur hoffen, dass dies spät genug geschehen und den Hitzeschild über die entscheidende Phase hinwegretten würde. Shepard, diesmal in der Rolle des CapCom, riet Glenn, die Raketen dranzulassen.

„Roger."

Glenn hatte alle Hände voll zu tun. Die Atmosphäre kam näher und er musste das Raumschiff in den passenden Eintrittswinkel steuern. Da er mehr als dreimal so schnell unterwegs war wie Shepard und Grissom vor ihm, war sein Manöver ungleich kritischer. Der Eintritt hatte sehr flach zu erfolgen. Je flacher, desto langsamer nahmen Dichte und Druck rund um das Raumschiff zu und desto sanfter wurde es gebremst. Es entstand weniger Wärmeenergie pro Sekunde und die Hitze bekam mehr Zeit, in die Umgebung abzufließen. Bei steilem Eintritt würde das Schiff abrupt gebremst werden und verglühen. Kam es aber *zu* flach daher, würde es an der Atmosphäre abprallen wie ein Kiesel an der Oberfläche eines Sees. Der zulässige Winkelbereich war winzig, man konnte froh sein, dass es überhaupt einen gab. Aber Glenn zwang die bockige Friendship 7 samt den an ihr hängenden ausgebrannten Bremsraketen auf die richtige Bahn und stürzte in einem donnernden Feuerball, mehr als 5000 Grad heiß, zur Erde. Die ionisierte Luft ließ keinen Funkverkehr zu, und für bange Minuten wusste niemand, ob der Hitzeschild widerstanden hatte und Glenn noch am Leben war.

Shepard versuchte es immer wieder: „Friendship 7, this is Cape. Over." – „Friendship 7, this is Cape. Over." – „Friendship 7, this is Cape. How do you read? Over."

Dann, endlich, Glenns Stimme: „Loud and clear. How me?"

Bremsfallschirme, Landung, Bergung – wie durch Watte drang es zu ihm. Erst als Kennedy anrief, kam er wieder zu sich. Nun war er, den man zunächst übergangen hatte, doch noch zur Nummer eins geworden! Vier Millionen Menschen feierten ihn in New York, die NASA verfilmte die *John Glenn Story*, Kennedy lud ihn ins Weiße Haus. Und hätte John Glenn seine gesamte Fanpost selbst beantworten müssen, dann schriebe er heute noch.

* * * * *

Im Rückblick leuchtet Glenns Flug als Glanzstück des Mercury-Programms, wenn ihm auch noch drei weitere folgten. Im Mai umrundete Carpenter dreimal die Erde, im Oktober Schirra sechsmal. Im Mai '63 schickte die NASA Cooper auf die längste Reise: In einem Tag und zehn Stunden flog er zweiundzwanzigmal um den Globus. Nur Slayton musste am Boden bleiben, nachdem er wegen eines Herzfehlers für fluguntauglich erklärt worden war. Weitere Starts standen zur Diskussion, wurden jedoch abgesagt: Shepard hätte seinem Flohhüpfer gern einige Umrundungen hinzugefügt, Grissom brannte darauf, den Makel loszuwerden, den die abgesprengte Tür auf ihn warf. Doch das Projekt hatte seine Ziele erreicht und die NASA richtete ihren Blick nach vorn: zum Mond.

Was erdnahe Missionen betraf, waren die Russen ohnehin nicht einzuholen. Im August '62 starteten sie zweimal innerhalb von vierundzwanzig Stunden: Wostok 3 und Wostok 4 umkreisten die Erde im Doppelflug und kamen einander bis auf sechs Kilometer nahe, wobei Wostok 3 vier Tage im All verbrachte. Im Juni '63 glückte ihnen mit Wostok 5 und 6 ein ähnliches, noch spektakuläreres Unternehmen. Wostok 5 blieb fünf Tage im Orbit, und Wostok 6 wurde von einer Frau geflogen, der sechsundzwanzigjährigen Walentina Tereschkowa.

Dieser Coup bewies wie kein anderer die Überlegenheit der sowjetischen Raumfahrttechnik. In den USA war man sich einig, dass die Wahl von Testpiloten als Astronauten genau richtig gewesen war. Denn nur erfahrene, krisenerprobte Flieger waren in der Lage, die aufsässigen Raumschiffe zu bändigen. Ob eine Tür aufflog wie bei Grissom, der Hitzeschildsensor verrücktspielte wie bei Glenn, der Horizontscanner ausfiel wie bei Carpenter, Kurzschlüsse die Steuerung lahmlegten und dazu das Kohlendioxid im Raumanzug stieg wie bei Cooper oder, oder, oder … nur eiskalte Profis hatten mit alldem fertig werden können. Tereschkowa aber war ein Greenhorn: zehn Jahre jünger als der jüngste Mercury-Pilot, von Beruf Zuschneiderin und Büglerin in einer Spinnerei, seit kurzem Inhaberin eines Technikdiploms von der Abendschule. Und diese junge Frau brachte eine Kapsel sicher in die Umlaufbahn und nach drei Tagen wieder zurück auf die Erde. Offenbar glich die Wostok einem friedlichen Steppenpony, während die Mercury boshaft war wie ein Rodeogaul im Wilden Westen.

Auch das Wostok-Programm war beendet, und so rüsteten beide Seiten zum Neustart – das Rennen begann ein zweites Mal. Sein Ziel stand, lockend und mahnend zugleich, als silberne Scheibe am Nachthimmel über Los Angeles und Leningrad, über den Rocky Mountains und dem Ural, über der Wolga und dem Mississippi, über dem Kreml und dem Weißen Haus.

Three–Two–One

Wie kommt man auf den Mond und wieder zurück? Man startet auf der Erde eine Rakete, fliegt mit ihr zum Mond, landet sie dort, startet sie wieder und fliegt zurück zur Erde. So machte es *Destination Moon* vor, ein US-amerikanischer Film von 1950, der unter verschiedenen Titeln auch in deutschsprachigen Ländern lief. Dort hob die Rakete, ein überdimensionales silbernes Fieberzäpfchen mit vier Schwanzflossen, senkrecht von der Erde ab, drehte im An-flug auf den Mond ihr Heck in Flugrichtung und landete senkrecht, perfekt ausgerichtet für den Rückflugstart, der dann genauso verlaufen konnte wie jener von der Erde.

Die Schwierigkeit dieses Plans erkennt man am besten, wenn man von hinten beginnt, nämlich mit dem Rückflug. Um das Schwerefeld des Mondes antriebslos zu verlassen, muss ein Raumschiff mit 8500 Kilometern pro Stunde flie-gen; viel langsamer zwar als zur Flucht von der Erde, weil die Schwerkraft des Mondes viel kleiner ist, aber immer noch schnell genug, um eine große Treibstoffmenge zu fordern.

Umso mehr, als sich die NASA früh darauf festgelegt hatte, *drei* Astronauten gemeinsam zum Mond zu schicken, da die vielfältigen Aufgaben, zusammen mit den Strapazen des Fluges, selbst von *zwei* Menschen nicht bewältigt werden konnten, geschweige denn von einem einzigen. Erste Abschätzungen ergaben, dass das zum Mond absteigende Gefährt 74 Tonnen wiegen würde, wovon zwei Drittel Treibstoff wären. Man müsste also nicht, wie bei Mercury, eine Eineinhalb-Tonnen-Kapsel in die Umlaufbahn bringen, sondern eine fünfzigmal so große Last zum Mond befördern. Schon 1958, in ihrem Gründungsjahr, projektierte die NASA Raketen, die dazu imstande wären: die 130 Meter hohe und 4800 Tonnen schwere Saturn C-8 und die nur wenig kleinere Nova – beide viereinhalbmal so hoch und vierzigmal so schwer wie die Atlas, die Glenn in den Orbit getragen hatte. Sie existierten nur auf dem Papier und wurden niemals Wirklichkeit; man hätte weder gewusst, wie man ein solches Ungetüm bauen sollte, noch, wie man es starten konnte, ohne Florida vom Festland zu trennen. Dennoch war der Direktanflug für lange Zeit die favorisierte Lösung. Einflussreichster Befürworter war Max Faget, der Kopf der Mercury-Entwicklung, und seine Argumente überzeugten den Großteil der Space Task Group.

Es gab zwei Wege, mit einer kleineren Rakete auszukommen: Man konnte sie im Weltraum starten lassen anstatt auf der Erde; oder man konnte die Last, die sie zu transportieren hatte, reduzieren.

Betrachten wir zunächst den ersten Weg. Wenn man die Rakete in der Erdumlaufbahn zusammenbaute und von dort startete, dann musste man sie nicht aus dem Stand auf die Fluchtgeschwindigkeit von 40 000 Kilometern pro Stunde beschleunigen, weil sie sich ja schon auf der Umlaufgeschwindigkeit von 28 000 Kilometern pro Stunde befand und nur mehr die Differenz fehlte. Entsprechend weniger Treibstoff war nötig, und entsprechend kleiner konnte die

Rakete werden. Der Gedanke an eine Montage im Orbit war für die Ingenieure, je nach Temperament, atemberaubend oder furchterregend, in jedem Fall aber ein beispielloses Wagnis. War es schon schwer genug, eine betriebssichere Rakete auf der Erde zu bauen, um wie viel schwieriger würde es sein, das Gleiche im Weltraum zuwege zu bringen? Allein die zu montierenden Raketenteile in die Umlaufbahn zu schaffen, hätte pro Mondflug rund fünfzehn Raketenstarts erfordert. Gar nicht eingerechnet, dass ja auch die Weltraumwerkstatt erst gebaut werden musste. Dennoch diskutierte man die Idee, nicht zuletzt auf Betreiben von Wernher von Braun, so eingehend, dass man ihr einen Namen gab: Earth Orbit Rendezvous.

Den zweiten Weg, das Reduzieren der zu transportierenden Last, konnte man gehen, indem man die Rückflugrakete leer von der Erde aus mitnahm und erst auf dem Mond betankte. Da zwei Drittel ihrer Masse Treibstoff sein würden, konnte man sie auf drei etwa gleich große Transporte aufteilen – das Lunar Surface Rendezvous wäre somit eine beträchtliche Erleichterung. Dennoch stieß der Plan auf wenig Gegenliebe. Vielleicht, weil er verlangte, dass sämtliche Teillieferungen an exakt derselben Mondadresse zugestellt würden – eine kilometerweite Fahrt tonnenschwerer Lasten über die Mondoberfläche war, selbst unter der dort geringeren Schwerkraft, kaum denkbar.

Das Hauptproblem der drei beschriebenen Ansätze war nicht, dass man sie grundsätzlich für undurchführbar gehalten hätte, sondern dass keiner in den von Kennedy vorgegebenen Zeitrahmen passte. Dieser Zeitrahmen war die einzige Konstante im Programm, und da man den Russen auch in dieser Etappe des Rennens alles zutraute, stellte ihn niemand in Frage. So kam ein Plan auf, den man heute als kriminell einstufen würde: einen Astronauten auf dem Mond auszusetzen und ihn dort warten zu lassen, bis man einen Weg gefunden hatte, ihn wieder abzuholen. Zum Glück hatte

Kennedy ausdrücklich gefordert, „noch vor dem Ende dieses Jahrzehnts einen Mann auf dem Mond zu landen *und ihn sicher zur Erde zurückzubringen*", und so wurde nichts aus dem amerikanischen Robinson Crusoe.

Dafür kam eine andere Möglichkeit ins Spiel: Anstatt die *Hinflugrakete aus der Erdumlaufbahn* zu starten, damit sie weniger Treibstoff brauchen und kleiner sein würde, konnte man die *Rückflugrakete aus der Mondumlaufbahn* starten, um für sie das Gleiche zu erreichen. Da sie sich nach dem Hinflug schon im Mondorbit befinden würde, musste man sie nur dort belassen und die Mondlandung mit einer kleinen, abgekoppelten Landefähre vornehmen. Diese würde nach erfolgtem Besuch vom Mond aufsteigen und ihre Insassen zurück zur wartenden Rakete bringen. Die Idee eines Lunar Orbit Rendezvous stammte vom Ukrainer Juri Kondratjuk, der sie schon 1917 als Zwanzigjähriger ausgearbeitet und später in seinem Buch *Erforschung des interplanetarischen Raumes* veröffentlicht hatte. Die Amerikaner griffen sie um 1960 auf. Der Raumfahrtingenieur John Houbolt schätzte, dass die Methode eine kaum halb so schwere Rückflugrakete benötigte wie der direkte Anflug oder das Earth Orbit Rendezvous. Ein Ankoppeln im Mondorbit erschien jedoch nicht nur dem Time Magazine als „bizarres Produkt ausgefallener Science-Fiction"; auch die verantwortlichen Wissenschaftler, von Faget bis von Braun, wollten zunächst nichts davon wissen. Fast zwei Jahre lang lag Houbolt seinen Vorgesetzten in den Ohren und bombardierte jeden, der ihm in die Fänge kam, mit Berechnungen. Endlich begannen die Kollegen, seine Zahlen nachzurechnen – und bald darauf galt er als „der Mann, der der Regierung zwanzig Milliarden Dollar erspart hat".

Nach der Wahl des Lunar Orbit Rendezvous als Modus Operandi konnten die NASA und ihre Partner darangehen, die für die Mondmission nötigen Komponenten und Prozeduren zu entwickeln. Den Ingenieuren erging es wie dem Namensgeber ihres Projekts, dem griechisch-römischen Gott Apollo. Der war zuständig für die Sonne, das Licht und den Frühling, für sittliche Reinheit und Mäßigung, für Orakel, Dichtkunst, Musik und Gesang sowie für die Heilkunst und die Bogenschützen. Angeblich leitete er auch den Chor der Musen, und wer die Musen kennt, weiß, was das bedeutet. Jedenfalls hatte er viel zu tun, und Gleiches galt für die Akteure des Apollo-Programms.

Von Beginn an war klar, dass Rakete, Raumschiff und Mondlandefähre erst in Jahren Gestalt annehmen würden. Bis dahin musste man Klarheit über die auszuführenden Manöver gewinnen. Aus dem Mercury-Projekt bekannt und einigermaßen beherrscht waren Start, Flug im Orbit, Wiedereintritt und Landung. Neu hingegen waren die Kopplung von Raumschiffen im Weltraum und das Agieren der Astronauten außerhalb einer schützenden Kabine. Welche Überraschungen man dabei erleben kann, sehen wir an zwei Beispielen.

Zuerst zum Rendezvous im Orbit. Sollen zwei Raumschiffe einander treffen, scheint es naheliegend, sie in dieselbe Umlaufbahn zu bringen und das hintere zu beschleunigen, damit es zum vorderen aufschließe. Dabei wird aber das Gegenteil des Gewünschten passieren: Das hintere Raumschiff wird durch seine größere Geschwindigkeit auf eine höhere Umlaufbahn getragen, wo es gegenüber dem einzuholenden noch weiter zurückfällt. Um ein vorausfliegendes Schiff einzuholen, muss das hintere, scheinbar gegen jede Logik, bremsen. Denn dann gerät es auf eine tiefere Umlaufbahn, wo es aufschließt, und durch Beschleunigen im richtigen Moment wieder in die Bahn des anderen, um dieses zu treffen.

Nun zum Weltraumspaziergang, wie man den Aufenthalt eines Menschen im All, außerhalb des Raumschiffs, bald nennen sollte. Der Erste, der dieses Abenteuer einging, war der Kosmonaut Alexei Leonow im Jahr 1965. Durch ein fünf

Meter langes Kabel mit seiner Woschod (der Nachfolgerin der Wostok) verbunden, schwebte und strampelte er zwölf Minuten im leeren Raum. Als er wieder einsteigen wollte, hatte sich sein Raumanzug infolge des fehlenden Außendrucks derart aufgebläht, dass er nicht mehr durch die Luke passte. Erst als er genügend Luft aus dem Anzug abgelassen hatte, konnte ihn sein Begleiter zurück in die Kapsel ziehen.

Diese und tausend andere Widrigkeiten lauerten auf dem Weg zum Mond. Mit der Ein-Mann-Besatzung der Mercury-Kapsel konnte man viele davon nicht untersuchen. So musste man zwischen Mercury und Apollo ein drittes Programm einschieben. Man würde eine etwas größere Mercury bauen, in der zwei Astronauten Platz fänden; eine Mercury Mark II, wie man anfangs sagte. Dann gab man dem Projekt den Namen, unter dem es bekannt werden sollte: „Gemini" (lateinisch für das Sternbild der Zwillinge).

* * * * *

Als die Pläne für Gemini und Apollo Form gewannen und sich die Aufgaben häuften, begann das Langley Research Center aus allen Nähten zu platzen. Die Space Task Group wuchs noch immer, neue Astronauten würden dazukommen, und auch das Mission Control Center, die Kommandozentrale für die Flüge, wurde immer größer und komplexer. Die NASA sah sich nach einem neuen Standort um und fand ein sechseinhalb Quadratkilometer großes Areal bei Houston, Texas. Nach einem Jahr Bauzeit zogen die Forschungs- und Entwicklungsmannschaften und die Astronautenschule dort ein. Das Raketenstartgelände mit seinen Montagehallen und Abschussrampen verblieb in Cape Canaveral und überzog auch bald das angrenzende Merritt Island.

Die Mercury Seven erhielten Verstärkung. Im Herbst '62 kamen neun Anwärter hinzu, allesamt Testpiloten; ein Jahr später die letzten vierzehn, die lediglich Jagdflieger sein mussten, dafür aber in höherem Maß wissenschaftlich qualifiziert. Unter den dreiundzwanzig Neuen finden sich nicht wenige, die für immer im Who is Who der Raumfahrt stehen werden; und Crewnamen wie „Borman, Lovell and Anders" oder „Armstrong, Aldrin and Collins" klingen dem Zeitzeugen noch heute im Ohr wie „Simon and Garfunkel" oder „Crosby, Stills, Nash and Young".

Nach den erfolgreichen Mercury-Flügen strotzten die Amerikaner vor Selbstvertrauen. Die Lücke zu den Russen hatten sie so gut wie geschlossen. Dem Gegner mochte die eine oder andere Überraschung gelingen – ein Doppelflug oder eine Frau auf dem Pilotensitz. Aber wer weiß, was daneben, verborgen hinter dem Eisernen Vorhang und totgeschwiegen, alles schiefging? Die Amerikaner hatten jeden Flug angekündigt und im Fernsehen übertragen, und nichts war schiefgegangen.

Jeden Morgen strömten Tausende in die neuen Büros und Labors; mit militärischem Kurzhaarschnitt oder trendigem Pony, in weißem Hemd und Krawatte oder in gestärkter Bluse, korrekt mit messerscharfer Bügelfalte über blanken Lederschuhen oder kokett im Minirock auf schwindelerregenden Stöckeln, im Gesicht die schwarze Hornbrille oder aufgemalte Sommersprossen oder beides. Sie setzten sich vor ihre Schreibmaschinen und Computer oder an den Besprechungstisch, berechneten und diskutierten Flugbahnen, Einsatzpläne und die Zuverlässigkeit von Schaltern und gingen nach Hause im wunderbaren Wissen, unverzichtbar zu sein für ihr Land. Bis am 22. November 1963 mit den Schüssen von Dallas alles vorbei schien. John F. Kennedy, der jugendliche Präsident, charismatisch (mit keinem Ausdruck wurde er öfter bezeichnet als mit diesem) selbst in seinen Fehlern, Freund und Feind mit seinen Visionen mitreißend, das Gesicht des neuen Jahrzehnts! Sogar die Gegner mussten zugeben, dass der Aufbruch, der mit ihm gekommen war, mit ihm auch wieder ging. Zumindest eine Zeit lang. Dann begann der Puls des Landes erneut zu schlagen. Nun war es an Johnson, Kennedys Vermächtnis zu verwalten, und dazu gehörte die Landung auf dem Mond. Das Gemini-Programm ging weiter.

Es begann mit zwei unbemannten Flügen. Im April '64 testete Gemini 1 die neue, zweistufige Titan-Rakete, eine Entwicklung der Air Force, mit 33 Metern und 150 Tonnen um ein Sechstel höher und ein Viertel schwerer als die Atlas von John Glenn. Sie sollte sämtliche Raumschiffe des Programms befördern. Im Januar '65 erprobte Gemini 2 den Hitzeschild der Kapsel. Beide Tests verliefen erfolgreich und es wurde Zeit für die erste bemannte Mission.

Wiederum spuckte der „Chefkonstrukteur" den Amerikanern in die Suppe. Als hätten die Russen nur auf einen medienwirksamen Zeitpunkt gewartet, schossen sie am 12. Oktober 1964 Woschod 1, ein Gefährt mit *drei* Kosmonauten an Bord, in die Umlaufbahn. Von dort sandten Wladimir Komarow, Konstantin Feoktistow und Boris Jegorow Grüße zu den Olympischen Spielen nach Tokio. Und nur fünf Tage vor dem ersten bemannten Gemini-Start spazierte Leonow im Weltraum (wo ihm das Missgeschick mit dem Anzug widerfuhr).

Dann aber legten die Amerikaner los. Von März '65 bis November '66 starteten sie zehn Flüge mit jeweils zwei Piloten. Sie übten und testeten zunächst das Starten und Landen, das mehrfache Wechseln der Umlaufbahn und die Anflüge in die Atmosphäre. Anders als die Mercury, ließ sich die Gemini beinahe unbeschränkt vom Piloten steuern. Dafür hatte Gus Grissom gesorgt, der an der Entwicklung maßgeblich beteiligt war und als Kommandant der ersten Mission alle Kinderkrankheiten der Technik bravourös meisterte. Beim zweiten Flug stieg Ed White aus der Kapsel und trieb als erster Amerikaner frei im All, dabei manövrierte er mit Hilfe einer Rückstoßpistole. Das Programm umfasste zwei Langzeitflüge; der erste dauerte acht Tage, beim zweiten blieben Frank Borman und Jim Lovell fast vierzehn Tage im All. Nach einigen missglückten Versuchen gelang auch das Andocken und reifte in der Folge zu einem verlässlichen Manöver. Neue Antriebe, neue Navigations- und Kommunikationssysteme wurden eingeführt. Neil Armstrong, ein Pilot der zweiten Gruppe, und David Scott überstanden schlimmste Turbulenzen, ausgelöst durch eine defekte Steuerdüse. Edwin Aldrin, der erste Astronaut mit einem Doktortitel, verbrachte fünfeinhalb Stunden im freien Raum. Und an Bord der kurz vor Weihnachten '65 gestarteten Gemini 6A spielten Wally Schirra und Tom Stafford auf einer Harmonika und einem Schellenring, die sie angeblich in die Kabine geschmuggelt hatten, das populäre *Jingle Bells*. Auch das Startgelände in Cape Kennedy (dem früheren Cape Canaveral), das neue Mission Control Center in Houston und die Bergung nach erfolgter Landung wurden optimiert und für noch größere Aufgaben fit gemacht. Und nach dem letzten Flug hatten zweitausend Stunden im All kein einziges Astronautenleben gefordert. Die Raumfahrt war zwar nicht zu einem einfachen, wohl aber zu einem überraschend sicheren Unterfangen geworden.

Im selben Maß, wie Funktionalität und Verlässlichkeit der Raumfahrt stiegen, schwand das öffentliche Interesse. Die Ziele der Flüge waren großteils technischer Natur und boten wenig Stoff für Träume. Der zweite Außenbordeinsatz, das zweite Andocken und der zweite Langzeitflug waren eben nur zweitklassige Unterhaltung. Als im Fernsehen die Meldung kam, Armstrong und Scott wären in höchster Gefahr, beschwerten sich Zuseher über die Unterbrechung des Showprogramms. Alle wussten: Das eigentliche Abenteuer, die Mondlandung, würde erst mit Apollo beginnen.

Hätte man den Durchschnittsamerikaner gefragt, welchen Astronauten er namentlich kenne, so wäre ab September '65 am häufigsten wohl Tony Nelson genannt worden. Dieser tollpatschige Pilot hatte nach einer Bruchlandung auf einer abgelegenen Pazifikinsel eine Flasche gefunden und in dieser Flasche einen Flaschengeist – die bezaubernde Jeannie, die ihn fortan als ihren „Meister" anhimmelte und gerade dadurch in mehr Schwierigkeiten stürzte, als ein Astronaut vertragen kann. *Bezaubernde Jeannie* hieß die Fantasy-Serie bei uns; in den USA lief sie als *I dream of Jeannie*. Und diesseits wie jenseits des Atlantiks zogen Larry Hagman und Barbara Eden in 139 Episoden mehr Zuschauer vor den Fernseher, als es das gesamte Gemini-Programm vermochte.

Vergleichsweise unbekannt blieb dagegen Captain James T. Kirk, der ein Jahr nach Tony Nelson zu fliegen begann. *Star Trek*, in deutschsprachigen Ländern *Raumschiff Enterprise*, heute eine Kultserie, kämpfte von Anfang an gegen schwache Quoten und wurde nach weniger als drei Jahren eingestellt. Daran konnte nicht einmal Mr. Spock etwas ändern.

In Deutschland und Österreich aber gab es 1966 einen Raumfahrer, dessen Bekanntheit die des Tony Nelson noch übertraf: den Commander McLane von der Raumpatrouille. Sieben Filme lang sorgte McLane, gespielt von Dietmar Schönherr, zusammen mit Leutnant Tamara Jagellovsk, gespielt von Eva Pflug, und vier weiteren Offizieren im Weltraum für Ordnung. Im Raumschiff Orion, gespielt von einer Scheibe aus Holz, Aluminium und Plexiglas, überstehen sie einen Lichtsturm, gespielt von in die Luft geworfenen Reiskörnern, testen die Superwaffe Overkill, gespielt von Kaffeepulver und Pressluft (die Tricks sind legendär), und erleben auch sonst Dinge, von denen die NASA nicht einmal träumte. Und nie etwas erfuhr – denn die Raumpatrouille war in Schwarzweiß gedreht und schaffte es nicht auf den amerikanischen Markt, den längst das Farbfernsehen beherrschte.

$$* * * * *$$

Seit Leonows Weltraumspaziergang vor fast zwei Jahren hatte man nichts von den Russen gehört, und dafür gab es einen

Grund: Der „Chefkonstrukteur" lebte nicht mehr. Erst jetzt, da die sowjetische Raumfahrt nicht mehr mit ihm stand und fiel, lüfteten die Russen das Geheimnis um seine Person.

Sergei Koroljow, 1907 geboren, stammte aus der Ukraine. Er studierte Flugzeugbau und begann in den 30er-Jahren mit der Entwicklung von Raketen. 1934 ernannte man ihn zum Leiter der Abteilung Raketenflugkörper im Raketenforschungsinstitut RNII, im selben Jahr publizierte er seine Arbeit *Der Raketenflug in die Stratosphäre*. 1938 wurde ihm zum Verhängnis, dass Despoten damals wie heute nichts mehr fürchteten als kluge Bürger: Stalin ließ ihn (wie tausende andere Intellektuelle in diesen Jahren) verhaften, ihm ein Geständnis abpressen und ihn zu zehn Jahren Zwangsarbeit verurteilen. Zwei Jahre später verlegte man Koroljow, mehr tot als lebendig, in ein Speziallager für Wissenschaftler und Ingenieure. Nach weiteren vier Jahren kam er frei und durfte, vermutlich als Reaktion auf die V2-Entwicklung der Deutschen, wieder als Raketenbauer arbeiten. Nach dem Krieg schickte man ihn nach Deutschland zur Analyse des deutschen Raketenprogramms. Nachdem er 1946 zurückgekehrt war, nahm er seine Arbeit am sowjetischen Programm auf, die ihn schließlich zum Dreh- und Angelpunkt aller damit verbundenen Projekte machen sollte: zum „Chefkonstrukteur", der den Machthabern ihre Niedertracht dadurch vergalt, dass er seiner Heimat nach Kräften zurückgab, was jene ihr genommen hatten.

Vom Tod Stalins erholte sich die Sowjetunion im Handumdrehen; vom Tod Koroljows hat sie sich (und hat sich Russland), misst man am Erreichten in der bemannten Raumfahrt, bis heute nicht erholt. Man setzte Koroljows Asche an der Kremlmauer bei – die größte Ehre, die einem Sowjetbürger widerfahren konnte –, baute ihm Dutzende, wenn nicht hunderte Denkmäler im ganzen Land, darunter überlebensgroße Statuen, benannte nach ihm eine Medaille für herausragende Leistungen in der Weltraumraketentechnik, einen Asteroiden, einen Krater auf dem Mond, einen Krater auf dem Mars und eine Großstadt, das frühere Kaliningrad bei Moskau.

Was die Verehrung seiner Wissenschaftler betrifft, hat der Westen noch einiges aufzuholen.

Moonlight

Die Apollo-Flüge starteten 1966 mit drei unbemannten Missionen. Sie trugen noch nicht den Namen „Apollo", sondern waren mit „AS" und einer Nummer bezeichnet. Die Abkürzung „AS" stand für „Apollo-Saturn" und wies auf die Familie der Saturn-Raketen hin, die unter der Regie Wernher von Brauns für das Apollo-Programm entwickelt wurden. Bereits die Saturn IB für die erdnahen Missionen war eine Riesin, verglichen mit ihren Vorgängerinnen aus dem Mercury- und dem Gemini-Programm. Und die Saturn V, mit der die Astronauten ihre Reisen zum Mond antreten würden, sollte noch viel mächtiger ausfallen.

Der erste bemannte Start wurde nach einigen Verschiebungen auf den 21. Februar 1967 angesetzt. Geplant war ein mehrtägiger Flug zur Erprobung einer Unzahl von Neuerungen, betreffend Rakete und Raumschiff, Startgelände und Kontrollzentrum sowie die von Astronauten, Technikern und Supportmannschaften zu vollziehenden Abläufe.

Zum Kommandanten ausersehen war Gus Grissom. Er hatte den zweiten bemannten Mercury-Flug absolviert und

© Der/die Autor(en), exklusiv lizenziert an Springer-Verlag GmbH, DE, **265**
ein Teil von Springer Nature 2025
W. Tschirk, *Heart. Flop. Moon.*,
https://doi.org/10.1007/978-3-662-72050-9_27

die erste bemannte Gemini-Mission kommandiert. Da Alan Shepard wegen Schwindels und Gleichgewichtsstörungen vorübergehend fluguntauglich war, gab es keinen geeigneteren Kandidaten für einen Erstflug als Grissom, und der stürzte sich mit gewohntem Eifer und Akribie in die Arbeit. Die beiden anderen Piloten waren Ed White und Roger Chaffee. White, der Gemini-Pilot, war als erster Amerikaner im Weltraum spaziert; für Chaffee sollte Apollo 1 die Premiere im All werden.

Dass komplexe Systeme wie Raketen und Raumschiffe buchstäblich tausende Fehler aufwiesen, die man zwischen Entwurf und Funktionsreife zu finden und zu beheben hatte, war nichts Neues. Die Apollo-Kapsel jedoch stellte alles in den Schatten, aus mehreren Gründen. Erstens war sie viel größer und komplizierter als Mercury und Gemini; für die Elektrik beispielsweise zogen sich dreißig Kilometer Kabel durch das Gehäuse. Zweitens war in die Frühphase ihrer Entwicklung kein Astronaut eingebunden, der sich gegenüber den Entwicklungspartnern durchsetzen hätte können; denn diese Phase überschnitt sich mit der Entwicklung der Gemini, und dort hatte Grissom – der Einzige, der im Ernstfall auf den Tisch haute – alle Hände voll zu tun gehabt. Drittens zwang der enge Zeitplan die NASA, mangelhafte Lieferungen der Hersteller zu akzeptieren, anstatt sie bis zur Behebung der Mängel zurückzuweisen. Das Ergebnis war, wie Grissom im Vertrauen zu Shepard sagte, „das schlechteste Raumschiff, das ich je gesehen habe". Und in einer Pressekonferenz im Dezember '66 nannte er es einen „Erfolg, wenn wir lebend zurückkommen". Neben dem offiziellen Foto der Crew, einem Bild dreier lächelnder, optimistischer Männer, ließen sie ein inoffizielles kursieren, das sie mit geschlossenen Augen und zum Beten gefalteten Händen zeigt.

Grissom, White und Chaffee verbrachten einen großen Teil ihrer Zeit in der Apollo, fünfzig Meter über dem Boden an der Spitze der unbetankten Saturn IB. Testeten, meldeten, protokollierten, änderten die Checklisten, checkten die Änderungen. So auch am 27. Januar 1967. Gegen 13 Uhr lagen sie, verpackt in ihre Raumanzüge, angeschlossen an Sauerstoffversorgung und Kommunikationsanlage, in der Kapsel; Grissom links, White in der Mitte, Chaffee rechts. Auf dem Programm stand ein fünfstündiger Test, bei dem das Raumschiff von äußeren Stromkreisen getrennt und, wie bei einem echten Flug, von der bordeigenen Batterie versorgt werden sollte. Die Luke wurde planmäßig geschlossen und verriegelt. Damit aber startete unplanmäßig und von niemandem bemerkt ein tödlicher Countdown.

Die Luke ließ sich von innen und außen öffnen, sofern der Druck in der Kapsel nicht höher war als außerhalb. War er höher, wurde sie in ihren Rahmen gepresst und war mit Menschenkraft nicht zu bewegen. Nach ihrem Verschließen erhöhte man den Druck in der Kapsel, bis er etwa 15 Prozent über dem Außendruck lag. Damit war die Luke wie zugeschweißt.

Während des Fluges würden die Astronauten die Helme abnehmen und frei atmen. Beim Atmen verwertet der Körper nur den Sauerstoff; die anderen Bestandteile der Luft, Stickstoff und Spurengase, spielen dabei keine Rolle. Deshalb führte man sie auf den Flügen, auch schon bei Mercury und Gemini, nicht mit. Das sparte Gewicht und vereinfachte Behälter und Leitungen. Die Kapsel war also nicht mit Luft gefüllt, sondern mit reinem Sauerstoff.

Sauerstoff brennt nicht selbst, aber er fördert die Verbrennung. In reinem Sauerstoff entzünden sich Materialien besonders leicht; dazu kann ein Funke ausreichen. Später vermutete der Untersuchungsausschuss, bestehend aus dem Ingenieur Max Faget, dem Astronauten Frank Borman und sechs anderen Mitgliedern, einen Kabelfunken im linken Teil der Kabine, unter oder neben Grissoms Sitz.

* * * * *

Neun Wochen lang arbeitete der Ausschuss, unterstützt von 1500 Experten in 21 Fachgruppen, an der Klärung der Katastrophe. Sie zerlegten die zerstörte Kapsel, stellten das Feuer in einer fast identischen nach und legten eine Liste von Schwächen und Fehlern bloß, sowohl in der Konstruktion des Raumschiffs als auch in den Abläufen in und außerhalb der Kabine. Am Ende umfasste der Bericht 3820 Seiten.

Obwohl die genaue Brandursache im Dunkeln blieb, führten die Untersuchungen und Empfehlungen der Kommission dazu, dass ein Unglück wie dieses künftig nahezu ausgeschlossen war. Mehr als tausend Änderungen wurden vorgenommen: brennbare Materialien durch nicht brennbare ersetzt, der Sauerstoffatmosphäre Stickstoff beigemengt, die Kabel verkürzt und besser isoliert, feuerfeste Raumanzüge entwickelt und eine rasch zu öffnende Luke eingebaut. Die Annahmekriterien für Zulieferungen wurden verschärft und der als penibel bekannte Borman überwachte ab sofort die bei North American Aviation durchgeführten Arbeiten an der neuen Kapsel. Und nicht zuletzt rüstete man die Rettungsteams auf und versetzte sie in erweiterte Bereitschaft.

Mitten in die Aufarbeitung des Feuers platzte eine Nachricht: Die Russen kündigten die ersten bemannten Flüge ihres Mondprogramms an. Sojus 1 sollte mit einem Kosmonauten an Bord starten, am Tag darauf Sojus 2 mit drei Mann Besatzung folgen. Die beiden Raumschiffe würden sich in der Erdumlaufbahn aneinanderkoppeln und zwei der Sojus-2-Raumfahrer in die Sojus 1 umsteigen. Noch nie hatten die Sowjets eine Mission *angekündigt*; stets hatte man erst nach erfolgreichem Abschluss davon gehört – und niemals von einem Fehlschlag erfahren. Diesmal sollte es anders sein. Ein Solarmodul der Sojus 1 verklemmte sich, wodurch zu wenig Energie zur Verfügung stand, zudem versagte die Lagekontrolle des Raumschiffs. Der Pilot, Wladimir Komarow, leitete eine Notlandung ein. Doch auch die Bremsraketen erfüllten ihren Zweck nur unzureichend, und das letzte

System, das Komarow hätte retten können, die Fallschirme, entfalteten sich nicht. Nun hatte der Wettlauf ins All auch auf sowjetischer Seite ein erstes bekanntes Opfer gefordert.

Was neben den Diskussionen um die Sicherheit der Apollo-Kapsel beinahe unterging, das war die Rakete, die sie auf den Weg zum Mond bringen sollte. Die Ingenieure hatten ziemlich genau berechnet, welche Last diese Rakete befördern musste: Die Rückflugrakete würde 29 Tonnen wiegen, die Mondlandefähre 15 Tonnen, zusammen also 44 Tonnen – nicht ganz so wenig, wie der Verfechter des Lunar Orbit Rendezvous, John Houbolt, gehofft hatte, aber doch deutlich weniger als die Direktanflug-Konfiguration mit ihren 74 Tonnen.

Die Rückflugrakete hieß mittlerweile Command and Service Module und war maßgeblich von Max Faget entworfen worden. Sie bestand aus der kegelförmigen Apollo-Kapsel (dem Command Module), 3,5 Meter hoch und an der Basis 3,9 Meter im Durchmesser, und dem an die Basis angehängten zylindrischen Service Module mit dem gleichen Durchmesser und 7,5 Metern Höhe. Das Command Module beherbergte die Astronauten, das Service Module hauptsächlich den Antrieb zum Schuss aus der Mondumlaufbahn zurück zur Erde.

Die Mondlandefähre, für die der Raumfahrtingenieur Tom Kelly verantwortlich zeichnete, hieß Lunar Module und war zweiteilig: Über ihrer 3,2 Meter hohen Abstiegsstufe aus Spinnenbeinen, Bremsraketen und Navigationsdüsen, die den kontrollierten Abstieg zur Mondoberfläche steuern sollten, erhob sich die 2,8 Meter hohe Aufstiegsstufe – die Kabine für zwei Astronauten, dazu ein Triebwerk zum Start von der Mondoberfläche in die Umlaufbahn, wo das Lunar Module an das Command and Service Module andocken würde und die Mondfahrer wieder in die Kapsel klettern konnten. Mit voll ausgefahrenen Beinen wirkte die Fähre wie ein Rieseninsekt aus einer anderen Welt; oder, nach Aldrins unpoetischer Auffassung, wie ein goldfolien-bezogener Zementmischer.

Mit der Nutzlast standen auch die Daten der Rakete fest, und die waren gewaltig. Der gesamte Aufbau: die dreistufi-ge Saturn V und an ihrer Spitze das Command and Service Module samt Rettungsturm (das Lunar Module befand sich beim Start im Inneren der Saturn) war 111 Meter hoch und hatte 10 Meter Durchmesser. Shepards Mercury-Redstone-Konfiguration hätte *hundertmal* hineingepasst. Das Apollo-Saturn-System war mit 3000 Tonnen (fünf Sechstel davon Treibstoff) auch hundertmal so schwer wie Shepards Flugge-rät, und die erste Stufe der Saturn V mit 33 900 Kilonewton Schubkraft hundertmal so stark wie die Redstone. Die Ein-zelteile wurden an verschiedenen Orten in den USA pro-duziert und per Lastkahn oder Sonderflug an das Kennedy Space Center auf Merritt Island geliefert. Montiert wurde die Rakete, zusammen mit dem Versorgungsturm, der sie noch überragte, stehend in einer fünf Fußballfelder großen Halle, höher als die Spitze des Kölner Doms. Von dort transportier-te man den gesamten Komplex auf einer rollenden Plattform zum Startgelände.

Der erste unbemannte Test der Saturn V, zugleich die erste Apollo-Mission nach dem Feuer, verlief erfolgreich; alle drei Stufen zündeten und brannten wie vorgesehen, und die Kapsel landete nahe der berechneten Stelle im Pazifik. Beim zweiten Test gab es Vibrationen, die einen bemannten Flug zum Abbruch gezwungen hätten, dazu schalteten einige Triebwerke zu früh ab. Dennoch näherte sich der Tag, an dem die Rakete ein Raumschiff in die Bahn zum Mond tragen würde.

Zuvor stand aber noch eine erdnahe Mission mit drei Astronauten auf dem Programm. Fast zwei Jahre waren seit dem Feuer vergangen, als am 11. Oktober 1968 Apollo 7 mit Wally Schirra, Walt Cunningham und Donn Eisele an der Spitze einer Saturn IB abhob. (Aufgrund mehrfacher

Planänderungen war die Zählung der Apollo-Missionen bereits bei Nummer 7 angelangt.) Die Technik funktionierte vom Start bis zur Landung einwandfrei. Dennoch wurde der fast elftägige Flug für Besatzung und Bodenpersonal zu einer Zerreißprobe. Es begann damit, dass sich schon am ersten Tag bei Schirra und später auch bei Eisele eine Erkältung meldete. Von da an waren die beiden mit ihren Aufgaben überfordert und sperrten sich gegen jede vermeidbare Belastung. Doch während sie am liebsten unter eine warme Bettdecke gekrochen wären, mussten sie sich mit wissenschaftlichen Experimenten herumschlagen und sogar mehrmals die Fernsehkamera einschalten, um die ersten Liveübertragungen aus einer Raumkapsel zu starten. Cunningham, den die Krankheit verschonte, hielt den Laden am Laufen, die beiden anderen spielten, von Schwäche und Kopfschmerzen geplagt, mit. Vor der Landung bestand Schirra darauf, er und Eisele würden die Helme nicht aufsetzen, weil ihnen wegen ihrer Erkältung und des Drucks im Raumanzug die Trommelfelle platzen könnten, und boxte das gegen die Flugleitung am Boden durch. Nach 163 Erdumrundungen hatten sie Apollo um einen Riesenschritt nach vorn gebracht. Denn jetzt konnte es zum Mond gehen.

Schirra, Cunningham und Eisele, das ist die erste Crew, deren Namen ich als Kind verinnerlicht habe. Die ersten Helden aber waren Borman, Lovell und Anders; zu diesen kommen wir jetzt.

* * * * *

Da sowohl bei den unbemannten Tests als auch bei Apollo 7 alle Systeme im Wesentlichen funktioniert hatten und Wernher von Braun glaubhaft machen konnte, er bekomme auch die Vibrationen der Saturn V in den Griff, strich die NASA weitere erdnahe Missionen und wagte den Schritt ins „richtige" All: Apollo 8 sollte den Mond umrunden. Drei Fragen galt es zu klären: Wie würden Menschen den Start der Saturn V überstehen? Wie gut beherrschte die NASA die Manöver, die eine Reise zum Mond ermöglichten? Und vor allem: Wie sieht die Mondoberfläche aus und kann man auf ihr landen?

Zwar hatten Russen und Amerikaner bereits Sonden zum Mond geschickt, die Fotos lieferten und zum Teil auch gelandet waren. Aus deren Befunden konnte man schließen, dass die Oberfläche fest war und von einer dünnen Staubschicht bedeckt. Außerdem hatte man anhand der Bilder eine Mondkarte erstellt und mögliche Landegebiete ermittelt. Ehe man aber eine Landung wagte, sollte jemand hinfliegen und nachsehen. Dieser Jemand waren Frank Borman, Jim Lovell und Bill Anders. Borman und Lovell hatten an Bord der Gemini 7 vierzehn Tage im Orbit verbracht, Lovell zudem die Gemini 12 geflogen; Anders war ein Neuling im Weltraum. Auf die Planänderung, die sie nun zum Mond bringen sollte, waren alle drei nicht vorbereitet.

„Wir packten das Training eines Jahres in vier Monate", erinnerte sich Bormann fünfzig Jahre später (im Alter von neunzig), als er und seine Kameraden das Abenteuer Revue passieren ließen. Die rückblickenden Zitate der drei im folgenden Text entstammen diesen Interviews. „Jeder war motiviert und ganz auf das Ziel ausgerichtet. Wir mussten die Russen beim Wettlauf um den Mond schlagen."

In *Apollo 11* schreibt James Donovan, die Crew habe sich nur geringe Chancen ausgerechnet. „Eine Ein-Drittel-Erfolgschance, eine Ein-Drittel-Überlebenschance bei einem Unglück und eine Ein-Drittel-Chance auf keine Rückkehr." Dennoch brauchten sie, wie Donovan weiter ausführt, „keine Sekunde Bedenkzeit, um Ja zu sagen". Sie waren eben *The Right Stuff.*

Am Morgen des 21. Dezember 1968, drei Tage vor Weihnachten, stand die riesige Saturn V, das größte Objekt, das sich jemals vom Erdboden erhob, bereit. Von ihrer Spitze aus hätte man in jede Richtung fast vierzig Kilometer weit blicken können, nach Westen über Merritt Island und das flache Festland, nach Osten auf den Atlantik.

„We have ignition sequence start. The engines are on. Four–three–two–one–zero."

Der Schub der ersten Stufe war nur wenig größer als das Gewicht, das er zu tragen hatte; entsprechend langsam, majestätisch stieg die Rakete aus dem Feuerball. Doch mit jeder Sekunde verbrannte sie zwölf Tonnen Treibstoff, wurde um zwölf Tonnen leichter und beschleunigte immer schneller.

„Die Vibrationen waren so stark, dass wir das Instrumentenpanel nicht sehen konnten", beschreibt Anders, fünfundachtzig Jahre alt, diese Augenblicke. „Ich hoffte nur, dass Frank Borman nicht seine Hände an der Steuerung hatte und eine falsche Bewegung machte."

Eine Minute nach dem Start flog die Saturn im Überschall. Nach drei Minuten war die ausgebrannte erste Stufe abgeworfen, nach neun Minuten die zweite. Die dritte Stufe brachte das Schiff in die Erdumlaufbahn und nach zwei Umkreisungen in die Bahn zum Mond; dann wurde auch sie abgetrennt. Nun war das Command and Service Module allein auf dem Weg. Das noch im Bau befindliche Lunar Module würde erst eine spätere Reise mitmachen.

Mit fast 40 000 Kilometern pro Stunde flogen sie von der Erde weg. Sie waren schwerelos und spürten nichts, rein gar nichts, von ihrer unvorstellbaren Geschwindigkeit – zehnmal so schnell wie eine Gewehrkugel jagten sie dahin und es fühlte sich an, als stünden sie still. Die Anziehung der Erde bremste sie unmerklich, bis nach etwas mehr als zwei Tagen die Kraft des Mondes überwiegen und sie wieder, ebenso unmerklich, beschleunigen würde. Bis dahin war aber noch Zeit. Ein kleiner Schub der Steuerdüsen versetzte das Raumschiff in langsame Drehung. Ohne diese „barbecue roll" wäre es durchgehend an einer Seite von der Sonne beschienen worden und hätte sich dort auf 200 Grad aufgeheizt, während die sonnenabgewandte Seite auf 100 Grad unter null gefroren wäre; die Spannungen hätten den Hitzeschild und die Treibstoffleitungen geknackt. Die Sonne und der schwarze, sternenübersäte Himmel begleiteten sie zu jeder Sekunde, den Wechsel von Tag und Nacht gab es nicht mehr.

Schon kurz nach dem Eintritt in die Bahn zum Mond sahen Borman, Lovell und Anders als erste Menschen die Erde als Ganzes; als Körper, der im Weltraum schwebt. Frühere Raumfahrer hatten sich nie weit genug entfernt und daher nur jeweils einen Ausschnitt von ein oder zwei Prozent der Oberfläche wahrgenommen. Nach dreieinhalb Stunden Flug fotografierte Anders den beinahe voll von der Sonne ausgeleuchteten Planeten. Am zweiten Tag der Reise gab es die ersten Fernsehbilder aus der Kapsel und einen Tag darauf die zweiten. Und hier schafften es die Astronauten, den Menschen auf der Erde Aufnahmen ihres eigenen Planeten zu senden. Nur in Schwarzweiß, aber immerhin.

„Wenn ich die Hand gegen das Fenster ausstreckte, konnte ich die Erde hinter meinem Daumen verbergen“, sagt der neunzigjährige Jim Lovell. „Die Erde ist bloß ein Staubkorn in der Milchstraße, aber seht, was wir hier haben: Wasser und eine Atmosphäre, wir umrunden einen Stern gerade in der passenden Entfernung, um seine Energie aufzunehmen. Gott hat der Menschheit eine Bühne gegeben, auf der sie spielen kann. Wie das Spiel ausgeht, liegt an uns.“

Dann kam der vielleicht kritischste Moment der ganzen Mission. Die Crew hatte das Raumschiff umgedreht, so dass es mit dem Heck voran flog und durch ein Zünden des Triebwerks gebremst und in eine Mondumlaufbahn gebracht würde. Die Maschine musste vier Minuten und sieben Sekunden lang brennen. Und sie musste zu einem Zeitpunkt gezündet werden, zu dem sich Apollo 8 hinter dem Mond befinden würde, ohne jeglichen Kontakt zur Kommandozentrale auf der Erde. Ginge etwas daneben, so würde das Raumschiff im besten Fall eine falsche Umlaufbahn beschreiben, viel eher aber im Weltraum verloren sein oder auf dem Mond zerschellen. „Das waren die längsten vier Minuten unseres Lebens“, sagten sie später. Und auch am Boden hielten Controller und Ingenieure den Atem an. Vom Planzeitpunkt der Zündung weg sollte es 25½ Minuten dauern, bis wieder Funkkontakt zwischen Houston und Apollo 8 möglich wäre. Im Mission Control Center hätte man eine Nadel fallen gehört. Dann, exakt im richtigen Moment, kam Lovells Stimme aus der Ferne: „Go ahead, Houston.“

„Die Menschen neigen dazu, die Rückseite des Mondes als ‚dunkle Seite‘ zu bezeichnen, aber das ist falsch“, erklärt Borman. „Bei unserem Flug stand der Mond zwischen der Erde und der Sonne. Die Rückseite war von der Sonne erleuchtet.“

Lovell ergänzt: „Wir sahen die Rückseite wie drei Schulkinder, die durch das Fenster eines Candy Stores spähen. Wir sahen die namenlosen Krater langsam vorbeiziehen.“ Sie flogen in 115 Kilometern Höhe.

Anders leitete die Bilddokumentation. „Wir waren damit beschäftigt, Bilder von der Mondoberfläche zu schießen, von möglichen Landeplätzen für spätere Missionen. Plötzlich sah ich aus dem Fenster, und da ging dieser prachtvolle Himmelskörper auf.“

Das Foto des Erdaufgangs (*Earthrise*), der zu zwei Dritteln beleuchteten blauweißen Erde über einem ockerfarbenen Mondhorizont, übertraf alles, was Menschen jemals in einem Bild festgehalten hatten. Es steht jenseits von Kunstverständnis und Geschmack, allein durch sein Motiv. Aufgenommen hat es Bill Anders am 24. Dezember um 16:39 UTC, für Europäer am Weihnachtsabend, für Amerikaner etwa um die Mittagszeit desselben Tages. Einen Erdaufgang, also das Aufsteigen der Erde über dem Horizont, würde ein Mondbewohner vom Fenster seines Hauses aus niemals sehen. Denn da der Mond uns immer dieselbe Seite zeigt, sieht man von ihm aus die Erde entweder gar nicht oder stets am gleichen Ort. Niemals gleitet sie über den

Mondhimmel so, wie Sonne, Mond und Sterne über den Erdenhimmel gleiten. Nur, wer den Mond umrundet, kann Zeuge des Schauspiels werden.

Die Astronauten waren überwältigt, aber nicht unvorbereitet. Sie hatten einen Bibeltext mitgebracht und lasen im Zug ihrer Weihnachtsübertragung aus ihm vor: „Am Anfang schuf Gott Himmel und Erde …". Zuletzt sagte Borman: „Von Seiten der Apollo-8-Crew schließen wir mit: gute Nacht, viel Glück, frohe Weihnachten, und Gott segne euch alle, euch alle auf der guten Erde."

Da die Dichte des Mondes kleiner ist als die der Erde, dauert seine (bodennahe und antriebslose) Umkreisung länger. Die zehn Runden der Apollo nahmen zwanzig Stunden in Anspruch. Dann war es Zeit für den Wechsel auf die Bahn zurück zur Erde. Wieder musste das Aggregat über der Rückseite des Mondes gezündet werden, wieder zum exakten Zeitpunkt, wieder musste es genau die berechnete Zeit brennen – und wieder gelang das Manöver.

Sie waren nun vier Tage unterwegs und konnten die Augen kaum mehr offenhalten. Ihre Schlafzeiten hatten sie mehr schlecht als recht genutzt, selbst die Schlaftabletten konnten Anspannung, Aufregung und das Bewusstsein, Ungeahntes und zugleich Unwiederbringliches zu erleben, nicht besiegen. Noch zwei Tage. Sie brachten die letzte Liveshow hinter sich und bereiteten den Wiedereintritt vor. Vor ihren Augen wurde die Erde größer und größer. Sie warfen das Service Module ab, drehten die Kapsel in die passende Richtung und stürzten durch die Atmosphäre. In drei Kilometern Höhe öffneten sich die Hauptfallschirme, und am 27. Dezember wasserte Apollo 8 südwestlich von Hawaii im Pazifik.

Frank Borman, Jim Lovell und Bill Anders waren die Männer des Jahres, in den Herzen der Amerikaner ebenso wie hochoffiziell im Time Magazine. Hunderttausende feierten sie mit einer Konfettiparade in Houston. Die

Farbfernsehbilder sind nicht besonders scharf, aber das unterstreicht noch das Flair der 60er: Menschen säumen die Straßen, hängen bis zur Hüfte aus den Fenstern, während die Astronauten und ihre Familien in offenen Automobilen langsam vorbeiziehen, lachend und winkend. Nicht nur die Hauptdarsteller, auch alle im Publikum haben sich für den besonderen Anlass herausgeputzt; mit Hemd und Krawatte oder schmuckem Kleid, jedenfalls aber mit tadelloser Frisur, auch die Kinder – jeder ist zugleich Betrachter und Motiv.

Wie weggeblasen war das Desinteresse, das dem Mondprogramm zuletzt entgegengeschlagen hatte. Menschen in vierundfünfzig Ländern hatten die Übertragungen verfolgt, mehr als tausend Journalisten die Mission mit Nachrichten und Kommentaren begleitet, die Weihnachtsübertragung wurde zum bis dahin meistgesehenen Programm. 1968 hatte ein gutes Ende genommen.

Zero!

Sogar die Sowjets beglückwünschten Apollo 8. Drei Wochen später schritten sie selbst zur Tat. Mit Sojus 4 und 5 holten sie nach, was durch den Absturz von Sojus 1 nicht zustande gekommen war: ein Andocken zweier Raumschiffe und das Umsteigen der Kosmonauten vom einen in das andere. So bedeutend die Tat aus technischer Sicht auch war – sie hatte „nur" im Erdorbit stattgefunden und offenbarte nach Einschätzung des Westens eher einen Rückstand der Russen als eine Bedrohung. Zum Mond unterwegs waren nur die Amerikaner, und das mit Riesenschritten.

Anfang '69 wurde das Lunar Module, die Mondlandefähre, fertig und stand zum Test bereit. Diese Aufgabe kam der Apollo 9 zu, die mit James McDivitt, Russell Schweickart und David Scott am 3. März startete und zehn Tage in der Erdumlaufbahn verbrachte. Beim Start steckte die Landefähre in der dritten Stufe der Rakete, direkt unter dem Command and Service Module. Nach Erreichen der Umlaufbahn und Abwerfen der ersten beiden Stufen trennte sich

© Der/die Autor(en), exklusiv lizenziert an Springer-Verlag GmbH, DE, **279** ein Teil von Springer Nature 2025
W. Tschirk, *Heart. Flop. Moon.*,
https://doi.org/10.1007/978-3-662-72050-9_28

das Command and Service Module von der dritten Stufe, wendete, dockte mit der Spitze an die Landefähre an und löste den Abwurf der dritten Stufe aus. Nun flogen die beiden Module, aneinander gekoppelt, wie sie später zum Mond fliegen würden. Die Astronauten konnten durch einen Tunnel von einem Schiff in das andere und wieder zurück umsteigen. Am fünften Tag löste sich die Landefähre (wie sie es auch vor der Mondlandung tun würde) mit McDivitt und Schweickart an Bord, warf die Abstiegsstufe ab (die nach der Landung auf dem Mond zurückbleiben würde) und dockte wieder an das Command and Service Module an (wie es die Aufstiegsstufe nach Verlassen der Mondoberfläche tun würde). McDivitt und Schweickart schwebten hinüber in das Mutterschiff. Die Landefähre blieb zurück, ebenso wie das Service Module, und die Kapsel landete wohlbehalten im Meer.

Apollo 9 hatte alle Manöver des Lunar Module bis auf Landung und Wiederaufstieg erfolgreich geprobt, allerdings nur in der Erdumlaufbahn. Apollo 10 sollte nun das Gleiche im Mondorbit leisten und zusätzlich die Landefähre bis auf fünfzehn Kilometer an den Mond heranfliegen. Am 18. Mai machten sich Tom Stafford, Eugene Cernan und John Young auf den Weg. Mit von der Partie waren auch Charlie Brown und Snoopy, die Hauptfiguren der Peanuts – so hatte die Besatzung ihr Command and Service Module und ihre Mondlandefähre getauft. Acht Tage später kehrten die Astronauten zurück, im Gepäck eine nicht ohne Pannen verlaufene, letztlich aber gelungene Generalprobe. Nun fehlte nur noch die glanzvolle Premiere.

* * * * *

Die Stars dieser Premiere standen seit Monaten fest: Neil Armstrong als Kommandant, Edwin Aldrin als Pilot des Lunar Module und Michael Collins als Pilot des Command and Service Module. Alle drei waren 1930 geboren, also neununddreißig Jahre alt oder kurz davor, waren verheiratet und hatten Kinder. Alle drei waren einmal im All gewesen, im Gemini-Programm. Und für alle drei würde der zweite Raumflug der letzte sein.

Für Neil Armstrong aus Wapakoneta, Ohio, gab es nur eines: fliegen. Den Pilotenschein erhielt er an seinem sechzehnten Geburtstag, lange vor dem Führerschein, und im Lauf seiner Karriere flog er über zweihundert Fluggeräte, vom Segelflieger über Hubschrauber, Propellermaschine, Jet und Raketenflugzeug bis zum Raumschiff. Von den Gefahren, die einem Piloten begegnen können, hat Armstrong nicht viele ausgelassen. Mit einundzwanzig flog er im Koreakrieg 78 Einsätze. Bei einem der ersten verlor er die halbe Tragfläche, rettete seinen Jet über befreundetes Territorium und sprengte sich mit dem Schleudersitz aus der abstürzenden Maschine. Dann wurde er Testpilot und stieg in die Königsklasse auf: Er erprobte die X-15 und galt bald als der technisch versierteste der Piloten, die dieses Teufelsding mit vielfacher Schallgeschwindigkeit bewegten. Selbst als er nach einem zu flachen Anflug in vierzig Kilometern Höhe an der Atmosphäre abprallte, brachte er das Flugzeug noch sicher auf den Boden. Gemini 8 geriet ihm wegen einer defekten Düse außer Kontrolle, doch auch hier tat er mit eiskalter Ruhe und analytischem Verstand genau das Richtige. Und nachdem er sich mittels Schleudersitz aus dem Trainingsnachbau der Mondlandefähre befreit hatte, Zehntelsekunden, bevor dieser aufschlug und explodierte, ging er ins Büro und schrieb seinen Bericht. Neben allem machte er, ganz unspektakulär, seinen Bachelor in Aeronautical Engineering (Luftfahrttechnik) und schloss nach dem Apollo-Flug mit dem Master in Aerospace Engineering (Luft- und Raumfahrttechnik) ab.

Edwin Aldrin aus Glen Ridge, New Jersey, wurde „Buzz“ genannt oder „Dr. Rendezvous“. Der erste Spitzname ist eine kindliche Verballhornung von „brother“ – so rief ihn seine kleine Schwester. Die Ursache des zweiten ist Aldrins

Doktorarbeit *Line-of-Sight Guidance Techniques for Manned Orbital Rendezvous*, mit der er am MIT in Astronautics (Raumfahrttechnik) promovierte. Daneben besaß er einen Bachelor in Maschinenbau und, schon vor seinem Apollo-Flug, einen Ehrendoktor der Naturwissenschaften. Buzz Aldrin war der Professor unter den Astronauten – der Mann, der mit dem Rechenschieber ebenso gut umzugehen wusste wie mit dem Steuerknüppel. Smalltalk gehörte nicht zu seinen Stärken. Es war ja auch nicht einzusehen, warum man die Zeit mit Geschwätz über Urlaubspläne verplempern sollte, wenn man auch über Weltraumtechnik reden konnte. Aldrins Flugerfahrung stammte zum Teil aus dem Koreakrieg, wo er 66 Einsätze hinter sich brachte. Testpilot war er nicht; als er sich nach dem Doktorat bei der NASA bewarb, wurde er als Astronaut der dritten Gruppe aufgenommen, in der man zwar Jagdflieger, aber nicht Testpilot sein musste.

Michael Collins wurde in Rom geboren und verbrachte seine ersten siebzehn Lebensjahre an neun Orten inner- und außerhalb der USA – wohin es seinen Vater, einen Militärattaché, und mit ihm die Familie gerade verschlug. Er besaß einen Bachelor in Military Science (Militärwissenschaft) und eine Ausbildung zum Kampfpiloten, war aber nie einen Kampfeinsatz geflogen. In Collins schlummerte eine Künstlerseele; James Donovan beschreibt ihn als gebildet und kultiviert, und das Apollo-11-Emblem – der US-Adler landet auf dem Mond, in den Krallen den Ölzweig als Symbol des Friedens, im Hintergrund die Erde – ist Collins' Entwurf. Ein Jahr vor dem großen Auftritt war seine Fliegerkarriere wegen eines Bandscheibenvorfalls auf der Kippe gestanden. Eine Operation rettete ihm die Fluglizenz; und vielleicht waren es gerade die durch die Rekonvaleszenz bedingten Umbesetzungen, die ihm den Platz in der Mondmission bescherten.

Die Aufgaben waren verteilt und ohne große Debatte akzeptiert – mit einer Ausnahme: Wer würde der Erste sein, der den Mond betritt? Da Collins das Command and Service Module fliegen sollte, konnte es nur entweder Armstrong oder Aldrin sein, einer der beiden, die im Lunar Module zum Mond absteigen würden. Jahre zuvor hatte die NASA festgelegt, dass die Aufgabe dem Piloten der Landefähre zukäme. Dieser Pilot hieß nun Buzz Aldrin, und für die Presse war *er* der erste Mensch auf dem Mond. Im Frühjahr '69 jedoch schwenkte die NASA um und gab bekannt, es sei diesbezüglich noch nichts beschlossen worden. Im April nominierte sie dann Armstrong. Die Begründung für diese Entscheidung ist bis heute nicht klar. Es gab ein technisches Argument: Die Positionen der Piloten in der Landefähre waren durch die Arbeitsteilung festgelegt. Armstrong stand neben der Luke; Aldrin hätte sich zum Aussteigen an ihm vorbeizwängen müssen und dabei mit seinem dicken Raumanzug das fragile Innenleben beschädigen können. Es gab aber auch Treffen hinter verschlossenen Türen und Gerüchte, man würde der Welt lieber den ruhigen, ausgeglichenen Armstrong als Helden präsentieren und nicht den als schwierig verschrienen Aldrin.

Da Collins' Emblem *den Adler* auf dem Mond landen ließ, war der Name der Mondlandefähre klar: „Eagle". Das Command and Service Module tauften sie „Columbia", entweder nach dem Entdecker Christoph Kolumbus oder nach dem historischen Namen „Columbia" der Vereinigten Staaten von Amerika, der selbst auf Kolumbus zurückgeht.

Acht Wochen vor dem Start verließ der 121 Meter hohe und 5440 Tonnen schwere Komplex, bestehend aus Rakete und Versorgungsturm, die Montagehalle und rollte auf einer fünfzehn Meter hohen, vierzig mal vierzig Meter großen Plattform zur Startrampe 39A. Der Transport über die fünfeinhalb Kilometer lange Strecke dauerte volle sechs Stunden. Die gewaltige Konstruktion beherrschte über Kilometer das flache Land und die angrenzenden Gewässer; die bunten Ameisen, die daneben über die Wüste krabbelten, hießen Chrysler, Chevrolet und Ford. Sensoren überwachten die perfekt senkrechte Ausrichtung der Rakete und steuerten eine Hydraulik, die sämtliche Unebenheiten des Bodens, den Anstieg zum Startplateau und sogar den Seitenwind ausglich. Als die Rakete ihren Platz eingenommen hatte, begannen die letzten Arbeiten: Flugplan und Checklisten wurden aktualisiert und verabschiedet, die Schichten im Mission Control Center festgelegt, die Tankanlage überprüft, ein Probecountdown absolviert und so weiter und so fort. Tagsüber brannte die Julisonne über den Technikern; nachts belächelte der Mond das Durcheinander, und nach allem, was man weiß, ahnte er nicht, dass es diesmal keinem anderen galt als ihm selbst.

11. Juli – noch fünf Tage bis zum Start. David Bowies Single *Space Oddity* („Ground control to Major Tom") erscheint. Die ersten Amerikaner machen sich auf den Weg zur Ostküste, um den Abflug an Ort und Stelle mitzuerleben. Armstrong, Aldrin und Collins studieren Flugpläne, klettern in den Simulator und werden auf Schritt und Tritt gefilmt.

14. Juli – noch zwei Tage. Der Film *Easy Rider* mit Peter Fonda, Dennis Hopper und Jack Nicholson kommt in die Kinos. Hunderttausende sind rund um das Cape eingetroffen, Hunderttausende werden noch eintreffen. Die Astronauten sprechen in einer virtuellen Pressekonferenz zu den Reportern (direkte Kontakte vermeidet man, um Infektionen vorzubeugen).

15. Juli – noch ein Tag. Eddie Merckx gewinnt die siebzehnte Etappe der Tour de France. Motels und Privatzimmer sind ausgebucht, Wohnwagenkolonnen parken am Straßenrand, Bootflotten liegen entlang der Küste. Massen campieren unter freiem Himmel, Lagerfeuer erhellen die Nacht. Die drei Männer, auf die die Welt blickt, inspizieren ein

letztes Mal das Betanken der Saturn V, dann verschwinden sie in ihren Zimmern. Noch eine kurze Nacht.

* * * * *

Mittwoch, 16. Juli 1969. Wecken um 4:15 Uhr. Duschen, rasieren. Frühstück – das schon traditionelle Steak mit Eiern, Fruchtsaft und Kaffee. Ein letzter Gesundheitscheck. Die weißen Raumanzüge werden angelegt, die Atemvorrichtungen angeschlossen, den Sauerstoffbehälter trägt jeder Astronaut wie einen Handkoffer mit sich. So fahren sie zum Startgelände. Mit dem Aufzug geht es am Turm hundert Meter nach oben und über die Brücke zur Kapsel. Sie lächeln und winken in die Kameras, Armstrong reckt den Daumen in die Höhe. Zweieinhalb Stunden vor dem Start nehmen sie ihre Plätze ein: Armstrong links, Aldrin in der Mitte, Collins rechts. Dann wird die Luke geschlossen.

Das alles blieb den Zusehern vor Ort verborgen, denn eine vier Kilometer breite Wasserfläche, der Indian River, trennte sie vom Kennedy Space Center, wo die Rakete stand. Eine Million Neugierige hatten sich auf umliegenden Highways und Stränden eingefunden und warteten auf den Start; Männer mit Kofferradios und Coca-Cola-Dosen, Frauen hinter Doris-Day-Sonnenbrillen, Kinder in T-Shirts und Sandalen, viele bewaffnet mit Feldstechern, Fernrohren, Fotoapparaten und überlangen Teleobjektiven. Was sie erwarteten, geduldig und ungeduldig zugleich, das war mehr als bloß ein Raketenstart – es war der Auftakt zu einer neuen Version des American Dream: Als Tellerwäscher waren sie ausgezogen, von den Russen geradezu verhöhnt; als Millionäre würden sie wiederkommen und ihren Kindern, Enkeln und, so Gott wollte, Urenkeln davon erzählen. Die Wellen des Flusses glitzerten in der Morgensonne.

In die Menge mischten sich viertausend Journalisten aus sechsundfünfzig Ländern. Der Start wurde live in dreiunddreißig Länder übertragen. Präsident Nixon saß im Weißen Haus vor dem Fernseher.

Eine acht Meter breite und zwei Meter hohe, weithin sichtbare Digitaluhr zählte die Sekunden vor dem Start herunter. Als sie auf 00:09 stand, zündete die erste Stufe. Aus dem Heck der Saturn schossen Feuer und Rauch wie aus einem Vulkan. Die Eisplatten an den tiefgekühlten Tanks flogen in Stücke, wirbelten durch Rauch und Dampf, der Boden erzitterte, und dann schob sich das gewaltige Bauwerk in Zeitlupe über den Versorgungsturm hinaus, dem Himmel entgegen.

„Lift-off! We have a lift-off! Thirty-two minutes past the hour. Lift-off on Apollo 11!", kam es aus dem Kontrollzentrum.

„Wir wurden in alle Richtungen durchgeschüttelt wie auf einer schlechten Eisenbahnstrecke", erinnerte sich der fünfundsiebzigjährige Neil Armstrong. „Und es war laut, wirklich laut."

Der Start der Apollo 11 gehört zu den beeindruckendsten Szenen, die je auf Film gebannt wurden. Das berstende Eis, das Abschwenken der Versorgungsarme, das Aufsteigen der weißen Wand inmitten einer glühenden Eruption, und das alles mit dramatischen Klängen hinterlegt – man kann sich gar nicht vorstellen, dass es in Wirklichkeit ohne großes Orchester abgelaufen ist.

Die Schaulustigen verfolgten das Spektakel bei Sonnenschein und bester Sicht. Minutenlang hatten sie die Rakete im Blick, sahen sie senkrecht steigen, dann sich neigen, die erste Stufe abwerfen. Menschen schrien und applaudierten, Wildfremde umarmten einander, Reporter fingen den Jubel ein. Und noch immer zog, nun schon hundert Kilometer entfernt, ein feuriger Punkt über den Himmel. Neun Minuten nach dem Start war die zweite Stufe ausgebrannt, zwölf Minuten nach dem Start der Erdorbit erreicht. Nach eineinhalb Umläufen kam das Signal aus dem Kontrollzentrum.

„Apollo 11, this is Houston. You are Go for TLI.“

Grünes Licht für die Trans-Lunar Injection, den Wechsel auf die Bahn zum Mond.

* * * * *

Wir kennen rund vierhundert Planetenmonde unseres Sonnensystems. Fast alle gehören den Gasriesen Jupiter, Saturn, Uranus und Neptun. Keinen Mond haben Merkur und Venus, zwei hat der Mars. Die Erde hat genau einen, aber einen ganz besonderen: Er ist als einziger annähernd so groß wie der Planet, den er umläuft – sein Durchmesser beträgt mehr als ein Viertel des Erddurchmessers –, während alle anderen Monde winzig sind im Vergleich zu ihrem Planeten.

Unklar ist seine Entstehung. Er könnte sich zusammen mit der Erde aus einer einzigen Masseanhäufung gebildet haben. Dann aber sollte er aus den gleichen Elementen in annähernd gleichen Verhältnissen bestehen, und das ist nicht der Fall. Zum Beispiel hat der Mond einen viel kleineren Anteil an Eisen als die Erde. Er könnte sich aus Materie gebildet haben, die von der Erde abgelöst wurde, beispielsweise durch Asteroideneinschlag oder Kollision mit einem anderen Planeten, und die sich dann durch die Gravitation zu einem Körper verdichtet hat. Da der Mantel der Erde anders aufgebaut ist als ihr Kern (zum Beispiel weniger Eisen enthält) und abgelöste Materie aus dem Mantel stammen sollte, würde das die Zusammensetzung des Mondes erklären. Er könnte aber auch völlig unabhängig von der Erde entstanden und, von weither kommend, in ihrem Schwerefeld eingefangen worden sein.

Jedenfalls ist der Mond beinahe so alt wie das Sonnensystem, und man sieht es ihm auch an. Über Milliarden von Jahren haben Meteoroide und deren Verwandte ungebremst auf seiner Oberfläche eingeschlagen und Spuren hinterlassen: Becken und Hochländer, Ebenen und Gebirge, Krater, Felsen, Brocken, pulvrige Überreste von Lavaströmen. Das alles haben wir auf der Erde auch, aber auf dem Mond sieht es anders aus; vor allem, weil keinerlei Vegetation den Anblick mildert – alles ist trocken, staubig und verlassen wie eine Autobahnbaustelle im Sommer. Wo das Sonnenlicht ungefiltert auf den Boden knallt, verbrennt er bei 130 Grad, auf der Nachtseite starrt er bei 160 unter null. Der Himmel ist schwarz.

Eine der großen Tiefebenen des Mondes ist das Mare Tranquillitatis, das Meer der Ruhe. Es liegt auf der uns zugewandten Seite und hat etwa die Fläche von Frankreich. Dort sollte das Lunar Module der Apollo 11 landen. Von ursprünglich fünf in Betracht gezogenen Landezonen, zwei davon im Meer der Ruhe, hatte man schließlich die eine ausgewählt. Sie lag nahe dem Mondäquator, das sparte Treibstoff, da am Äquator Anziehung und Fliehkraft in einer Linie verlaufen; sie war hinreichend eben und flach, das erleichterte Anflug und Landung und verlangte keinen metergenauen Ablauf; und die Verteilung von Licht und Schatten am vorgesehenen Landetag garantierte gute Bodensicht. Der Bereich war ausgiebig fotografiert, kartiert und studiert worden; Armstrong und Aldrin, die die Landefähre fliegen würden, kannten jeden größeren Stein.

Nach dem Einschuss in die Bahn zum Mond hatte das Command and Service Module, die Columbia, sich von der dritten Raketenstufe befreit, gewendet und an die Mondlandefähre, die Eagle, angedockt. Dann begann für die Crew der Alltag; mit vermeintlich einfachen Tätigkeiten, alle schon von den Vorgängermannschaften bewältigt, die aber in der Schwerelosigkeit und der Enge der Kapsel immer wieder Überraschungen boten. Die Astronauten schälten sich aus ihren unförmigen Raumanzügen, verstauten sie unter den Sitzen und schlüpften in bequemere Kleidung. Dafür hatte jeder etwa so viel Platz, wie der Beifahrersitz eines Autos hergibt, und wegen des Fehlens der Schwerkraft drehte und schubste ihn jede seiner Bewegungen. Beim Trinken mussten sie die Flüssigkeit ansaugen und in den Schlund pressen, weil es kein Unten gab, wohin sie von selbst rinnen würde. Essen war fast noch schwieriger; der Hühnersalat blieb nicht auf dem Löffel liegen, und Krümel des Ananaskuchens schwirrten durch die Kabine in jede Ritze. Zum Schlafen mussten sie ihre Schlafsäcke sichern, damit sie nicht ungewollt gegen die Bedienungskonsole trieben.

Sie absolvierten die täglichen TV-Übertragungen, checkten Bordcomputer und Systeme, studierten Abläufe, während sich ihre Frauen mit Perücke und schwarzer Brille vor der Journalistenmeute in Sicherheit brachten und, sofern das misslang, brav sagten, was Amerika hören wollte.

Nach drei Tagen erreichten sie den Mond. Sie wendeten ihr Schiff und bremsten sich in die Umlaufbahn – ein Manöver, das, obgleich nun schon zum dritten Mal vollzogen, im Mission Control Center noch immer für Herzklopfen sorgte. Unter ihnen glitt die Mondoberfläche dahin; was sie sahen, kannten sie von Fotos, doch nun war es Realität. Auch über die Bildschirme auf der Erde flimmerte die Landschaft; den Ort im Meer der Ruhe, wo Armstrong und Aldrin in vierundzwanzig Stunden landen sollten, erblickten sie zusammen mit Millionen.

Sie schwebten hinüber in die Landefähre, bereiteten das Gerät auf den Einsatz vor und prüften noch einmal, was sie an Ausrüstung benötigen würden. Dann aßen alle drei zu Abend und krochen in ihre Schlafsäcke.

Zur gleichen Zeit rüstete auf der Erde eine Armee nie gekannter Größe aus Zeitungen, Radio- und Fernsehanstalten mit abertausenden von Korrespondenten, Experten, Übersetzern und Technikern. Alle wollten sie dabei sein, wollten mitwirken, jenes Ereignis einzufangen, zu verbreiten und festzuschreiben, das die Geschichte zur Chiffre unseres Zeitalters bestimmt hatte.

One Small Step for a Man

Am nächsten Morgen (nach Houstoner Zeit) legten Armstrong und Aldrin in einer halbstündigen Prozedur ihre Mondgarderobe an: die Raumanzüge für den Außeneinsatz. So ein Anzug wog 34,5 Kilogramm – auf der Erde eine kaum zu bewältigende Last. In der Schwerelosigkeit des Raumschiffs merkte man nichts davon, und auf dem Mond würde er so schwer sein, wie eine Masse von 5,7 Kilogramm auf der Erde ist. Der Anzug bestand aus einundzwanzig Lagen. Er setzte seinen Träger unter Umgebungsdruck, versorgte ihn mit Sauerstoff, kühlte ihn und schützte ihn vor Strahlung und dem Beschuss durch kosmischen Staub. Anzug, Handschuhe und der kugelförmige Helm waren mit dichten Verschlüssen verbunden. Solcherart gepanzert, bestiegen sie das Lunar Module, während Collins im Command Module die Trennung vorbereitete. Nach dem „Go“ aus der Kommandozentrale löste sich die Fähre vom Mutterschiff.

„Okay, Eagle, passt auf euch auf“, sagte Collins.

„Wir sehen dich später“, gab Armstrong zurück.

Nun begann jener Teil der Mondlandemission, der ihr den Namen gab. Nebeneinander in der Kabine der Eagle stehend, sollten Armstrong und Aldrin sie zunächst in eine tiefe Umlaufbahn bringen und dann, von dort aus absteigend, im Meer der Ruhe landen. Buzz Aldrin, der Pilot der Landefähre, übernahm das Kommando. Er behielt die Daten des Bordcomputers im Auge – Flughöhe, senkrechte und waagrechte Geschwindigkeit, Treibstoffreserve und noch einiges mehr – und entschied, was zu tun sei. Neil Armstrong stand bereit, die Steuerung zu übernehmen. Zu Beginn des Abstiegs sollte der Bordcomputer steuern, doch für die letzte Phase war ein Sichtflug per Hand geplant.

Zunächst flogen sie eine Runde um den Mond, ohne tiefer zu gehen, während Houston die Daten auswertete. Dann kam das Signal der Mission Control.

„Eagle, Houston. You are Go for DOI."

Descent Orbit Insertion: Übergang in eine Umlaufbahn in 13 000 Metern Höhe. Näher wollte man vor der Landung nicht an den Mond heran, denn seine Gebirge reichen fast sieben Kilometer hoch und die Unsicherheit über die höchsten Gipfel war beträchtlich. Die Bremsraketen zündeten und brannten knapp dreißig Sekunden lang. Die Eagle verlor gerade so viel an Geschwindigkeit, dass sie in die neue Umlaufbahn einschwenkte. Durch die beiden dreieckigen Fenster, eines für jeden Piloten, sahen sie die Mondoberfläche näherkommen, bis die richtige Höhe erreicht war. In dieser blieben sie, während Houston erneut die Daten prüfte. Hundert Kilometer über ihnen kreiste Michael Collins mit der Columbia.

Die Funkverbindung zwischen der Eagle und dem Mission Control Center riss immer wieder ab, weil anfangs die Antenne der Fähre schlecht ausgerichtet war. Als Houston die Anweisung zum Abstieg gab, sprang Collins, der in der Columbia mithörte, ein: „Eagle, hier ist Columbia. Sie haben euch gerade ein Go für den Abstieg gegeben."

Abstieg – das bedeutete nicht nur die letzte Phase vor dem Aufsetzen. Es bedeutete auch, dass Armstrong und Aldrin nun eine Zone relativer Sicherheit verlassen mussten. Noch konnten sie im Fall eines Problems jederzeit abbrechen: die Abstiegsstufe der Eagle abwerfen, sich mit der Aufstiegsstufe in eine hohe Umlaufbahn schießen, in die Columbia umsteigen und nach Hause fliegen. Eine Zeit lang würde das auch beim Abstieg noch möglich sein. Bis sie dem Mond zu nahe kamen. Wenn dann etwas passierte, würde es kein Zurück geben.

Der Bordcomputer steuerte den Abstieg, und dieses Gerät sehen wir uns nun näher an. Während für den Laien fast alle technischen Einrichtungen der Apollo-Mission auch nach heutigen Maßstäben modern sind, wirken die Computer (einer in der Columbia, ein zweiter in der Eagle) wie Stücke aus dem Antiquitätenkabinett. Jeder hatte 68 Kilobyte Speicher, eine Taktrate von 2 Megahertz, ein Display, das 24 Schriftzeichen darstellen konnte, 12 Statusanzeigen und 19 Tasten, alles ähnlich einem heutigen Dreißig-Euro-Taschenrechner, allerdings bei 32 Kilogramm Gewicht. Homecomputer unserer Tage, ja sogar Smartphones haben Millionen Mal so viel Speicher, rechnen tausendmal so schnell und können tausendmal so viele Zeichen anzeigen – oder einen Kinofilm. Was die Elektronik nicht hergab, das hatten die Mathematikerin Margaret Hamilton und ihr Team von Software-Entwicklern mit Hirn und Sorgfalt ausgeglichen. Die Programmierung stellte sicher, dass der Computer seinen lebenswichtigen Aufgaben auch dann noch nachkommen konnte, wenn hinten und vorne nichts mehr ging. Diese Eigenschaft rettete Apollo 11.

In 10 500 Metern Höhe leuchtete auf dem Display ein gelbes Licht auf. „Program alarm", meldete Armstrong an die Mission Control.

Ein Alarm dieser Art, Code 1202, war im Training der Apollo 11 nie aufgetreten, und entsprechend ratlos waren die Astronauten. Sie hatten ein Handbuch an Bord, doch keine Zeit, nachzuschlagen. Armstrong bat die Bodencrew um Information. Dort kannte man das Problem; wenige Tage zuvor war es im Simulator der Apollo 12 erschienen und hatte zum Abbruch der Landung geführt.

Alarm 1202 zeigte eine Überlastung des Computers an. Das musste nicht unbedingt fatal sein, denn der Computer wusste, welche Aufgaben Priorität hatten und welche er hintanstellen durfte. Darum kam von der Erde die Order: „Eagle, Houston. You're Go for landing."

Der Landeanflug ging also weiter. Solange der Rechner die dazu nötigen Aktionen ausführte, konnte man mit dem Fehler leben. Allerdings nicht ohne Nervenkitzel; denn der Alarm hatte das Display gelöscht – sämtliche Informationen über Flughöhe, Geschwindigkeit und Treibstoff waren mitten im Anflug verschwunden. Und so wusste auch niemand zu sagen, ob der Computer diesen Anflug überhaupt noch steuern konnte.

„Das Display war für uns ziemlich wichtig", erinnerte sich Buzz Aldrin fast fünfzig Jahre später. „Es gab drei Register mit einer Menge Zahlen. Und nun waren die gelöscht, weil wir den Alarm hatten. Neil und ich waren in ernsten Schwierigkeiten."

Kurz später war das Display wieder da – für wenige Sekunden. Dann, in 6000 Metern Höhe, gab es erneut Alarm 1202, und das Spiel begann von vorn. Später stellte sich heraus, dass Armstrong und Aldrin die Überlastung des Computers selbst herbeigeführt hatten: Nach dem Abkoppeln von der Columbia hatten sie das Rendezvous-Radar eingeschaltet lassen, um im Notfall rasch an das Mutterschiff andocken zu können. Als dann beim Abstieg das Lande-Radar dazugeschaltet wurde, strömten Daten aus beiden Quellen auf den Rechner ein – mehr, als er verarbeiten konnte. Doch da er wusste, dass es ums Landen ging und nicht ums Andocken, wusste er auch, dass er die Daten aus dem

Rendezvous-Radar vorerst ignorieren konnte. Also kontrollierte er die Landung und meldete von Zeit zu Zeit seine Überlastung in Form eines Alarms.

Jeder Alarm löschte für kurze Zeit das Display, und dann waren die Astronauten ohne Daten. Mit 100 Metern pro Sekunde, fast 400 Kilometern pro Stunde, stürzten sie der Mondoberfläche entgegen und wussten oft nicht, wie hoch und wie schnell sie waren. In 600 Metern Höhe, sie fielen nur mehr mit 15 Metern pro Sekunde, leuchtete ein neuer Alarm auf. Mittlerweile hatten die Mannschaften, in der Eagle wie in Houston, gelernt, das Problem auszublenden, und so kam wieder das erwartete „Go".

Immer langsamer sanken sie dem Meer der Ruhe entgegen. 180 Meter über dem Boden übernahm Armstrong die Steuerung per Hand. Nun flogen sie beinahe waagrecht dahin und begannen die Landschaft nach einem passenden Landeplatz abzusuchen. Sie waren um einige Kilometer weiter geflogen, als zuvor berechnet, und befanden sich über wenig bekanntem Terrain. Unter ihnen zogen Krater vorbei.

„Vierhundert Fuß, hinunter mit neun, achtundfünfzig vorwärts", sagte Aldrin. Das bedeutete: Höhe 400 Fuß, also 120 Meter; Sinkgeschwindigkeit 9 Fuß, also 2,7 Meter, pro Sekunde; Geschwindigkeit vorwärts 58 Fuß pro Sekunde, also 64 Kilometer pro Stunde.

In hundert Fuß Höhe blinkte ein Licht auf – Treibstoffalarm. Aldrin tippte einen Befehl ein und las das Display ab. „Fünf Prozent."

Sekunden später kam die Warnung aus Houston: „Sixty seconds." Die Abstiegsstufe der Eagle hatte nur mehr für sechzig Sekunden Treibstoff. Sie mussten schleunigst einen Landeplatz finden.

Sie blickten auf Kraterwände; kein Ort zum Landen. „Hinunter zweieinhalb. Vorwärts. Vorwärts. Gut." Bei vierzig Fuß begannen die Düsen Mondstaub aufzuwirbeln; die Sicht wurde schlecht. „Dreißig Fuß, zweieinhalb hinunter.

Schwacher Schatten", sagte Aldrin. Schwacher Schatten, das konnte bedeuten: keine größeren Hindernisse. Oder bloß schlechte Sicht.

„Thirty seconds", kam es von der Erde. In dreißig Sekunden würde der Treibstoff verbraucht sein und die Landefähre abstürzen. Armstrong drosselte die Vorwärtsbewegung, so dass sie die letzten Meter beinahe senkrecht abstiegen. Der Platz unter ihnen schien eben.

An jedem Bein der Eagle hing ein sechs Fuß langer Fühler, der bei Bodenkontakt ein Lämpchen aufleuchten ließ. „Kontaktlicht", meldete Aldrin. Die Beine der Landefähre schwebten knapp über Grund. Im nächsten Augenblick setzten sie sanft auf.

„Okay, Maschine stop."

Sie stellten die Steuerung von Handbetrieb auf Automatik um, sperrten die Zündung und vergewisserten sich, dass alle Einrichtungen in sicherem Zustand waren. Dann atmeten sie tief durch und blickten, zum ersten Mal seit langem, mit einiger Gelassenheit aus dem Fenster; auf den tiefschwarzen Himmel und die anthrazitfarbene Wüste im gleißenden Sonnenlicht.

„Houston", meldete Armstrong, „Tranquility Base here. The Eagle has landed."

* * * * *

Man schrieb Sonntag, den 20. Juli 1969. Die Uhren in Houston zeigten 14:17, in Mitteleuropa war es 21:17 Uhr, als die Nachricht kam. Seit Stunden liefen rund um den Erdball die Übertragungen. In den USA sendeten ABC, CBS und NBC, in Großbritannien die BBC und ITV, in Westdeutschland ARD, WDR und ZDF.

In Österreich hatte der ORF vier Kommentatoren im Einsatz: drei hauptberufliche Journalisten und den „Mond-Pichler": den Hals-Nasen-Ohren-Arzt Herbert Pichler, der im Auftrag der NASA Studien zum Gleichgewichtsorgan vorgenommen und mit *Der Mensch im Weltraum* bereits eine eigene Fernsehserie präsentiert hatte. Zusammen mit zwei Dolmetschern saßen die vier im Retro-Studio und berichteten in bedächtig-feierlicher Retro-Sprache („Meine. Damen. und. Herren!") über das, was sich auf dem Mond abspielte. Die Hälfte der österreichischen Haushalte verfügten über ein Fernsehgerät. Unser Haushalt war zum Glück dabei, und wir – meine Eltern, mein Bruder (elf) und ich (dreizehn) – stellten uns auf eine lange Nacht ein.

Die ersten Stunden der Übertragung waren dominiert von Bildern aus dem Kontrollzentrum in Houston. Genauer gesagt, aus dessen Hauptkontrollraum, wo sich einige Dutzend Ingenieure, jeder zuständig für einen exakt umgrenzten Aspekt der Mission, an Computern und Kontrollterminals aneinanderreihten. Was auf dem Mond geschah, erfuhr man aus dem, was Houston sendete. Aus der Landefähre kamen noch keine Aufnahmen. Auch die Landung selbst war nicht im Bild gewesen; mit Hilfe von Modellen und Trickfilmen hatte man den Zuschauern vermittelt, wie sie ablaufen sollte.

Armstrong und Aldrin hatten in den ersten Augenblicken der Stille einen Händedruck gewechselt und ein „Wir haben es geschafft!" hervorgebracht; mehr Zeit zum Feiern blieb ihnen nicht. Weitgehend unbemerkt von den Menschen auf der Erde bereiteten sie alles für den Wiederaufstieg vor. Sollte etwas schiefgehen und sie rasch abreisen müssen, waren gepackte Koffer kein Nachteil. Sie gingen ihre Checkliste für den Abflug durch, was bedeutete, dass sie Punkt für Punkt alles aktivierten, nur nicht den Startknopf. Als das erledigt war, meldete Houston Überdruck im Tank, und sie entlüfteten, um einer Explosion vorzubeugen. Dann waren sie fürs Erste fertig.

Nun war Ruhe eingeplant. Die Helden sollten essen, vier Stunden schlafen und den Kern ihrer Mission, den Ausflug auf den Mond, gestärkt und ausgeruht in Angriff nehmen. Doch an Schlaf war nicht zu denken; den Überdruck an Adrenalin konnte kein Entlüften beseitigen, und um einer Explosion vorzubeugen, gestattete Houston den beiden, sich sofort für den Ausstieg fertig zu machen. Also montierten sie an ihre ohnehin bleischweren Raumanzüge alles, was sie zusätzlich benötigten: Sie stülpten einen beschichteten Helm für den Außeneinsatz über den Innenraumhelm, riesige Moonboots (die später zum Modehit wurden) über ihre Schuhe und schlossen ein 57 Kilogramm schweres Lebenserhaltungssystem an, das sie wie einen Rucksack tragen würden. Erst nachdem dieses System in Betrieb genommen war, entfaltete der Anzug seine volle Wirkung. Denn es regulierte den Druck in ihm, stellte Sauerstoff zum Atmen bereit, reinigte die ausgeatmete Luft von Kohlendioxid und Feuchtigkeit, versorgte den Kühlkreislauf der unteren Anzugschichten, ermöglichte die Kommunikation mittels Sprache und Daten und lieferte für alldas die nötige elektrische Energie.

„Wir sahen aus wie Frankenstein-Monster", erzählte Armstrong Jahre später einem Interviewer, und Aldrin schrieb: „Mit dem schweren Rucksack musste ich mich beim Stehen und Gehen nach vorn lehnen, um nicht nach hinten umzufallen."

Bilder vom Mond gab es noch immer nicht, denn noch war dort keine Kamera in Position gebracht. Die Studioleute erzählten alles, was sie für den Notfall vorbereitet hatten – sie erklärten sogar das amerikanische Maßsystem –, nicht ohne den bevorstehenden Ausstieg wieder und wieder anzukündigen.

„Nach den letzten Nachrichten aus Houston soll es noch etwa zehn Minuten dauern", sagte Ingrid Kurz, die Dolmetscherin des ORF. „Es scheint, dass die Astronauten damit beschäftigt sind, die Mikrofone in die richtige Stellung zu bringen. Wenn das stimmt, dann heißt das, dass sie noch nicht ihre Helme aufhaben."

Dann schaltete sich der Journalist Othmar Urban ein: „Mich erreicht soeben eine Meldung über die Produktionsleitung aus Houston in Texas. Der geplante

Mondspaziergang wird voraussichtlich nicht vor drei Uhr fünfunddreißig stattfinden können."

In dieser Tonart ging es Stunde um Stunde. Unverdrossen berichteten die Kommentatoren über die Ausrichtung von Mikrofonen und Antennen, den Druck in der Mondfähre und in den Raumanzügen, die Schräglage der Mondfähre (vier Prozent bei einer Toleranzgrenze von zwölf Prozent), blendeten die Mondkarte mit dem markierten Landeplatz ein, brachten dabei Längen- und Breitengrade durcheinander, schalteten gelegentlich auf den Originalton mit den Stimmen der Astronauten um und taten solcherart alles, um die Augenlider ihrer Zuschauer offen zu halten. Zum Publikumsinteresse spekulierte der Moderator Peter Nidetzky angesichts des langen Wartens: „Man hat ursprünglich mit etwa sechshundert Millionen Zusehern gerechnet. Mittlerweile werden es zweifellos weniger geworden sein."

Nidetzkys Schätzung – 600 Millionen, jeder sechste Mensch auf der Erde! – stimmte ungefähr. Kaum jedoch stimmte seine Vermutung, es würden weniger geworden sein. Denn nur in Europa spielte sich das Ganze mitten in der Nacht ab und zwang viele zum Aufgeben; in den USA lief es zur besten Sendezeit und in Australien am Vormittag.

Dann aber wurde es ernst.

„Wir hören eben aus Houston, dass es noch genau sieben Minuten dauern wird, bis wir brauchbare Bilder, Fernsehbilder, vom Mond bekommen können", frohlockte Urban.

Auch in die Stimme von Ingrid Kurz mischte sich Euphorie, als sie weitergab: „Aldrin hat den Kommandanten Armstrong gefragt, ob sie versuchen sollten, die Luke aufzukriegen, und Armstrong sagte: ‚Ohkaay!' "

Und endlich vernahm der harte Kern der Zuschauer die frohe Botschaft: „Die Luke wird eben geöffnet, meine Damen und Herren!"

Es war 20:39 Uhr in Houston, 3:39 Uhr in Wien. Hunderttausende Kilometer entfernt begann Armstrong sich mit den Beinen voran rückwärts hinauszuschieben. Die Leiter hatte neun Sprossen und jeder Schritt war Neuland für den Menschen. Wie Aldrin im Rückblick erklärte: „Es gibt keinen Ort auf der Erde, wo wir eine Gravitation von einem Sechstel der Erdanziehung hätten simulieren können. Daher mussten wir auf der Leiter bei jedem Schritt stehen bleiben und sehen, was geschieht.“

Durch das Fenster blickte Aldrin auf seinen Kommandanten, der sich langsam, Schritt für Schritt, zum Mondboden hinabtastete. Buzz war der einzige Mensch, der das sah – und plötzlich sahen es hunderte Millionen. Denn Armstrong hatte, noch auf der Leiter stehend, eine Klappe an der Außenhaut der Eagle geöffnet und die Fernsehkamera freigelegt, und Aldrin hatte sie von der Kabine aus eingeschaltet. Der Mond war im Wohnzimmer angekommen.

„We're getting a picture on the TV“, bestätigte Houston.

Die Bilder waren schwarzweiß, unscharf und kontrastarm, aber es waren Livebilder vom Mond! Sie zeigten ein paar Quadratmeter der Landschaft, einen kleinen Ausschnitt der Landefähre – und die Leiter, wo Armstrong sich auf den letzten Schritt vorbereitete.

„I'm going to step off the LM now.“

Dann stand er mit beiden Beinen auf dem Mond.

„That's one small step for a man, one giant leap for mankind.“ – „Das ist ein kleiner Schritt für einen Menschen, ein Riesensprung für die Menschheit.“

* * * * *

Das Erste, was Armstrong tat, nachdem er den Mond betreten hatte: Er sprang wieder zurück auf die unterste Sprosse der Leiter. Diese lag nämlich einen Dreiviertelmeter über dem Boden (man hatte jedes mögliche Gramm eingespart) und er wollte prüfen, ob er sie ohne Hilfsmittel wieder erreichen konnte. Wie vorhergesehen, half ihm die Leichtigkeit des Mondes.

Für die Dauer der Übertragung blieb es bei den Geisterbildern, auch als die Astronauten später die Livekamera in einigen Metern Entfernung von der Eagle platzierten. Die präzisen Farbaufnahmen, die wir kennen, entstammen einer 16-Millimeter-Kamera in der Fähre und einer 70-Millimeter-Hasselblad, mit der Armstrong auf dem Mond herumlief, und wurden nachträglich auf der Erde entwickelt.

Zunächst galt es festzustellen, wie tief ein Mensch in den Mondstaub einsinken würde und wie schwierig es wäre, sich fortzubewegen. Entgegen manchen Befürchtungen sank Armstrong nur wenige Millimeter tief ein, und mit mühelos federnden Schritten tanzte er vor der Landefähre auf und ab.

Zwanzig Minuten nach Armstrong kam Aldrin die Leiter herunter. Die Luke der Eagle ließ er offen; der kleinste Innendruck, etwa durch ein undichtes Ventil, hätte eine geschlossene Tür versiegelt und die Rückkehr unmöglich gemacht.

„Prachtvolle Aussicht hier draußen", empfing ihn Armstrong.

Aldrin sah sich um: „Prachtvolle Trostlosigkeit." Dieser Ausspruch, „Magnificent desolation", wurde nicht so berühmt wie Armstrongs erste Worte auf dem Mond. Doch er spiegelte die ironische Seite des Professors, passte zu dem blitzenden Augenlächeln, das Aldrin auch noch im Alter so jungenhaft wirken ließ, und gab dessen Autobiografie von 2009 den Namen.

Das Überraschendste an der Aussicht waren nicht die Steine und der Staub, nicht das schier unwirkliche Spiel von Licht und Schatten, nicht einmal der Blick auf die heimatliche Erde, sondern: dass man die Mondoberfläche als gekrümmt wahrnimmt. Die Erde ist für jeden, der auf ihr steht, im großen Maßstab flach. Dem Mond aber sieht man seine Krümmung an. Denn zum einen ist sie viermal so stark wie die der Erde; zum anderen trübt keine Atmosphäre den

Blick, und so erscheint selbst der zweieinhalb Kilometer entfernte Horizont kristallklar, wie mit der Feder gezeichnet.

Den Anblick zu genießen oder gar philosophische Betrachtungen daran zu knüpfen, dafür blieb keine Zeit, denn es gab zu tun. Es wird Ihnen schon aufgefallen sein, dass Astronauten für alles eine Checkliste haben. Die Checkliste für den Mondspaziergang hatte man jedem Piloten auf den Unterarm seines Raumanzugs genäht. Darauf stand unter anderem: Fortbewegung testen; Mondproben sammeln; einen Sonnenwindkollektor, ein Seismometer und einen Laserreflektor aufstellen; die US-Flagge hissen; und eine Gedenkplakette anbringen. Also hüpfte Buzz, in jungen Jahren Stabhochspringer, durch die Gegend wie ein Känguru, verstaute Neil zwanzig Kilo Staub und Steine in seinen Taschen, stellten beide die physikalischen Experimente zusammen. Sie rammten die Fahnenstange in den knochenharten Boden und hinterließen die Nachricht: „Here men from the planet Earth first set foot upon the moon / July 1969 A.D. / We came in peace for all mankind", gezeichnet von den Astronauten der Apollo 11 und dem Präsidenten der Vereinigten Staaten, Richard Nixon.

Und genau dieser Präsident brachte den straffen Zeitplan durcheinander.

„Neil and Buzz, the President of the United States is in his office now and would like to say a few words to you", kam es aus Houston.

Was dann folgte, versteht wohl nur ein Amerikaner von damals, dem die grenzenlose Ehrfurcht vor einem „Mr. President" mit der Muttermilch verabreicht wurde. Zwei Männer, die seit Tagen Unvorstellbares leisteten und die ihre Fähigkeiten allenfalls mit einer Handvoll Menschen teilten, standen aufgeregt und stramm in Erwartung der Worte eines Dritten, der bloß ein Amt innehatte, das tausend andere ebenso gut ausfüllen würden. In *Magnificent Desolation* schrieb Aldrin: „Mein Puls, der während des ganzen Fluges niedrig gewesen war, sprang in die Höhe." Und Nixon, von Bescheidenheit nicht übermäßig geplagt, setzte dem Ganzen die Krone auf und nannte seinen Anruf „the most historic telephone call ever made". Das Gespräch dauerte knapp zwei Minuten, war von beiderseitigem Respekt getragen und, seitens des Präsidenten, vom Wunsch auf eine glückliche Rückkehr der Reisenden. Am Ende verabredeten sie sich für den kommenden Donnerstag auf der USS Hornet, dem Flugzeugträger, der die Astronauten nach der Landung aufnehmen sollte. Was „Neil and Buzz", wie Nixon sie ansprach, nicht wussten, war, dass der Präsident eine fertige Rede in der Lade hatte für den Fall, dass sie *nicht* zurückkehren würden.

Der Mondspaziergang neigte sich dem Ende zu. Zweieinhalb Stunden hatte man eingeplant, das Aus- und Einladen von Utensilien und Mondproben inbegriffen. Also luden sie ein, was mitzunehmen war, und ließen zurück, was sie nicht mehr brauchten. Zuallerletzt deponierten sie auf dem Mond ein Emblem der Apollo 1 mit den Namen ihrer zu Tode gekommenen Kollegen Gus Grissom, Ed White und Roger Chaffee, eine Medaille zur Erinnerung an den abgestürzten Wladimir Komarow und eine zweite für Juri Gagarin, den ersten Menschen im Weltraum, der im März '68 mit einem Übungsflugzeug verunglückt war. Die Andenken würden Millionen Jahre von den ersten Mondbesuchern zeugen, zusammen mit den Messgeräten und einigen Tonnen Abfall, darunter vor allem die Abstiegsstufe der Eagle.

Und mit den Fußabdrücken im Mondstaub, die kein Wind je verändern wird und die höchstens ein Tony Nelson zerstolpern kann.

What a Wonderful World

Kaum waren Armstrong und Aldrin zurück in die Eagle geklettert und hatten die Kabine unter Druck gesetzt, wartete die nächste Aufregung auf sie. Auf dem Boden lag ein kleines Stück Plastik – wie Aldrin erkannte, ein Stift einer Sicherung, den wahrscheinlich er selber beim Hantieren in der Enge des Raums abgebrochen hatte. Sie inspizierten das Sicherungspanel und stellten fest, dass eine der heikelsten Einrichtungen beschädigt war: der Stromkreis für das Aufstiegsaggregat. Dieses Aggregat bot ohnehin Grund zur Sorge: Erstens war es wegen seines Gewichts nur einmal vorhanden und nicht, wie andere lebenswichtige Einrichtungen, doppelt oder dreifach. Zweitens war es noch nie unter realen Bedingungen ausprobiert worden, denn auf der Erde gab es keinen Ort mit ähnlicher Gravitation. Und nun, drittens, wussten sie nicht einmal, ob seine Stromversorgung noch funktionierte. Wenn nicht, würden sie auf dem Mond festsitzen. Houston wies sie an, bis zum nächsten Morgen nichts zu unternehmen, man würde eine Lösung finden.

© Der/die Autor(en), exklusiv lizenziert an Springer-Verlag GmbH, DE, **305**
ein Teil von Springer Nature 2025
W. Tschirk, *Heart. Flop. Moon.*,
https://doi.org/10.1007/978-3-662-72050-9_30

Der nächste Morgen war weit. Das Abenteuer des Spaziergangs spukte in ihren Köpfen, die Eagle bot kaum Platz zum Schlafen, sie froren bei voll aufgedrehter Heizung und die kaputte Sicherung tat das Ihre: Trotz bleierner Müdigkeit lehnten Neil Armstrong und Buzz Aldrin halb wach in ihren Ecken.

Nach wenigen, aber langen Stunden kam aus Houston ein Weckruf. Was nicht kam, war eine Lösung für das Sicherungsproblem.

„Wir dachten, die Sicherung würde wahrscheinlich halten, aber wir wollten uns nicht darauf verlassen“, erzählt Armstrong. Also suchten sie selbst nach einem Ausweg, und Aldrin fand, er könne den Stromkreis schließen und fixieren, indem er anstelle des abgebrochenen Stifts einen Filzschreiber in die entstandene Öffnung steckte.

Dann gab Houston grünes Licht zum Start.

„Roger, understand“, sagte Aldrin, „we're number one on the runway.“ Wie konnte er so gelassen bleiben und sich sogar einen Scherz ausdenken, wenn doch schon wieder – zum wievielten Mal eigentlich? – ein kritisches Manöver bevorstand? Vielleicht war es gerade die Anhäufung der möglichen Katastrophen einer Mondmission, die die Beteiligten zu relativer Ruhe zwang. Jedes einzelne Risiko, jede einzelne Gefahr musste einen Menschen ängstigen. Je mehr es aber waren, umso mehr verlor man den Überblick und damit, so schien es, auch die Furcht. Und mit jedem überstandenen Problem wuchs die Zuversicht, auch alle weiteren zu überstehen.

Was den Wiederaufstieg betraf, war die Zuversicht berechtigt: Der Filzschreiber hielt den Stromkreis geschlossen, die Maschine zündete.

„Wenn das Lunar Module abhebt“, erklärt Aldrin, „dann mit ungefähr 1 g. Aber das ist auf dem Mond sechsmal die Gravitation, also hoben wir sehr, sehr rasch ab.“ Anders als die Saturn, die sich träge vom Erdboden erhoben hatte, zischte die Eagle davon. Nach sieben Minuten war das Triebwerk ausgebrannt und die Fähre in der Umlaufbahn. Die Columbia, in der Collins während des Ausflugs seiner Kollegen dreizehn Runden um den Mond gedreht hatte, kam in Sicht. Das Andocken war „absolutely beautiful“, wie Dr. Rendezvous in *Magnificent Desolation* schreibt. Er und Armstrong säuberten sich, so gut es ging, vom Mondstaub, der, in der Schwerelosigkeit treibend und eingeatmet, die Lunge gefährden konnte. Dann schwebten sie durch den Tunnel in die Columbia, einem lachenden Michael Collins entgegen. Sie luden um, was sie mitgebracht hatten, hauptsächlich belichtete Filme und Mondgestein; darunter auch ein Mineral, das man auf der Erde noch nicht gefunden hatte und dessen Name „Armalcolit“ aus den Namen der Apollo-11-Astronauten gebildet ist.

Dann befreite sich die Columbia, ließ die Eagle in der Umlaufbahn zurück und machte sich auf den Weg zur Erde.

„Sie sind einer der wenigen Menschen, die unseren blauen Planeten aus dem Weltraum gesehen haben. Hat diese Erfahrung Ihre Sicht auf die Menschheit, auf unseren Platz im Universum verändert?“

Michael Collins beantwortete diese Frage im Jahr 2019, im Alter von neunundachtzig.

„Ja, ich glaube, das hat sie. Wenn es einen Teil des Fluges von Apollo 11 gibt, der sich in mein Gedächtnis gebrannt hat, dann ist es die Erinnerung an ein kleines Ding, das ich mit meinem Daumennagel verdecken konnte, blau und weiß, wo die Wolken über dem Ozean lagen, prachtvoll glänzend vor einem vollständig schwarzen Hintergrund. Ich habe mich mein Leben lang daran erinnert und mich gefragt: Ist sie so schön? Ist sie so ruhig? Ist sie so makellos? Aus irgendeinem Grund kam mir das Wort ‚fragil‘ in den Sinn.“

Eine fragile Welt, und doch – eine wunderbare Welt, wenn man, wie Collins, von einer ganz anderen kam.

„In den fünfzig Jahren, seit Sie diesen besonderen Blick auf unseren Planeten hatten: Glauben Sie, wir Menschen haben diese Fragilität respektiert und verstanden?"

„Nein, das glaube ich nicht. Als wir zum Mond flogen, war die Erdbevölkerung etwa zwei Milliarden." (Hier irrte Collins; ihre Größe hatte dreieinhalb Milliarden betragen.) „Jetzt nähert sie sich den acht Milliarden und wächst weiter, ohne dass jemand überlegen würde, wo das, was diese zusätzlichen Menschen brauchen, herkommen soll."

Drei Tage waren sie unterwegs nach Hause; drei Tage, in denen sie Schlaf nachholten und sich auf den Wiedereintritt in die Atmosphäre vorbereiteten.

Schlaf nachgeholt wurde auch auf der Erde. Im Mission Control Center übernahm eine neue Schicht, in den Fernsehstudios die Putzkolonnen. Nachdem die Eagle sich vom Mond verabschiedet hatte, endeten die letzten Übertragungen. In den USA hatte man einunddreißig Stunden ohne Pause gesendet, in Deutschland und Österreich achtundzwanzig. Zeitungen in der ganzen Welt hatten das Ereignis mit Sonderausgaben begleitet. Ich erinnere mich an neun Ausgaben einer österreichischen Tageszeitung (leider konnte ich nicht mehr herausfinden, welcher), gedruckt im Abstand von jeweils zwei bis drei Stunden am 20. und 21. Juli. Das Spektrum der Schlagzeilen reichte von den nüchternen Feststellungen „Men walk on Moon" der New York Times und „L'uomo è sulla Luna" des Corriere della Sera über das enthüllende „Was die Astronauten auf dem Mond erlebten" des Berliner Abend bis zum überschwänglichen „Der Mond ist jetzt ein Ami" der Bild-Zeitung.

Drehbuchgemäß tauchte die Kapsel in die Atmosphäre, acht Minuten später öffneten sich die Fallschirme, rot-weiß gestreift wie schon der Fallschirm der Freedom 7 acht Jahre zuvor. Einen weiten Weg hatten die USA zurückgelegt von Shepards „Flohhüpfer" bis zur Vollendung des ehrgeizigen Plans, den ihr Präsident zu Beginn des Jahrzehnts ausgerufen hatte. Zwei Männer waren auf dem Mond gelandet und sicher zur Erde zurückgekommen.

Ihnen und auch dem dritten stand aber noch eine Prozedur bevor, die neu für die Astronauten war. Um zu verhindern, dass sie was auch immer vom Mond einschleppten, legten sie noch in der Kapsel Schutzanzüge an und wurden, unter Vermeidung jeglichen Kontakts, einzeln zum Helikopter hochgezogen und in eine mobile Quarantänestation an Bord der USS Hornet verfrachtet.

Der erste Schritt zurück in ein normales Leben führte unter die Dusche. Dann schlüpften sie in neue Fliegeranzüge und fühlten sich wieder wie Menschen; obwohl ein hermetisch verschlossenes Fenster ihres Domizils vorläufig die einzige Öffnung darstellte, durch die sie mit der Welt in Kontakt treten konnten. Wie verabredet, erschien Nixon vor dem Fenster. Sein Redenschreiber hatte den Vorrat an erhabenen Worten aufgefüllt und „the greatest week in the history of the world" dazugepackt. Nixon fand aber auch sehr persönliche Worte, stellte Fragen, hörte geduldig die Antworten an, und das Protokoll dieses Gesprächs lässt die Verehrung der Amerikaner für ihr Staatsoberhaupt verständlich erscheinen.

Dann überstellte man Armstrong, Aldrin und Collins in stationäre Quarantäne. Hinter einer Tür, über der ein Witzbold das Schild „Nicht füttern" angebracht hatte, verfolgte man die Entwicklung ihres Körperzustands, befragte sie zu allen Aspekten der Reise und zeigte ihnen die Fernsehaufzeichnungen, die Zeitungen und die Bilder der Menschen auf den Straßen. Es sah aus, als hätte die ganze Welt eine Party gefeiert, und Aldrin sagte zu den beiden anderen: „Hey, das haben wir alles versäumt!"

Als sie am 10. August noch immer gesund waren, wurden sie entlassen und durften heim zu ihren Familien.

* * * * *

Drei Tage später flogen sie nach New York, Chicago und Los Angeles, alles an einem einzigen Tag, wo ihre Wagenkolonnen unter Papierschlangen und Konfetti verschwanden. Kurz danach empfingen 300 000 Menschen sie in den Straßen von Houston. Am Abend füllten 45 000 den Astrodome für eine Willkommensfeier. Frank Sinatra sang *Fly me to the moon* – doch diesmal bejubelte das Publikum nicht Sinatra, sondern drei Männer, die kaum wussten, wie ihnen geschah; sie waren, so sagten sie selbst, auf ihren plötzlichen Ruhm nicht vorbereitet.

Und dabei war das erst der Anfang. Die NASA schickte sie auf eine Fünfundvierzig-Tage-Tour durch dreiundzwanzig Länder. Könige und Königinnen empfingen sie, Präsidenten und Premierminister sowieso, Filmstars rissen sich darum, mit ihnen fotografiert zu werden, und Gina Lollobrigida sah Buzz Aldrin *sehr* tief in die Augen.

Buzz erinnert sich mit schelmischer Freude an manche der Gespräche, die ihm seine neue Rolle einbrachte. „Ich habe mich immer gefragt, warum bis heute die Menschen einen Zwang fühlen, mir zu erzählen, wo sie gerade waren, als wir auf dem Mond landeten. Dann hole ich mein kleines schwarzes Buch hervor und sage: ‚Moment, ich schreibe nur auf, wo jeder war.‘ "

Nicht überall ernteten sie Beifall, wie Aldrin in *Magnificent Desolation* berichtet. An der Universität von Milwaukee bewarfen die Studenten sie mit Eiern und Tomaten, weil sie sich für ein verschwenderisches Unternehmen hergegeben hatten, während gleichzeitig Hunger und Krieg herrschte. In New York nutzte der Generalsekretär der Vereinten Nationen, U Thant, die Ein-Jahres-Feier der Mondlandung für eine Kritik an ihrem Land. „Wir sahen uns überrascht an, zuckten die Achseln und gingen. Wir fühlten, dass er uns einfach benutzt hatte, um mit einem politischen Statement gegen die US-Regierung zu sticheln."

Doch Angriffe wie diese blieben Ausnahmen, grenzenlose Bewunderung die Regel: Die Welt hatte neue Helden und liebte sie. Der Bedarf an Helden war gewaltig und die Bereitschaft, zu einem Vorbild aufzuschauen, noch ungebrochen. Noch war es selbstverständlich, dass die einen unten und die anderen oben waren; noch galt es als höchstes Lebensziel, aus eigener Kraft von unten nach oben zu kommen, wie es die drei Kleinstadtboys vorgezeigt hatten. Ihr Stern strahlte für *alle*. Während Omas die Nase über die Beatles rümpften (für die Teenager in Ohnmacht fielen) und Teenager über Al Martino spotteten (für den Omas in Ohnmacht fielen), begeisterten Neil, Buzz und Mike gleichermaßen Jung und Alt. Dazu kam ein naiver Glaube an die Macht von Wissenschaft und Technik. Alles schien möglich; und dass die Segnungen des Fortschritts auch Zerstörung mit sich brachten, ahnten nur die wenigsten. Was für eine wunderbare Welt, in der man einem Menschen ein neues Herz gab, wenn das alte nicht mehr wollte; in der ein linkischer High-School-Junge seinen Stil erfand und damit zum besten Hochspringer der Welt wurde; in der mutige Männer in eine Rakete stiegen und zum Mond flogen!

Die Ereignisse in diesem Buch sind sechzig Jahre vergangen, doch sie leben weiter in Wort, Bild und Klang – und in den Kindern von damals, die das Glück hatten, vor ihrem Hintergrund Kinder zu sein, ausgestattet mit dem Privileg, das Schöne zu sehen und das andere nicht wissen zu müssen. Was für eine wunderbare Welt, in der man das Transistorradio lauter drehte, wenn *Paperback Writer* lief, und abschaltete, wenn sich die strenge Stimme des Nachrichtensprechers meldete. In der man Inspektor Clouseau im Kino sah und Emma Peel im Fernsehen, Fußball spielte wie Pelé, Schach wie Bobby Fischer, Gitarre wie George Harrison. Eine Welt, in der man über Heinz Erhardt lachte, lässig dreinschaute wie Steve McQueen und sich frisierte wie Barry Ryan. Eine Welt, in der Christiaan Barnards epochale Tat, Dick Fosburys Olympiastreich und Neil Armstrongs Stimme vom Mond stellvertretend standen für eine endlose Reihe herrlicher Aufregungen, an denen man bald selbst teilhaben würde.

Alles schien möglich in dieser wunderbaren Welt, in der der Himmel blauer war, die Bäume grüner, der Wind sanfter, die Sonne ein Grund zur Freude, die Wolken ohne Drohung; in der die Tage länger waren und die Nächte heller im warmen Schein der Glühlampen, die Menschen vertrauter, die Sprache freier, das Böse weit jenseits der Grenze.

Und der Sommer! Ja, der Sommer, an den wir uns so gern erinnern – der wartete noch auf uns.

People

© Der/die Herausgeber bzw. der/die Autor(en), exklusiv lizenziert
an Springer-Verlag GmbH, DE, ein Teil von Springer Nature 2025
W. Tschirk, *Heart. Flop. Moon.*,
https://doi.org/10.1007/978-3-662-72050-9